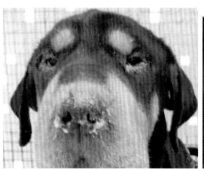

彩图 4-1　病犬鼻干燥皲裂，
流出脓性鼻液

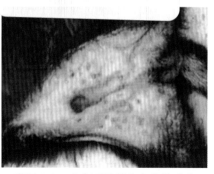

彩图 4-2　病犬下腹部有米粒状丘疹

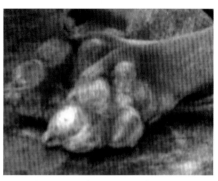

彩图 4-3　病犬足垫肿胀、坚硬

彩图 4-4　病犬呕吐，精神沉郁，
食欲废绝，体温升高

彩图 4-5　病犬排酱油色血便

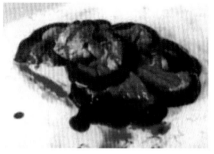

彩图 4-6　小肠黏膜增厚，肠腔变窄，
呈皱褶或有溃疡灶，肠内容物为红色
粥样或混有紫黑色凝块，恶臭

彩图 4-7 病犬眼角膜混浊，
形成蓝白色的角膜翳

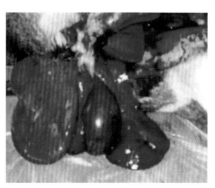

彩图 4-8 肝脏肿胀，边缘钝圆，
胆囊壁明显水肿

彩图 4-9 病犬精神不振，黄绿色
粪便污染肛门周围被毛

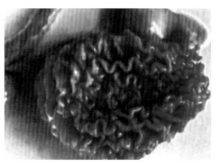

彩图 4-10 病犬胃黏膜充血、水肿

彩图 4-11 病犬小肠局部发炎、臌气，
肠黏膜血管呈树枝状瘀血，
浆膜呈紫红色，脾脏肿大

彩图 4-12 病犬精神沉郁，
食欲减退，不愿走动

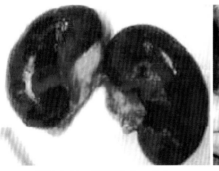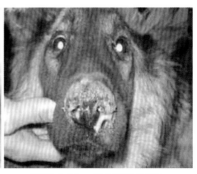

彩图4-13 肾脏肿大、出血 　　彩图4-14 病犬精神沉郁，
　　　　　　　　　　　　　　　　　　　鼻流出脓性鼻液

彩图4-15 病犬意识障碍，　　　彩图4-16 病猫眼窝凹陷，结膜苍白，
　　　后肢瘫痪，乱蹦乱咬　　　　　　眼和鼻流出脓性分泌物

彩图4-17 病猫被毛粗乱，流涎，　　彩图5-1 病犬肢体强直，牙关
　　咳嗽，打喷嚏，鼻分泌物增多，　　　紧闭，呈典型木马样姿势
　　眼结膜炎，有黏液性分泌物

彩图 5-2　肝脏、脾脏肿大
2~3 倍，呈黑红色

彩图 5-3　脾脏肿大 6~8 倍，
呈黑红色

彩图 5-4　肺部有大小不等的结核结节，
大结节中心部呈干酪样坏死

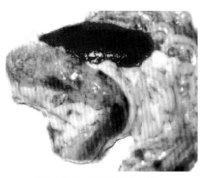

彩图 5-5　胃壁有出血斑，
脾脏肿大有出血斑

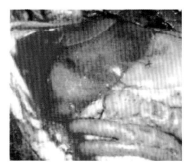

彩图 5-6　腹腔有大量浅红色
腹水，肠管出血

彩图 5-7　病犬下颌下垂，吞咽困难，
流涎，两耳下垂，视觉障碍，呼吸困难

彩图 5-8　病犬不愿站立，
肝性脑病，腹水

彩图 5-9　病犬患眼结膜黄疸性肝炎

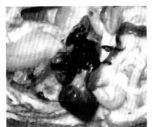

彩图 5-10　肠内充满柏油样粪便

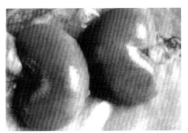

彩图 5-11　肾脏肿大，有弥漫性针
尖大小的出血点和出血斑

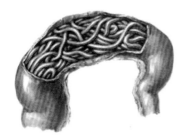

彩图 6-1　肠管内的蛔虫

彩图 6-2　病犬贫血，眼结膜苍白

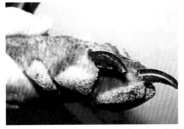

彩图 6-3　病犬指（趾）部严重皮炎

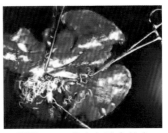

彩图 6-4　病犬心脏中的虫
体相互缠绕成团

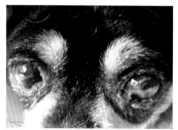

彩图 6-5　病犬角膜混浊，
角膜糜烂和溃疡

彩图 6-6　病犬腹痛，腹泻，
粪便中混有黏液或大量血液

彩图 7-1　病犬口腔黏膜潮红、糜烂

彩图 7-2　病犬腹部增大、变硬

彩图 7-3　病犬反复努责，
排出少量秘结便

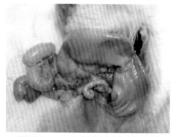

彩图 7-4　犬长期便秘导致的
巨大结肠症

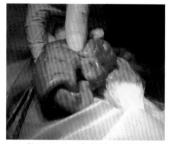

彩图 7-5　犬肠套叠部分
瘀血、肿胀

彩图 8-1　病犬骨质软弱，肢体有
异常弯曲，关节、肢体变形

彩图 9-1　病犬癫痫

彩图 10-1　病犬肛门凸出物呈长
　　　　　圆柱状，直肠黏膜红肿发亮

彩图 10-2　病犬肛门囊破溃

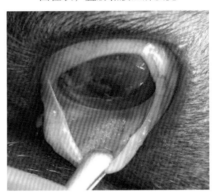

彩图 10-3　眼结膜潮红、充血

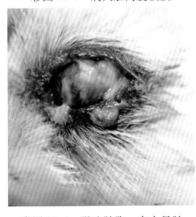

彩图 10-4　眼睑肿胀，有大量脓
　　　　　性分泌物，角膜混浊

彩图 12-1　犬干燥性脓皮症

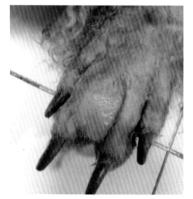

彩图 12-2 犬趾部发生脓疱

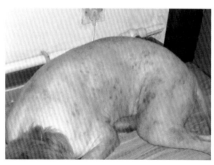

彩图 12-3 病犬被毛脱落，皮肤有鳞屑

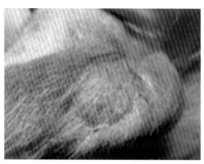

彩图 12-4 局部皮肤出现丘疹、红肿

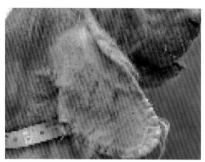

彩图 12-5 病变部发红，有小丘疹和水疱或脓疱，或水疱、脓疱破溃后形成的黄色痂皮

彩图 12-6 病部脱毛，皮肤增厚，发红并有糠麸状鳞屑

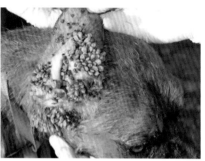

彩图 12-7 病犬耳部布满蜱虫

宠物疾病鉴别诊断与防治

席克奇　寇　叙　万盛文　金兆亿
吕　冬　于伏国　杨晓琳　杨东辉　编著

机械工业出版社

本书主要由宠物疾病临床症状、宠物疾病鉴别诊断方法和治疗措施等内容组成，从如何通过症状的变化认识宠物疾病，如何通过鉴别诊断方法区分相近疾病，如何及时治疗病宠的角度加以叙述，文前配有彩色插页，文后附有宠物检查项目对照表，能够让读者一看就懂，一学就会，用后见效。本书共分为 12 章，分别为宠物疾病的临床诊断技术、宠物疾病的治疗技术、宠物疾病的常见外科手术、宠物病毒性传染病的鉴别诊断与防治、宠物细菌性传染病的鉴别诊断与防治、宠物寄生虫病的鉴别诊断与防治、宠物内科疾病的鉴别诊断与防治、宠物营养代谢性疾病的鉴别诊断与防治、宠物中毒性疾病的鉴别诊断与防治、宠物外科疾病的鉴别诊断与防治、宠物产科疾病的鉴别诊断与防治和宠物皮肤病的鉴别诊断与防治。

本书可供广大宠物爱好者和宠物医师在实际生活与工作中使用，也可供农业院校相关专业师生参考。

图书在版编目（CIP）数据

宠物疾病鉴别诊断与防治/席克奇等编著 . —北京：
机械工业出版社，2018. 11（2024. 9 重印）
ISBN 978-7-111-61144-8

Ⅰ . ①宠…　Ⅱ . ①席…　Ⅲ . ①宠物－动物疾病－诊疗
Ⅳ . ①S858. 93

中国版本图书馆 CIP 数据核字（2018）第 236839 号

机械工业出版社（北京市百万庄大街 22 号　邮政编码 100037）
策划编辑：张　建　责任编辑：张　建　周晓伟
责任校对：王　欣　责任印制：单爱军
保定市中画美凯印刷有限公司印刷
2024 年 9 月第 1 版第 6 次印刷
147mm×210mm · 9. 875 印张 · 4 插页 · 329 千字
标准书号：ISBN 978-7-111-61144-8
定价：49. 80 元

前　言

在我国，虽然犬、猫的养殖已有几千年的历史，但过去只是将其作为看家护院、捕捉老鼠、获取猎物的工具，其养殖环境、生老病死完全受自然选择，在人们的意识中也没有宠物观念。历史在前进，社会在发展，人们的生活水平也在不断提高，城乡居民追求精神生活的方式在不断地发生变化，尤其是常年生活在城镇的居民把饲养宠物视为一种时尚，同时也把饲养宠物作为追求精神生活的一种形式，而且这种现象在近些年来不断升温，饲养宠物的人群不断扩大，饲养宠物的数量不断增加。宠物饲养技术，尤其是宠物的疫病防治日益受到人们的关注。

宠物犬、猫饲养数量的增加，饲养品种的增多，增加了宠物犬、猫的流动性，为一些疫病的传播和流行创造了条件，给宠物养护带来了一些不可回避的问题。疾病流行更加广泛，多种疾病在同一个体同时存在的现象十分普遍，混合感染十分严重，一些疾病出现了非典型和温和型，这一切都给宠物疾病控制提出了新问题，特别是很多疾病在临床上出现了很多相似的症状，给疾病的现场诊断带来很大困难。当疾病发生后，迅速诊断是控制疾病的前提，尤其对于一些传染性疾病来讲，只有尽早做出诊断，及时采取有效措施，损失才能降低到最小。基于这种现状，为了更好地为广大宠物医师和宠物爱好者服务，编者总结了国内外宠物疾病防治的新技术，借鉴多家宠物医院的临床经验，结合自己多年的工作体会，编写了本书。

本书所指宠物主要是犬、猫，涉及宠物疾病的临床诊断技术、宠物疾病的治疗技术、宠物疾病的常见外科手术、宠物病毒性传染病的鉴别诊断与防治、宠物细菌性传染病的鉴别诊断与防治、宠物寄生虫病的鉴别诊断与防治、宠物内科疾病的鉴别诊断与防治、宠物营养代谢性疾病的鉴别诊断与防治、宠物中毒性疾病的鉴别诊断与防治、宠物外科疾病的鉴别诊断与防治、宠物产科病的鉴别诊断与防治和宠物皮肤病的鉴别诊断与防治。本书在写作上力求语言通俗易懂、简明扼要，注重实际操作。本书可供广大宠物爱好者和宠物医师使用，也可供农业院校相关专业的师生参考。

虽然编者已尽最大努力，但由于自身知识水平有限，临床经验不足，难免有诸多疏漏之处，恳请广大读者批评指正。需要特别说明的是，本书所用药物及其使用剂量仅供读者参考，不可照搬。在生产实际中，所用药物学名、常用名与实际商品名称有差异，药物浓度也有所不同，建议读者在使用每一种药物之前，参阅厂家提供的产品说明以确认药物用量、用药方法、用药时间及禁忌等。购买兽药时，执业兽医有责任根据经验和对患病宠物的了解决定用药量及选择最佳治疗方案。

在本书编写过程中，参考了一些专家、学者撰写的文献资料，在此向原作者表示谢意。

编　者

目　录

第五章　宠物细菌性传染病的鉴别诊断与防治

第六章　宠物寄生虫病的鉴别诊断与防治

第七章　宠物内科疾病的鉴别诊断与防治

第八章　宠物营养代谢性疾病的鉴别诊断与防治

第九章　宠物中毒性疾病的鉴别诊断与防治

第一章
宠物疾病的临床诊断技术

　　诊断是对患病宠物所患疾病本质的判断。宠物疾病临床诊断是指以宠物为对象，应用临床基本检查方法，对宠物现存症状进行全面细致的检查，并分析、判断宠物疾病的本质，为防治疾病提供重要依据。

一　临床诊断的基本方法

　　临床诊断的基本方法主要包括问诊、视诊、触诊、叩诊、听诊和嗅诊，这些方法简单易行，适用于所有疾病的临床诊断。

1. 问诊

　　问诊是宠物医生向宠物主人询问宠物生活史、既往病史和现病史等所有与疾病相关的信息，为诊断提供线索的一种检查方法。诊断中可以随时向主人询问。同时，注意采用宠物主人容易接受的交流方式，寻找恰当的询问时机。

> ● 【提示】　通过与宠物主人的交流，了解宠物相关信息，进行病例记录，帮助诊断。

2. 视诊

　　视诊是在宠物自然的状态下，医生用肉眼对宠物整体和局部进行客观观察的一种检查方法。视诊内容包括精神状态、营养状况、发育状况、躯体结构、体质强弱、姿势、运动行为、被毛皮肤状态、可视黏膜状态、分泌物、排泄物的状态和生理活动是否正常等。

> ⚠ 【注意】　视诊时要仔细，按照一定的顺序进行观察。

3. 触诊

　　触诊是通过手的感觉进行诊断的一种检查方法。通过触诊，医生能够感知宠物的疼痛、温度、湿度、弹性、硬度、游动性等，从而判断病变的

第一章

位置、形态、大小、性质、器官的生理功能状态等。触诊是宠物临床诊断中十分重要的诊断方法。

⚠️ 【注意】 在触诊时应根据触诊的目的不同，触诊的部位不同，采用不同的触诊方法。

4. 叩诊

叩诊是用手指或叩诊板在宠物体表的某一部位进行叩击，根据产生的响声判断被检查的器官、组织的病理状态的一种检查方法。叩诊检查的目的主要是检查组织器官含气量的多少。叩诊音有清音、浊音、半浊音和鼓音等。叩诊时应注意正确判断叩诊音的性质。

➡️ 【提示】

1）浊音。叩诊厚层的肌肉部位（如臀部）及不含气的实质器官（如心脏、肝脏、脾脏）与体壁直接接触的部位时所产生的声音。

2）清音。叩诊正常肺区时所产生的声音。

3）鼓音。当宠物胃内臌气严重时，叩击所发生的声音。

三种基本音之间，可有程度不同的过渡阶段（如清音与浊音之间可有半浊音等）。

5. 听诊

听诊是利用听觉辨别来自体内深部器官活动所发出的声音，以推断该器官有无异常变化的一种检查方法。听诊最常用的方法是采用听诊器对心脏、肺、胃肠、胎儿进行听诊，也可以直接将耳朵紧贴听诊部位进行听诊。听诊时注意对心音、呼吸音、胃肠蠕动音和胎儿心音的辨别。

➡️ 【提示】

1）尽可能选择在安静的室内进行，听诊时保持周围环境安静，防止听诊器胶管与手臂、衣服等的摩擦造成干扰。

2）听诊器的接耳端要适宜地插入检查者的外耳道（不松也不要过紧），接体端（听头）要紧密地放在宠物体表的检查部位，但也不应过于用力压迫。

3）检查者在听诊时要注意观察宠物的动作，如听呼吸音的同时应观察其呼吸活动。

6. 嗅诊

嗅诊是利用嗅觉对宠物的口腔、呼吸、排泄物和分泌物散发出的气味进行辨别，并以此作为诊断疾病的一种检查方法。

> **【提示】** 嗅诊不是临床上主要的检查方法，但是在特定疾病的诊断上有着重要的意义。例如：呼出气体及鼻液的特殊腐败臭味，提示呼吸道及肺部的坏疽性病变；尿液及呼出气息的酮味，提示酮尿症；阴道分泌物的化脓、腐败臭味，提示子宫蓄脓症或胎衣滞留等。

二 整体性一般检查

该检查主要包括容态、被毛和皮肤、可视黏膜、耳朵的检查，以及体温、呼吸、脉搏次数的测定等。

1. 容态检查

容态是指宠物的容貌及全身状态。着重观察其精神状态、体格发育、营养及姿势等。

（1）精神状态 健康犬、猫灵活，反应敏锐，眼睛明亮，亲近主人；幼犬、猫活泼好动，非常可爱。精神状态异常可表现为抑制或兴奋。

1）抑制轻则表现沉郁，重则嗜睡或昏迷。沉郁时可见病犬、猫双目无神，耳聋头低，不愿活动，对刺激反应迟钝，不听呼唤。精神沉郁多由脑组织受毒素作用，一定程度上缺氧和血糖过低所致。嗜睡时则重度萎靡、闭眼似睡，强烈的刺激才引起轻微的反应，可见于重剧的脑炎或中毒性疾病等。昏迷是重度的意识障碍，病犬、猫卧地不起，呼唤不应，昏迷不醒，意识完全丧失，各种反射均消失，心律失常，呼吸节律不齐，甚至瞳孔散大，大、小便失禁。重度昏迷常为预后不良的征兆。

2）兴奋是大脑兴奋性增高的表现。轻者惊恐不安，重者则不顾障碍地前冲、转圈、乱吠、啃咬物体，甚至攻击人或其他动物。该状态常见于脑炎、狂犬病及某些中毒性疾病等。

（2）体躯发育 主要根据骨骼的发育程度及躯体的结构而定，必要时应测量体长、体高、胸围等体尺。若躯体矮小，结构不匀称，提示营养不良或慢性消耗性疾病（如慢性传染病、寄生虫病或长期的消化机能紊乱等）。当幼龄犬、猫患佝偻病时，则表现为体格矮小，并且躯体结构呈明显改变，如头大颈短、关节粗大、肢体弯曲或脊柱凹凸等特征性状。

（3）营养状态 主要根据被毛光泽和肌肉的丰满程度判断其营养状况。营养状态分为良好、中等、不良及肥胖四级。营养良好的犬、猫，肌肉发达，轮廓丰圆，骨不显露，皮肤富有弹性，毛短而有光泽。营养不良的犬、猫，则骨骼显露，皮肤缺乏弹性，毛长而粗糙、缺乏光泽。若短期内急剧消瘦，应考虑为急性热性病或由于急性胃肠炎频繁下痢而大量脱水的结果；若病程发展缓慢，常为寄生虫病、皮肤病、慢性消化道疾病、某些慢性传染病或代谢障碍性疾病（肾上腺皮质功能减退及甲状腺功能亢进症等）的表现。

肥胖在宠物犬、猫中比较常见，持续肥胖往往并发糖尿病、肝胆疾病（脂肪肝）及循环障碍。见于饲养水平过高（高碳水化合物及高脂肪食物）或因运动不足引起的外源性肥胖（单纯性、食物性肥胖）和内分泌性肥胖（甲状腺功能减退、肾上腺皮质功能亢进、性腺功能障碍等）。

（4）姿势检查 健康犬、猫姿势自然，动作灵活而协调，有人接近时立即起立，步态轻快、敏捷、迅速。若出现中枢神经系统机能紊乱、外周神经损伤或麻痹、骨骼关节病变、腹痛病等，常常会有一些特异的不正常姿势（如强迫姿势、不稳姿势、强迫运动和共济失调等）。

1）强迫姿势指犬、猫被迫采取的异常姿势。如患破伤风病后的木马姿势，咽喉炎的头颈伸展姿势等。

2）不稳姿势指犬、猫在站立时姿势不稳，如单肢疼痛出现患肢免重或提起；瘦弱老龄犬、猫及患四肢疾病（如骨软症、风湿症等）时表现站立或运步软弱无力，四肢频频交替负重；患尿潴留的病犬、猫，常作排尿姿势，但无尿液排出。

3）强迫运动通常是脑病的特殊症状，常见有盲目运动、转圈运动、猛进猛退等，见于脑炎、脑肿瘤、中枢兴奋药（如士的宁）中毒。

4）共济失调指病犬、猫在运动中四肢配合不协调而呈醉酒状，行走欲跌，走路摇晃，可见于脑脊髓炎症、肿瘤、外伤、狂犬病、犬瘟热、药物中毒（链霉素、庆大霉素等）、低血糖、急性脑缺血等。

5）瘫痪（又称运动麻痹）。四肢瘫痪见于脊椎炎、脑炎、弓形虫病、多发性肌炎、多发性神经炎、重症肌无力等；后肢瘫痪见于犬瘟热、椎间盘突出、变形性脊椎炎、脊椎损伤（骨折、挫伤）、血孢子虫病；不特定瘫痪见于脑水肿、脑肿瘤及其他脑损伤。

6）痉挛（又称抽搐或惊厥）。强直性痉挛见于破伤风、中毒（如士的宁、有机磷、鼠药、氰化物等中毒）、脑膜炎、脊髓膜炎、低氧血症、癫痫。症状性痉挛见于脑炎、犬瘟热、弓形虫病、寄生虫病（幼犬）、低血糖症、低血钙症（犬）及尿毒症等。此外，热射病、甲状腺功能减退亦可引发痉挛。

7）跛行。幼龄犬、猫多见于佝偻病、软骨病、营养性甲状旁腺功能亢进；成年犬、猫多见于变形性脊椎炎、类风湿性关节炎、骨关节病等。此外，骨折、关节脱位、韧带断裂、咬伤、挫伤等均可引发跛行。

2. 被毛和皮肤检查

（1）被毛检查 健康犬、猫被毛平顺，富有光泽，不易脱落；患病犬、猫往往被毛粗乱，失去光泽。慢性疾病或长期消化障碍时，往往换毛迟缓。在疥癣、湿疹、皮肤真菌病或甲状腺机能减退时，患部被毛容易脱落。

犬、猫生理性换毛有以下 3 种情况：

① 经常性换毛，即旧毛不断脱落又不断长出新毛。

② 年龄性换毛（幼犬胎毛脱落）。

③ 季节性换毛，即春秋两季换毛。在许多疾病情况下出现病理性脱毛。

1）原发性脱毛的特点是弥漫性或泛发性脱毛，无痒感和皮肤损伤。

① 内分泌性脱毛，为两侧对称性脱毛，见于甲状腺功能减退，肾上腺功能亢进，垂体功能不全，性腺功能失调等。

② 营养代谢障碍性脱毛见于含硫氨基酸缺乏，微量元素（如铁、铜、钴、锌、碘等）缺乏，维生素 A 和维生素 B_{12} 缺乏、脂肪酸缺乏。

③ 中毒性脱毛，见于汞、钼、硒、铊、铋、甲醛、肝素、香豆素及一些抗肿瘤药（环磷酰胺、氨甲蝶呤）中毒等。

2）继发性脱毛的特点为有明显的特征性皮损和瘙痒，由皮肤真菌和外寄生虫感染的可检出病原体。

① 螨病（疥癣）、皮虱、跳蚤等外寄生虫感染。

② 皮肤的真菌感染（以小孢子菌感染为主，多为圆形癣斑及鳞屑）。

③ 脓皮病、急性湿性皮炎、应激性皮炎（饲料疹、接触性皮炎、昆虫叮咬性皮炎）等创伤及皮肤损伤（瘙痒摩擦所致）。

（2）皮肤检查 皮肤检查包括皮肤的温度、湿度、颜色、弹性、肿胀、气味、疱疹及有无损伤等。

1）皮肤温度。检查皮肤温度通常是用手背感觉，或使用体温计测定。犬、猫适于触诊皮温的部位为鼻端、耳根和腹部。局部皮温增高，常见于局部炎症。皮温降低，可见于衰竭、大失血等。皮温分布不均，见于发热病的初期。

2）皮肤湿度。皮肤湿度因发汗多少而不同。犬的汗腺不发达，主要分布于蹄球、中趾球、鼻端等处皮肤，其汗腺的分泌物含有大量脂肪。犬、猫的鼻端有特殊的分泌结构，经常呈湿润状，但睡眠状态和刚睡醒时鼻端干燥。

① 发汗增多。常见于追捕猎物之后，或见于热性病、内脏破裂等。

② 发汗减少。鼻端干燥，多见于体液过度丧失的疾病，如高热性疾病、严重腹泻及代谢紊乱等。

3）皮肤颜色。白色皮肤的犬、猫皮肤颜色变化容易辨认。皮肤的颜色呈灰色或黑色，是色素沉着所引起，见于内分泌失调引起的皮肤疾病、蠕形螨病、慢性皮炎、黑色棘皮症及雄犬雌性化等。皮肤发红发痒，见于过敏性皮炎、荨麻疹、疥癣等。因阳光刺激发生的光敏症，在鼻端、鼻梁、眼睑等处会引发皮炎，鼻端皮肤脱色，以牧羊犬多发；小型犬的黑色鼻端会逐渐变成咖啡色，其原因还不清楚。其他病理变化及意义类似于眼结膜检查。

4）皮肤弹性。健康犬、猫皮肤柔软，可捏成皱褶，松手则立即恢复。如恢复很慢，则是皮肤弹性降低的标志，见于营养不良、严重脱水或慢性皮肤病等。老龄犬的皮肤弹性降低，是自然现象。

5）皮肤肿胀。常见的有水肿、气肿、血肿、脓肿、淋巴外渗及炎性肿胀等。

① 皮下水肿又称浮肿。触诊水肿部位呈捏粉样、指压留痕，见于慢性心脏衰弱、衰竭症及肾脏疾病等。

② 皮下气肿在触诊时呈捻发音，边缘轮廓不清，常见于肘后、胸侧、腹壁等处皮肤的损伤（空气机械性窜入皮下）、产气细菌感染。

③ 血肿、脓肿、淋巴外渗均呈局限性肿胀，触诊有明显的波动感，须穿刺抽取内容物才能鉴别。

④ 炎性肿胀常伴有红、肿、热、痛等特征，可见于炭疽、创伤及化脓菌感染等。

⑤ 此外有湿疹、荨麻疹、水疱、脓疱、溃疡、糜烂、痂皮、瘢痕、肿瘤和损伤等。

6）气味。饲养管理良好的健康犬、猫无体臭味，发出体臭的原因有齿垢、齿槽脓漏及肛门脓肿、胃肠疾病、外耳炎、全身性皮炎等，特别是

全身型的脓疱型毛囊炎症、湿疹等，会渗出脓汁，散发出恶臭的气味。

3. 可视黏膜检查

可视黏膜包括眼结膜、鼻黏膜、口黏膜、外阴部及阴道黏膜等。临床检查主要是检查眼结膜。

(1) 眼睑及分泌物 眼睑肿胀，常见于眼睑受到机械性刺激、结膜炎、眼睑腺炎或花粉过敏等；淀粉样白色眼分泌物，多见于肠内寄生虫或其他慢性胃肠疾病等；黄色、黏稠性眼哆，是化脓性角膜炎和结膜炎的症状，见于倒睫、机械性刺激、犬瘟热、传染性肝炎、疱疹及发热等；眼睛刺痛流泪，常见于角膜炎、传染性肝炎及因花粉或植物过敏而引起的结膜炎等。

(2) 眼结膜颜色变化 健康犬、猫的眼结膜呈粉红色。结膜颜色的改变，可表现为潮红、苍白、发绀、黄染、有出血斑点。

① 潮红是结膜下毛细血管充血的征象，可分为弥漫性充血和树枝状充血，前者是结膜普遍地呈红色，见于各种热性病；后者是结膜血管高度扩张，如同树枝状，常见于脑炎及伴有高度血液回流障碍的心脏病。

② 苍白。结膜色浅，甚至呈灰白色，这是各型贫血的特征。急速发生苍白的，见于大失血及肝脏、脾脏破裂等；逐渐苍白的，见于心丝虫病等。

③ 发绀。结膜呈蓝紫色是血液内还原血红蛋白增多的结果，主要见于肺呼吸面积减小和大循环瘀血的疾病（如肺炎、心脏衰弱等）。

④ 黄染。结膜呈不同程度的黄色是血液内胆红素增多的结果，见于肝炎、梨形虫病等。

⑤ 出血点或出血斑。结膜呈点状或块状出血是因血管壁通透性增大所致，常见于梨形虫病、出血性紫癜、血友病等。

(3) 眼球、角膜及瞳孔的变化 在检查眼结膜时，尚应注意眼球、角膜的情况及瞳孔的状态。

① 眼球增大而凸出，见于青光眼或突眼性甲状腺肿。

② 晶状体变小，晶体带蓝白色或灰色，具有珍珠色光泽，见于先天性、老龄性或糖尿病所引起的白内障。

③ 角膜混浊，见于角膜炎、各种眼病、传染性肝炎等。

④ 瞳孔缩小，一般见于颅内压中等程度升高时，如慢性脑积水、脑膜炎等。

⑤ 瞳孔扩大，见于严重的脑膜炎、脑肿瘤时，由于动眼神经麻痹，

瞳孔扩大而不再缩回，并且对光反射消失。

4. 耳朵的检查

（1）犬、猫抓耳 耳根部患皮炎，或被跳蚤叮咬，或患耳疥癣，或患外耳炎时，因局部发痒犬常用后肢去抓耳后。

（2）耳内有臭味 外耳炎，特别是细菌性外耳炎常可闻到耳内有恶臭味（耳朵下垂的犬耳内更臭），压迫耳根部有时会听到"咕咕咕咕"的声音，有时会压出脓性分泌物。耳疥螨寄生在外耳道时，会排出特征性的干燥耳垢，严重发炎或二次细菌感染就会变得潮湿，色泽也会发生改变。

（3）耳膜剧痛 严重的外耳炎，耳道黏膜变得肥厚而引起溃疡或中耳炎时，用手轻压耳根部，犬、猫会因剧痛发出悲鸣声。当耳肿胀、外伤及血肿时，疼痛剧烈。

5. 体温、呼吸数、脉搏数测定

健康犬、猫体温、呼吸数、脉搏数正常参考值见附录 A。被检犬、猫兴奋、紧张、运动、环境过热及妊娠等可使体温、呼吸数、脉搏数暂时轻度升高。

（1）体温测定 犬、猫的体温通常用体温计测其股内侧皮肤或直肠的温度。电子检温器只需 10 秒左右，即可正确地测温。犬、猫体温通常晚上高，早晨低，日差为 0.2～0.5℃。在多数传染病，或患呼吸道、消化道及其他器官的炎症，或患日射病和热射病时，体温会升高，其中，双相热见于犬瘟热；弛张热见于支气管肺炎、败血症等；间歇热见于犬梨形虫病、锥虫病等。而在中毒、重度衰竭、营养不良、贫血等疾病时体温常降低。

1）体温升高。

① 过高热。体温升高 3℃ 以上，见于某些严重的急性传染病，如炭疽、脓毒败血症、日射病及热射病等。

② 高热。体温升高 2～3℃，见于急性感染性疾病与广泛性炎症，如巴氏杆菌病、败血性链球菌病、流行性感冒、急性胸膜炎与腹膜炎等。

③ 中等热。体温升高 1～2℃，见于呼吸道、消化道一般性炎症及某些亚急性、慢性传染病，如小叶性肺炎、支气管炎、胃肠炎及布氏杆菌病等。

④ 微热。体温升高 0.5～1℃，见于局限性炎症，如感冒等。

2）体温降低。体温低于常温，主要见于某些中枢神经系统的疾病、中毒病、重度营养不良、严重的衰竭症、顽固性下痢、各种原因引起的大

失血及陷入濒死期的患病宠物等。

3）热型变化。发热类型可分为稽留热、弛张热和间歇热。

① 稽留热。体温升高到一定高度，可持续数天，而且每天的温差变动范围较小，不超过1℃，常见于纤维素性肺炎、炭疽等。

② 弛张热。体温升高后，每天的温差变动范围较大，常超过1℃以上，但体温并不降至正常，常见于败血症、化脓性疾病、支气管肺炎等。

③间歇热。高热持续一定时间后，体温下降到正常温度，而后又重新升高，如此有规律地交替，常见于慢性结核等。

（2）呼吸数测定　呼吸数增多，见于发热性疾病、各种肺脏病、严重心脏病以及贫血等；呼吸数减少，有时见于某些脑病（脑炎、脑肿瘤、脑水肿）、上呼吸道狭窄和尿毒症等。

（3）脉搏数测定　脉搏数通常在股动脉处测定，临床多以心跳次数代替。脉搏数增多见于热性病、贫血、心脏疾病及疼痛等；脉搏数减少主要见于某些脑病、药物中毒、心脏传导阻滞、塞性心动过缓等；脉搏数明显减少，提示预后不良。

一般来说，体温、呼吸数、脉搏数的变化，在许多疾病上大体是平行一致的，即体温升高时，脉搏数及呼吸数也相应随之增加，而当体温下降时，脉搏数和呼吸数也相应减少。若三者平行上升，表示病情加重，三者逐渐平行下降，表示病情趋向好转。若高热骤退，而脉搏数及呼吸数反而上升，则反映心脏功能或中枢神经系统的调节机能衰竭，为预后不良之征。

⚠【注意】

1）接近宠物前，应事先向宠物主人或有关人员了解宠物有无恶癖，做到思想上有所准备。

2）检查者应熟悉宠物的各种习性，特别是异常表现（如瞪眼、龇牙咧嘴、低吼、鸣叫等），以便及时躲避或采取相应措施。

3）在接近宠物前，应了解患病宠物发病前后的临床表现，初步估计病情，防止恶性传染病的接触传染。

三 系统性临床检查

1. 消化系统的检查

消化系统疾病是犬、猫最常见多发的疾病，因此应特别注意消化系统的检查。

（1）饮食状况的检查

1）食欲检查。食物的低劣、外界温度的变化、过劳、环境变化及异常刺激等可引起宠物暂时性的食欲不振或减退，在检查时应加以区别。

① 食欲减退是许多疾病的共同表现。见于消化器官的疾病，特别是肠道疾病（伴有呕吐、便秘或腹泻）、发热性疾病、中毒性疾病、疼痛性疾病、代谢性疾病、神经系统疾病等。

② 食欲废绝见于急性胃肠道疾病或其他重症疾病等。

③ 食欲亢进见于肠道寄生虫病、内分泌代谢障碍性疾病（如甲状腺功能亢进、糖尿病等）及疾病的恢复期。

④ 异嗜癖多提示营养代谢障碍，常为矿物质、维生素、微量元素缺乏性疾病的先兆。此外，亦见于神经机能紊乱（狂犬病等）。

2）饮欲检查。

① 饮欲减退见于伴有昏迷的脑病和某些胃肠疾病等。

② 饮欲亢进见于发热性疾病、腹泻、剧烈呕吐、大出汗、多尿（如慢性肾炎、犬的糖尿病等）、渗出性病理过程（如腹膜炎、胸膜炎、子宫蓄脓）等。

（2）口腔、咽和食道检查　当发现犬、猫饮食欲减退、吞咽或咽下困难时，应对口腔、咽和食管进行详细的检查。

1）口腔检查。利用视、触、嗅等方法，主要检查流涎、口唇、气味、口腔黏膜的温度、颜色、舌、齿龈及牙齿等。

2）咽和食道的检查，主要利用视诊、触诊，观察吞咽动作是否正常，咽和食道外形变化、敏感性。

（3）呕吐检查　犬、猫是容易发生呕吐的动物，并有生理性呕吐。据统计，因各种原因所致呕吐的门诊率可达65%。呕吐通常是一种复杂的反射过程，应根据呕吐发生的时间、次数、呕吐的数量、性质、成分等加以鉴别，这在犬、猫疾病临床诊断中具有重要意义。

1）呕吐的病理类型。呕吐不是一种独立的疾病，而是多种疾病的临床症状，按呕吐产生的基本机制，可分为反射性呕吐（病因为消化机能异常和内脏器官疾病等）和中枢性呕吐（病因为神经系统疾病、神经机能障碍、毒素刺激等）。

① 反射性呕吐是由于呕吐中枢所在的延脑以外的器官受到刺激，反射性地引起呕吐中枢兴奋而发生呕吐。主要见于以下情况：

A. 消化道异常。如胃肠炎、咽痉挛、胃扩张、胃肠内异物、幽门狭窄、

肠阻塞、肠扭转等是临床上引起犬呕吐最多的疾病。传染病中的犬瘟热、犬细小病毒病、犬传染性肝炎，由于常伴发胃肠炎，因此多出现呕吐症状。

B. 内脏器官疾病。如胰腺炎、肝炎、子宫蓄脓、腹膜炎、腹腔肿瘤等疾病可伴有呕吐症状。

C. 代谢异常。酸中毒、碱中毒，血液中钙、镁离子失常，以及肾上腺皮质功能不全也常常导致犬、猫发生呕吐。

② 中枢性呕吐是由于延脑中的呕吐中枢直接受到刺激而引起的，一般多见于毒物或毒素刺激（如各种中毒、尿毒素、药物、蛔虫、旋毛虫等寄生虫病等）、过敏反应、放射线照射、精神因素（疼痛、兴奋、恐惧等导致的精神紧张，运输中引发的晕车、晕船，以及夏秋两季的中暑）、神经系统疾病（如脑肿瘤、脑内出血、脑震荡）等。

2）呕吐的病因类型。

① 传染性呕吐。病毒感染多见犬瘟热、犬冠状病毒病、犬细小病毒病、犬传染性肝炎、犬传染性气管和支气管炎、犬疱疹病毒感染等疾病。细菌或立克次氏体感染可见犬传染性胃肠炎、犬沙门氏菌病、犬钩端螺旋体病、立克次氏体病等。

② 侵袭性呕吐。特别是患蛔虫病、绦虫病的宠物易发生呕吐。临床上常见于2月龄左右的幼犬，有时可呕吐出虫体。

③ 中毒性呕吐见于药物和毒素中毒（氯化汞、砷制剂、铊、硫酸铜、铅等重金属中毒）；治疗药品中毒（如阿扑吗啡、洋地黄糖苷、氨茶碱、雌性激素、肾上腺素、氯化铊、水杨酸钠、林可霉素、红霉素、四环素、呋喃妥英、吐根、生物碱等）；溶剂中毒（如乙醇、异丙醇、苯、丙酮、硝基苯、苯酚等）；杀虫（鼠）剂中毒（如安妥、氟乙酸、有机磷等中毒）；其他中毒（如组胺、葡萄球菌肠毒素、六氯酚、奈、草酸盐、甲基溴化物）等。

④ 代谢性呕吐。机体代谢机能紊乱，如酸中毒、碱中毒、尿毒症、肾上腺机能低下。

⑤ 消化道异常性呕吐。咽、食道异常（咽痉挛、食道梗阻、食道痉挛、食道狭窄、食道憩室、胃食道套叠症）；胃肠异常（胃扩张、胃扭转、肠套叠、胃内异物、胃肿瘤、幽门狭窄、幽门痉挛、肠绞榨）等。

⑥ 炎症性呕吐常见犬胰腺炎、子宫蓄脓、胃溃疡、肥大细胞症、严重肝炎、尿素性胃炎、犬佐林格埃利森综合征、腹膜炎、脓毒症、胆管破裂、尿道破裂、出血性胃肠炎等。

⑦ 神经性呕吐见于自主性癫痫病、小脑或前庭疾病；颅内压增高，头部损伤、脑瘤、脑积水；呕吐中枢低氧血症，严重贫血、严重缺血等。

⑧ 其他原因。如过食、食入腐败物等。

3）呕吐的鉴别诊断。犬、猫单纯性的呕吐容易诊断，而呕吐症状的原发病却较难判定。犬、猫的呕吐物往往与原发病的病因和病程有关，所以在临床诊断中，常常是先根据呕吐与采食时间、呕吐物的性状、呕吐持续时间等，进行初步鉴别诊断，然后再根据临床综合症状及实验室诊断，对原发病进行最终的鉴别诊断。

① 呕吐与采食时间。若犬采食后马上呕吐，则多见于食道阻塞或急性胃炎；采食半小时后呕吐，则怀疑为中毒、代谢性疾病、过食、兴奋等原因；呕吐发生于胃排空（6~8 小时）之后，常见于胃排空机能障碍（如幽门阻塞）等。

② 呕吐物的性状。吐出大量粥状带酸味的呕吐物，为刚咽下食物或未消化食物，属一次性呕吐；呕吐物呈黏稠状或混有胆汁、血液，且呕吐频繁，多见于急性出血性胃炎，以及犬瘟热、细小病毒病、传染性肝炎等传染病；呕吐物呈碱性反应的液状食糜，为小肠闭塞；呕吐物外观、气味与粪便相似，为大肠阻塞；干呕、无呕吐物且腹部膨大，可怀疑胃扩张或胃内有异物等。

③ 呕吐与持续时间。呕吐发生急，持续时间较短且与采食时间有直接关联，多见于过敏、中毒、兴奋以及食物的不耐受；若呕吐反复发作，症状不太严重，并伴发有昏睡、食欲不振、流涎和腹部不适等症状，可怀疑慢性胃炎肠炎、慢性胰腺炎或寄生虫感染。

④ 呕吐与腹泻。犬、猫的呕吐多伴有腹泻，腹泻先于呕吐，则病因往往在肠道，而胃病的可能性较小；呕吐先于腹泻，则说明犬、猫已摄入异物、毒物或严重性传染病（如犬瘟热、细小病毒病等）。

⑤ 呕吐与饮食欲。食欲正常或稍减，但食后不久即呕吐，再吃又吐，且喜食呕吐物，多见于蛔虫病、贲门异常；若不食且喜饮水，喝足时即呕吐，尿量少，可怀疑为急性肾炎、尿中毒、钩端螺旋体病；呕吐与饮食欲无关，多表明非胃肠道疾病，而机体中毒、神经系统损伤的可能性较大。

（4）腹部检查

1）腹部视诊。观察腹围大小及局限性肿胀。正常情况下，犬腹部蜷缩形成特有的"狗肚皮"。

① 腹围增大见于雌犬、猫妊娠、肥胖，急性胃扩张（积食、积气、

积液)、肠膨气、结肠便秘、腹腔积液（腹膜炎、腹水、内脏血管破裂、膀胱破裂等）、膀胱高度充盈、子宫蓄脓、腹腔肿瘤等。

② 腹围缩小见于急性腹泻、长期发热、慢性消耗性疾病，当宠物患破伤风或腹膜炎时，腹肌紧张可引起腹围轻度蜷缩。

③ 局限性膨大多见于腹壁疝，而犬的脐疝在临床多见。

2）腹部触诊。犬、猫的腹壁薄软，腹腔浅显，便于触诊。如将犬、猫前后躯轮流高举，几乎可触知全部腹腔脏器。开始触压时腹壁紧张，但触压几次后腹壁便弛缓。腹部触诊对犬、猫胃肠道疾病、腹膜腔疾病及泌尿生殖道疾病的诊断十分重要，是犬、猫疾病诊断中重要的技术手段。

① 胃的触诊。在左前腹部，肋骨弓下方，往前上方触压，可感知胃内容物的多少、性质、有无异物及敏感性，对判断胃扩张、胃内异物、胃炎及胃溃疡等具有重要意义。

当宠物采食大量干燥食物而不能呕吐引起的急性胃扩张，触诊时可在两侧肋下部摸到胀满、坚实的胃。当胃内有异物时，胃部触诊有疼痛反应，有时在肋下部可摸到胃内的异物。胃扭转时，腹部触诊可摸到一个紧张的环状囊袋。在急性胃卡他、胃炎、胃溃疡时，胃部触诊有疼痛反应。

② 肝区触诊。正常的肝脏位于肋弓之内，不易摸到。检查时，在右侧肋骨弓下方，往前上方触压。肝脏肿大、敏感，多提示肝炎。肝脏质地变硬、萎缩，提示中毒性肝病、肝炎后期。

③ 肠道触诊。对于检查肠便秘、肠套叠、肠扭转、肠内异物等具有重要意义。犬以肠套叠和肠内异物较多见。肠秘结时可触摸到肠道内有一串坚实或坚硬的粪块；肠内有异物时可以摸到肠管内的坚实异物团块，前段肠道臌气；肠扭转时可以发现局部的触痛和臌气的肠管，有时可以摸到扭转的肠管或扭转的肠系膜；肠套叠时可以触摸到一段质地如鲜香肠样有弹性、弯曲的圆柱形肠段，触压剧痛，有时可以摸到套入部的圆形末端及鞘部的卷折处。

④ 腹膜炎。腹壁紧张度增高，触压腹壁有疼痛反应；在腹腔积液时，进行冲击式触诊可感到回击波，同时用听诊器置于对侧腹壁听诊，可听到振水音。

⑤ 通过腹部触诊可判断肾脏、膀胱、子宫等泌尿生殖器官的疾病，可确定腹壁及腹腔脏器的肿瘤或疼痛性疾病以及有无腹腔积液，并有助于早期妊娠诊断。

3）腹部听诊。根据胃肠音的强弱、频率、持续时间和音质，可以判定胃肠的运动机能和内容物的性状。健康犬、猫肠音似捻发音。异常现象有肠音增强，见于肠臌气初期、胃肠卡他及胃肠炎的初期；肠音减弱或消失，见于严重胃肠炎的后期、便秘、肠麻痹及肠变位的后期；肠音不整，见于慢性胃肠卡他，由于腹泻与排便迟滞交替出现，肠音数日强、数日弱；金属性肠音，见于肠臌气初期。

（5）直肠检查。 在检查肛门、肛门腺及会阴部时，应戴手套并涂以润滑剂。里急后重，大便困难，多为直肠和肛门疾病的症状。将手指伸入肛门可检查直肠或经直肠触诊深部器官，如直肠内粪便的颜色、硬度和数量，直肠的宽窄，骨盆的大小，骨盆骨折，肛门腺癌，直肠内肿瘤，膀胱、子宫以及雄性前列腺的情况等。

（6）排便动作及粪便检查

1）排便动作。犬、猫排便近乎蹲坐姿势，排便后有用四肢扒土掩盖粪便的习惯。

① 便秘见于一般热性病、肠便秘、肠变位等。

② 腹泻是犬、猫常见的病理现象，引起犬腹泻的原因见表1-1。

③ 排便失禁是由于肛门括约肌弛缓或麻痹所致，见于持续性腹泻及荐脊髓损伤等。

④ 排便带痛见于直肠炎、腹膜炎、肛门腺囊肿等。

⑤ 里急后重见于直肠炎、顽固性腹泻、肛门腺炎等。

表1-1　犬腹泻的常见原因

病因分类	常见病因
细菌性腹泻	沙门氏菌病、大肠杆菌病、弯杆菌病
病毒性腹泻	细小病毒性肠炎、犬瘟热、传染性肝炎、冠状病毒性肠炎
寄生虫性腹泻	球虫病、弓形虫病等原虫病、蛔虫病、钩虫病、毛首线虫病（鞭虫病）、旋毛虫病、肝片吸虫、蠕虫病、绦虫病等
中毒性腹泻	吃腐败变质的食物而导致的中毒，铅、铜等重金属中毒、有机磷中毒
其他腹泻	滥用抗生素导致肠道菌群失调 饲喂冰冷食物、饮水不洁；乳制品浓稠；过食；突然变换食物 应激因素（如犬舍卫生不良、长途运输等）

2）粪便检查时应注意粪便的数量、形状和硬度、颜色、气味及异常

混杂物（黏液、伪膜、血液、脓液、寄生虫、异物残渣等）。犬、猫的正常粪便呈圆柱状且有一定硬固感，一般呈褐色，因其采食肉类和脂肪，粪便多有特殊的恶臭味。若粪便呈暗褐色甚至黑色，多为前部肠管或胃出血；呈红色，血液附着在粪便表面，见于后段肠道出血等；呈浅黏土色（灰白色），见于阻塞性黄疸；呈灰色，软如油膏，带特殊的脂肪闪光，混有大量脂肪团及没消化的肉类纤维，见于胰腺炎；呈黄绿色，常见于钩端螺旋体病。粪便带黏液，表明肠道炎症或肠变位（肠阻塞、肠套叠等），若未采食肉类食物而粪便有腐败臭味，则是肠卡他的特征。异常恶臭（腥臭味），呈番茄酱样，见于出血性胃肠炎（如犬细小病毒感染）。粪便中混有脓汁，是化脓性炎症的标志，如直肠脓肿等。便中混有寄生虫，多见于蛔虫、绦虫感染。混有破布、被毛等，是由于营养代谢障碍发生异嗜癖所致。

2. 心血管系统的检查

（1）心脏听诊 临床上对心血管系统的检查以心脏听诊为主。检查心音的频率、强度、性质、节律及有无杂音。

1）犬的心音最强听取点。二尖瓣口第一心音，左侧第 5 肋间，胸廓下 1/3 的中央水平线上；三尖瓣口第一心音，右侧第 4 肋间，肋软骨固着部上方；主动脉口第二心音，左侧第 4 肋间，肩关节水平线直下方；肺动脉口第二心音，左侧第 3 肋间，靠胸骨的边缘处。

2）常见心音病理性改变。

① 心音增强。两心音同时增强多见于热性病的初期、剧痛性疾病、贫血、心脏肥大、心脏病的代偿亢进，也见于兴奋、恐惧、消瘦等生理情况；第一心音增强见于心脏肥大、贫血及二尖瓣口狭窄等；第二心音增强见于急性肾炎、左心室肥大、肺瘀血、慢性肺泡气肿及二尖瓣闭锁不全等。

② 心音减弱。两心音同时减弱多见于心脏衰弱的后期、患其他疾病的濒死期、心音传导不良的疾病（渗出性心包炎、胸膜炎和慢性肺泡气肿）；第一心音减弱临床比校少见，见于在心肌梗死或心肌炎的末期，以及房室瓣钙化等；第二心音减弱多见于大失血、严重脱水、休克、主动脉瓣闭锁不全及主动脉瓣口狭窄等。

③ 心音混浊见于心肌变性（某些高热性疾病、严重贫血、高度衰竭等）或心瓣膜疾病。

④ 心律不齐见于先天性或后天性心脏疾病、电解质紊乱等。

⑤ 心脏杂音。应注意区分心内杂音与心外杂音，器质性心内杂音与机能性心内杂音，并结合心音最强听取点寻找杂音产生部位，对于心脏瓣

膜疾病的诊断具有重要意义。

（2）与心血管系统有关的其他检查　心病性咳嗽多为慢性经过，最容易发现的临床症状是咳嗽。心病性咳嗽的音调低沉洪亮，并具阵发性。使用洋地黄制剂、利尿剂和氨茶碱等药物治疗，或给予低钠饲料，或令其安静休息，如果咳嗽明显减轻，则证明为心病性咳嗽。有轻微的呼吸困难，运动之后明显加剧，站立时肘部外展，表示为左心疾病。右心疾病表现有颈静脉扩张，颈静脉波动升至下部 1/3 以上处（正常的颈静脉波动仅在下部 1/3 处），也可表现可视黏膜发绀，慢性消化不良等症状。

3. 呼吸系统的检查

（1）呼吸动作检查　本检查包括对呼吸数、呼吸式、呼吸节律、呼吸困难的检查。

1）呼吸式检查。犬的正常呼吸式较为特殊，为胸式呼吸。胸腹式呼吸和腹式呼吸多见于胸膜炎、胸水和肋骨骨折。

2）呼吸困难检查。呼吸困难是呼吸系统疾病的共同症状之一，可分为：

① 吸气性呼吸困难表现为张嘴、头颈伸直、肋骨向背前方移位和肘部外展，还有吸气时胸廓前口陷凹。如伴有噪声，多见于肿瘤和异物引起的上呼吸道狭窄。如呼吸浅表频数，表明肺不能完全扩张，见于肋骨骨折、肺炎、气胸或胸膜炎。

② 呼气性呼吸困难表现为呼气时间延长、费力、收腹和肛门外凸，见于慢性肺气肿（肺泡弹性高度减退）、细支气管炎（细支气管管腔狭窄）。

③ 混合性呼吸困难，见于肺源性呼吸困难（严重的肺炎、肺水肿）、胸腹源性呼吸困难（气胸或胸腔积液、腹压增大性疾病）、心源性呼吸困难（心力衰竭、心内膜炎）、血源性呼吸困难（重症贫血或血红蛋白变性疾病）、中毒性呼吸困难（尿毒症、巴比妥类药物中毒等）、中枢性呼吸困难（脑炎、脑出血、脑水肿）及发热性疾病均可引起混合性呼吸困难。

3）呼吸节律检查。正常犬、猫的呼吸呈节律性运动，吸气与呼气的时间比例为 1:1.6。呼吸节律的病理变化有吸气延长、呼气延长、间断性呼吸（慢性肺泡气肿、细支气管炎及伴有疼痛性的胸腹部疾病等），因呼吸中枢衰竭引起的潮式呼吸（脑炎、心力衰竭、尿毒症及中毒病等）、间歇呼吸（重症脑炎、尿毒症等）、深长呼吸（代谢性碱中毒）。

（2）咳嗽及鼻液检查　咳嗽、流鼻液是呼吸系统的共同症状。

1）咳嗽检查。宠物低头张嘴短促呼吸即发生咳嗽，可采用人工诱咳

观察咳嗽情况。常见病理性咳嗽分为：

① 干咳，见于喉和气管内有异物、慢性支气管炎、胸膜炎等。

② 湿咳，往往随咳嗽从鼻孔喷出大量分泌物，当咳嗽后有吞咽动作时亦为湿咳，见于咽喉炎、支气管肺炎、肺脓肿等。

③ 痛咳，见于急性喉炎、喉水肿等。

④ 咯血，多见于肺癌、并殖吸虫病或犬心丝虫病。此外，项圈压迫、剧烈运动、吸入寒凉空气或污浊空气的刺激，也能引起咳嗽。

2）鼻液检查。呼吸道疾病鼻液的特点是由浆液性→黏液性→黏液脓性→康复或恶化。水样鼻液，常见于鼻炎、感冒、犬瘟热初期等；脓性鼻液，见于化脓性细菌感染、鼻窦炎、上颌窦炎、犬瘟热的中后期；血性鼻液，多见于外伤、鼻腔异物、鼻黏膜溃疡、鼻腔肿瘤等。

（3）肺部听诊

1）正常的呼吸音分为肺泡呼吸音和支气管呼吸音两种。

① 肺泡呼吸音是气体通过细支气管和肺泡时产生的声音，类似"夫"的声音，吸气时比呼气时清晰。犬、猫的肺泡呼吸音，整个肺区均可听到，比其他动物音响强而高亢。

② 支气管呼吸音是气体通过大支气管和小支气管时产生的声音，呼气时支气管音比较清晰，正常时仅在第3～4肋间肩关节水平线上下（肺门区）可听到类似"赫"的支气管呼吸音。因此，健康犬、猫在肺门区随呼吸可以听到"夫、赫""夫、赫"的混合性呼吸音，其他肺区只能听到肺泡呼吸音。

2）常见病理性呼吸音。犬、猫常见病理性呼吸音及其临床意义见表1-2。

表1-2 犬、猫常见病理性呼吸音及其临床意义

呼 吸 音		特 点	原 因	临 床 意 义
肺泡呼吸音	普遍性增强	左右肺区均出现重度的"夫"音	呼吸中枢兴奋性增强	发热、代谢亢进，非肺部疾病引起的呼吸困难
	局部增强	局部肺泡呼吸音增强	病变区弱、周围代偿性增强	肺炎、慢性肺泡气肿、渗出性胸膜炎等
	减弱或消失	肺泡呼吸音减弱	病变区渗出或实变，肺弹性减弱	肺炎、慢性肺泡气肿等病

（续）

呼 吸 音	特 点	原 因	临 床 意 义
病理性支气管音	肺门区以外出现明显的"赫"音	肺实变	肺炎（实变）
干啰音	口哨声、飞箭声、鼾声，呼气时最明显	支气管狭窄，分泌物黏稠	支气管炎
湿啰音	水泡破裂音，吸气时明显	大量稀薄液体	支气管炎和肺炎渗出期、肺水肿、肺出血
捻发音	均匀一致的水泡音，只在吸气时可听到	肺泡内有黏稠分泌物	肺炎
胸膜摩擦音	皮革摩擦、踏雪的声音	纤维素渗出	胸膜炎初期和后期
胸腔拍水音	液体震荡声	胸腔积液	胸腔积水、胸膜炎中期

4. 泌尿生殖系统的检查

（1）排尿状态检查 雄犬的排尿姿势是抬举并外展某一后肢，向身体的侧方排尿，且有排尿于其他物体上的习惯。雌犬的排尿姿势是后肢稍向前踏，略微下蹲，弓背举尾。健康的成年犬，每昼夜排尿 2~4 次，总量为 0.5~1.5 升。

1）尿失禁见于脊髓或支配膀胱的神经损伤或麻痹。

2）排尿疼痛。排尿时表现不安、呻吟及较长时间保持排尿姿势，往往伴有尿淋，常见于膀胱炎、尿道炎或泌尿系统的结石。

3）尿频见于肾虚、膀胱炎、膀胱结石、膀胱肿瘤、膀胱受压、尿道炎及尿道结石。

4）多尿见于大量饮水之后、慢性肾炎、糖尿病及渗出性胸膜炎的吸收期。

5）少尿。排尿次数减少，尿量也少，膀胱多空虚，见于急性肾炎、剧烈腹泻等脱水、休克和心力衰竭。

6）尿潴留。尿道肌痉挛或尿道阻塞、膀胱括约肌痉挛引起的少尿或无尿，称为尿潴留，尿潴留时，膀胱极度膨胀，沿腹底壁延伸至脐。

7）膀胱破裂表现无尿、腹部膨大和腹腔积尿，直肠检查膀胱空虚。

（2）泌尿器官的检查 主要以腹部触诊，一般需要结合 X 射线、超声波进行检查。

1）肾脏的检查。犬、猫的肾脏呈蚕豆形，表面光滑。由于右肾稍靠前，临床多不易触及，若提举前躯更易触及肾脏。通过触诊，可感知肾的大小、质地、敏感性、表面状态，以判定肾脏疾病。当患急性肾小球肾炎、肾盂肾炎及钩端螺旋体病时，肾区敏感。

2）膀胱检查。犬、猫的膀胱空虚时位于骨盆腔内耻骨联合前方的腹腔底部，成年犬为鸡蛋大小的肉团状。充满尿液时膀胱进入腹腔，极度充盈时可达脐部，呈球形，紧张有波动感。通过腹部触诊或膀胱直肠检查（让助手提举病犬的前躯，检查者用一只手的食指伸入直肠，另一只手触摸腹壁后部，内外结合地进行膀胱触诊），可感知膀胱的充盈度、敏感性、肿瘤及结石的有无。该方法也适用于子宫、前列腺和尿生殖骨盆部的直肠触诊。

① 若膀胱空虚、但膀胱壁粗糙增厚，有压痛，多为膀胱炎。

② 若发现膀胱内有较坚实的团块，提示膀胱结石或肿瘤。若团块在膀胱内游离性大，与膀胱壁无紧密联系为膀胱结石，若团块与膀胱壁相连，为膀胱肿瘤。

③ 若触及膀胱为高度充盈而富有弹性的球形光滑体，挤压有波动感和压痛，提示膀胱积尿，但严重积尿时波动感并不明显。根据膀胱的大小及前达部位而判定积尿的严重程度，提示膀胱平滑肌麻痹（挤压排尿，停止按压不见排尿，无压痛）或膀胱颈痉挛、膀胱扭转、膀胱颈结石、尿道结石（均挤压不见排尿，有明显压痛）等。

（3）生殖器官的检查

1）子宫检查。犬、猫子宫属双角子宫，子宫大部分位于腹腔内，小部分住于骨盆腔内和直肠腹侧膀胱背侧。

① 妊娠诊断。最好空腹进行，双手紧抱雌犬腹部，向腰棘突方向轻轻施加压力，然后手指并拢，用滑动来感觉妊娠与否。小型犬、猫可用手掌托住后腹部，手指向腹内轻轻按压，切忌用力挤压。根据子宫及其胎儿的变化判断其妊娠日期。雌犬妊娠20～22天时，子宫明显膨大，直径约2

厘米；28 天之后，直径约 3 厘米，这时为最易触诊期（猫在妊娠 18～24 天时最易触诊，30 天以后则触摸不清）；35 天以后，子宫角膨大融合，反而不容易触摸辨认；接近产期，可经腹壁或直肠触摸胎儿；妊娠 35 天，可见乳头增大及乳头丰满；初产雌犬乳头的颜色特红；临产前一周，能挤出乳汁；妊娠 43 天后，X 线检查可见胎儿骨骼轮廓。

② 子宫疾病的诊断。通过触诊，可感知子宫的质地、子宫内增生性病变以及子宫积液。非妊娠情况下，若感觉子宫壁增厚、敏感，多提示子宫炎；若子宫明显增大，紧张而有波动感，多提示子宫蓄脓；若子宫内有与子宫壁联系紧密的团块，则提示子宫肿瘤。

2）阴茎、尿生殖道的检查。检查有无肿瘤、粘连、龟头炎和包皮炎。犬、猫用的导尿管可用于雌、雄犬、猫的尿道探测和导尿，检查有无尿道狭窄或结石。用导尿管可收集被检验尿液，或注入空气，还有助于诊断膀胱破裂、膀胱容量和神经源性疾病。

5. 神经系统的检查

通过视诊检查犬、猫的行为、容态、姿势及步态等，再利用触诊了解感觉神经的敏感性和各种反射机能。

（1）精神状态检查　见"容态检查"相关内容。

（2）运动机能检查　见"姿势检查"相关内容。

（3）感觉机能检查

1）表面感觉。用针头以不同的力量针刺皮肤，观察犬、猫的反应。

① 感觉减退见于脊髓损伤、外周神经麻痹或意识障碍。

② 感觉过敏除局部炎症外，见于脊髓膜炎。

2）深部感觉。人为强制运动或屈曲关节等，根据躯体调节功能以了解深部感觉障碍的程度。深部感觉障碍见于脊髓损伤、脑炎或慢性脑水肿等。

（4）反射检查　反射检查包括皮肤反射（耳反射、腹壁反射、肛门反射）、黏膜反射（咳嗽反射、角膜反射）、膝反射、跟腱反射、眼部反射（睫毛、眼睑、结膜、角膜及瞳孔反射等）和排泄反射（排尿及排便反射）。

① 反射增强。多由于神经系统兴奋性普遍增高所致。但腿反射增强或亢进，则见于上位运动神经元损伤时，因脊髓反射弧失去高位中枢的制约。

② 反射减弱或消失。多数为反射弧的感觉部分、运动部分或反射中

枢的损伤，也可能是中枢神经系统高度抑制的结果。

四 病理解剖检查

宠物机体受到外界各种不利因素侵害后，体内各器官发生的病理变化是不相同的。通过尸体解剖，找到病变的部位，观察其形状、色泽、性质等特征，结合生前诊断，确定疾病的性质和死亡的原因。

⬤【提示】已经腐败的尸体会给剖检工作造成很大困难，且容易误诊。

五 实验室化验

实验室化验是运用适宜的方法对患病宠物的血液、尿液、粪便等样本进行形态、物理性质、化学成分的检验，并对检验结果进行分析的一种诊断方法。同时结合临床症状，综合分析，确诊疾病。

⬤【提示】采集一种病料，使用一套器械与容器，不得再采集其他病料或容纳其他脏器材料。

六 特殊检查

目前，宠物临床常见特殊检查手段主要包括：X 射线检查、B 型超声检查、心电图检查等。受经济条件和技术力量的限制，计算机体层摄影检查（CT）、磁共振成像（MRI）等高端检查手段在国内宠物临床很少出现。

第二章
宠物疾病的治疗技术

一 宠物的保定

1. 犬的保定

犬的保定是指用人力或用器械来控制犬的反抗，限制其挣扎活动，以保证诊断或治疗顺利进行的方法。其基本原则是：安全、迅速、简单、实用。犬对主人有很强的依恋性，保定通常由主人完成为好。保定犬的方法很多，常用的方法有以下几种：

（1）站立保定法 即令犬站立而限制其自由运动的简便方法，适用于一般检查。常对一些温顺的犬采用此法保定。实施方法是：保定人员站在犬的左侧，面向犬的头部，用友善的方式，温和的声调，并不时呼叫犬的名字，用稳妥的举动，消除犬的惊恐而接近犬。接近犬后，可用手轻拍犬的颈部和胸下方或挠痒，取得犬的好感，然后用牵引带套住犬嘴，予以适当固定即可。

（2）口笼保定法 即选择大小合适的口笼套在犬的嘴上（图2-1），防止其咬人的保定方法；如无口笼，也可用1条长1米左右的绷带，在其中间打一活结圈套，并将上下颌用绷带固定好，绷带头系于颈部即可（图2-2）；也可直接用牵引带将犬嘴套住，由犬主固定好（图2-3）。

图2-1 犬口笼保定法　　图2-2 短嘴犬套嘴保定法

（3）颈圈保定法 颈圈有圆锥形、圆盘形两种，可以用硬质塑料、硬纸壳、X 射线片或塑料板制作，市场上有多种型号，可根据犬的大小选择适合的型号（图 2-4）。这种方法在临床上被广泛使用，如临床检查、药物注射、外科处置和术后护理防止其舔咬、搔抓等。

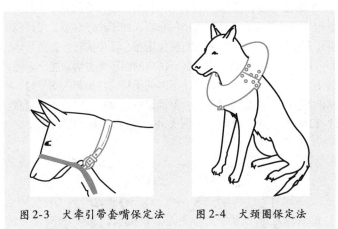

图 2-3　犬牵引带套嘴保定法　　图 2-4　犬颈圈保定法

（4）手术台保定法 这种方法多用于犬的静脉注射或局部外伤的处理及腹腔手术等。其方法是：先将犬侧卧或仰卧在手术台上，并用细绳将前后肢固定在手术台上（图 2-5），如果没有麻醉，需助手按住犬的头部，防止其骚动。保定妥当后即可进行诊疗工作。

（5）颈钳保定法 这种方法主要用于凶猛咬人或处于兴奋状态的病犬，颈钳由铁杆制成，包括钳柄和钳嘴两部分（图 2-6）。通常钳柄长 90～100 厘米；钳嘴为 20～25 厘米的半圆结构，钳嘴合拢时呈圆形。保定时，保定人员手持颈钳，张开钳嘴将犬的颈部套入，合拢钳嘴后手持钳柄即可将犬牢固地予以保定。

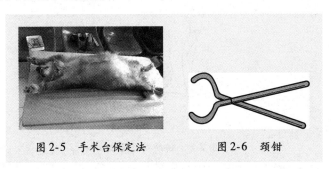

图 2-5　手术台保定法　　　　图 2-6　颈钳

（6）**窗台站立保定法**　此方法适用于小型观赏犬。由一人提起犬的两前肢，使其站立在窗台上，面向窗户，另一人给犬施行检查或药物注射，此法简便易行。

2. 猫的保定

（1）**布卷或布袋保定法**　这是一种利用帆布、革制等厚质材料将猫保定的方法。根据猫体长度选择适当大小的布料，铺于诊疗台上，可让猫的主人将猫头部置于布的一端，提起左侧或右侧保定布，压住前肢，裹紧猫体，并顺势将猫、布一同翻滚，将猫卷成直筒状，使猫的四肢失去活动能力。还可以将布的两端缝上可抽动的带子，制成大小不同的猫袋，将猫装入猫袋时，将猫头和两后肢从两端露出，然后收紧口袋，但颈部不能收得过紧，防止窒息。

（2）**口笼保定法**　操作方法同犬的口笼保定法（图2-7）。

图2-7　猫套嘴保定法

（3）**颈圈保定法**　颈圈保定法是临床中常用的保定方法。因猫的个体小，自行制作颈圈更为方便（图2-8），操作同犬的颈圈保定法。

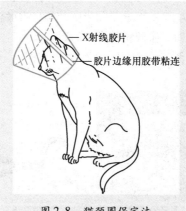

X射线胶片

胶片边缘用胶带粘连

图2-8　猫颈圈保定法

猫的其他保定法可参照犬的保定法。不论是犬的保定，还是猫的保定，都是根据具体情况选择适当的方法，而且通常是两种或两种以上保定方法联合使用。

> ⚠️ **【注意】**
> 1）保定过程中不能造成人员受伤。
> 2）保定宠物要确定牢固，防止其挣脱、逃跑。
> 3）保定要易于解除。
> 4）保定过程中不能造成宠物的伤害。
> 5）保定过程中要宠物主人配合。

二 消毒

犬、猫的被毛及皮肤上存在着大量病原微生物，当犬、猫的体表发生创伤或施行手术时，病原微生物很易侵入创内而引起化脓性感染。因此，对术部及其邻近部位进行严格的消毒是非常重要的。消毒包括注射及穿刺部位的消毒和手术区的消毒两种。

1. 注射及穿刺部位的消毒

常用的消毒步骤是：局部剪毛→5%碘酊涂擦→70%酒精脱碘→实施手术。

2. 手术区的消毒

目前临床上常采用5%碘酊2次涂擦消毒法和新洁尔灭或氯己定溶液消毒法。

（1）5%碘酊2次涂擦消毒法 消毒的步骤是：局部剪毛→剃毛→1%~2%来苏儿洗刷手术区及其周围皮肤，用纱布擦干→涂擦70%酒精→第1次涂擦5%碘酊→局部麻醉→第2次涂擦5%碘酊→术部隔离→70%酒精脱碘→实施手术。

（2）新洁尔灭或氯己定溶液消毒法 消毒步骤是：剪毛→剃毛→温水洗刷，擦干→用0.5%新洁尔灭或氯己定溶液洗涤2次，擦干→实施手术。

> ⚠️ **【注意】** 术部消毒应注意以下两点：一是术部消毒一般应从术区中心开始逐渐向周围涂擦，但在感染创或肛门等处手术时，则应自周围开始，再涂擦到感染创或肛门处；二是口腔、阴道等黏膜不能耐受碘酊的刺激，因此宜用刺激性较小的消毒剂，如2%红汞溶液、2%雷夫诺尔溶液或0.1%高锰酸钾溶液等来消毒。

三 给药方法

1. 经口给药法

经口给药是最常用的一种治疗技术，可分为拌料给药法和口服给药法。

（1）拌料给药法 本法适合于尚有食欲的犬、猫，且药物无异常气味、无刺激性、用量又少。投药时，把药物与犬、猫最爱吃的食物（如鸡肝、牛肺、鱼肉等）拌匀，让犬、猫自行吃下去。为使犬、猫能顺利吃完拌药的食物，最好吃药前先让犬、猫饿一顿。

（2）口服给药法

1）片、丸剂、胶囊剂给药。将犬以坐姿或站立保定，投药者一手掌心横过鼻梁，以食指和拇指分别从两侧口角打开口腔（图2-9），一手将药物送至舌根部，然后快速将手抽出来，并将犬嘴合上，待其自行咽下。当犬把舌尖伸向牙齿间，出现吞咽动作，说明药已吞下。如犬含药不咽，可通过刺激咽部或将犬的鼻孔捏住，促使其将药物吞下。猫也用同样的方法打开口腔，但因猫口腔小，可用止血钳或镊子钳住药丸送至舌根部，迅速闭合口腔，如有舌头舔鼻动作，说明其已将药物咽下。

2）水剂、油剂药物的给药。

① 胃导管给药（图2-10）。此方法适用于投入大量水剂、油剂或可溶于水的流质药物。方法简单，安全可靠，不浪费药物。给药时将犬、猫以坐姿保定，打开口腔，先将钻有圆孔的木棒置于口腔中，选择大小适合的胃导管，用胃导管测量犬、猫鼻端到第八肋骨的距离后，做好记号。用润滑剂涂布胃导管前端，将其插入口腔从舌上面缓缓地向咽部推进，待犬、猫出现吞咽动作时，顺势将胃导管推入食管至胃内（判定插入胃内的标志是从胃导管末端吸气成负压，并且犬、猫无咳嗽表现），然后连接漏斗，将药液灌入。灌药完毕后去除漏斗，压扁漏斗末端，缓缓拔出胃导管。

② 药瓶或注射器给药。将犬、猫以站立姿势保定，助手将犬、猫头部固定，投药者一手持药瓶，另一手将一侧口角打开，然后从口角缓缓倒进药液，或用注射器将药液沿口角注入，待其咽下后再灌，直至灌完。

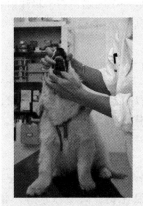 

图 2-9　口服给药　　　　　图 2-10　胃导管给药

> ⚠️ 【**注意**】防止连续大量灌入或在宠物鸣叫时灌入，以防药物进入气管。

2. 注射给药法

（1）皮内注射　皮内注射是将少量药物（一般不超过 0.5 毫升）注射于皮肤的表层与真皮之间的方法，常用于结核等病的诊断、药物敏感试验和预防接种。注射时应选择犬、猫不易摩擦及舐咬的部位，如耳根和颈侧等部。注射的方法是：将犬、猫以站立姿势保定（因皮内注射时疼痛强烈），局部剪毛消毒，以左手将皮肤捏起呈皱囊状，右手持注射器使针头与皮肤呈 30℃ 角刺入皮内，然后缓缓地推入药液。正确的皮内注射，推药时感到费力，同时可见针刺部隆起一个小丘疹。注射完毕，拨出针头，用酒精棉球轻轻压迫针孔，以免药液外溢。

（2）皮下注射　皮下注射的部位通常选择皮肤较薄、皮下组织疏松且血管较少的部位，如颈部、背部或股内侧皮下（图 2-11）。凡是易溶解、无刺激的药物以及菌苗、疫苗，都可进行皮下注射。注射时，助手将犬、猫保定好，局部剪毛后用 70% 酒精棉球消毒，以

图 2-11　皮下注射

左手的拇指和中指将皮肤轻轻捏起，开成一个凹陷，右手将注射针头刺入凹陷处皮下，深 1.5~2 厘米，药液注完后，用酒精棉球按住进针部皮肤，拔出针头，轻轻按压进针部皮肤即可。

> ◎ 【提示】 注射时先用左手将皮肤捏起，使之成皱褶，再右手持针从三角皱褶基部进针，并将针头轻轻拨动，如感觉十分轻便，证明针头在皮下，可注药。在注完后拔出针头时，用棉球压住针孔，轻轻揉按。

（3）肌内注射 一般刺激性较轻的药液和较难吸收的药液，均可作肌内注射，但刺激性较强的药物，如氯化钙、高渗盐水等不能作肌内注射。

在肌内注射时，应选择肌肉丰满无大血管的部位，如臀部、背部肌肉。助手将犬保定好和消毒后，术者用左手拇指和食指将注射部皮肤绷紧，右手持注射器，使针头与皮肤成 60°角迅速刺入，深 2~2.5 厘米，回抽注射器内芯，无血液回流，即可将药液推入肌肉内（图 2-12）。注射完毕后，局部应再次消毒。

图 2-12 肌内注射

> ◎ 【提示】 肌肉内血管丰富，吸收药液较快，水剂、乳剂、油剂都可以进行肌内注射。注射部位应选择耳根后方的颈侧和臀部靠近髋骨（十字骨）的上方，较瘦弱的宠物最好选择在颈部。选择臀部注射时，注射点不要向后下方移，防止刺伤坐骨神经。

（4）静脉注射 静脉注射是将药液直接注入静脉血管的方法。其特点是药物奏效快，但排泄也快，作用时间短。主要适用于大量补液、输血或刺激性较强的药液等。静脉注射多选择易保定、便于操作的部位（图 2-13 和图 2-14），如前肢的正中静脉（背内侧部）、前外侧静脉（腕关节上方的外侧部）和后肢的隐静脉（后肢的外侧）。注射的方法是：将犬、猫以侧卧方式保定，注射部剪毛消毒后，用橡皮筋捆扎注射部上方或用手紧紧压迫静脉，使之怒张，便于观察。然后，右手用医用头皮针或注射器，沿静脉管使针头与皮肤呈30°～45°角刺入皮肤和血管内，接着按压输液管或轻轻抽拔注射器内芯，观察是否回血。如见回血，则证明刺入血管，再将针头与血管平行向血管内伸入，然后解除压迫，固定好针头进行滴注或缓慢注射药物。若不见回血，则应将针头退至皮下找准静脉再刺入，不可在皮下乱刺，以免引起血肿。注射完毕，拔出针头，用碘酊棉消毒并轻压针孔片刻，防止出血或血液渗入皮下而导致皮下血肿。静脉注射时应注意以下几点：一是扎针要准确，避免多次扎针，引起血肿和静脉炎；二是当针确实进入血管，并见回血后须排净注射器和胶管内的气泡，方可进行注射；三是注入大量药液时，注入速度不宜过快，一般以每分钟注射15～30毫升为宜。冬季天气寒冷时，注射的药液须加热；四是注射氯化钙等刺激性较强的药物时，防止其漏于血管外的组织而引起组织发炎和坏死等。当发现有少量药液外漏时，可用5%硫酸镁进行局部热敷，促使其循环旺盛、疼痛缓解及外漏药液的吸收。如果有大量药液外漏时，应尽早切开，用高渗液进行温敷，去除药液，以防组织受到更严重的损伤。

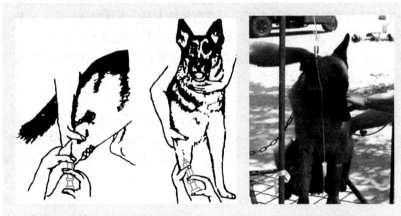

图2-13　犬静脉注射的位置和方法　　　图2-14　静脉注射

> **【提示】** 静脉注射前，要对注射部位用水洗净，然后消毒处理。

（5）**腹腔注射** 有些重危病例常因血液循环障碍，静脉注射十分困难，而腹膜的吸收速度很快，且可大剂量注射。在这种情况下，可采用腹腔注射。

腹腔注射是指把药液直接注入腹腔的方法，注射部位是耻骨前缘2~5厘米腹白线的侧方。其方法是：将犬、猫两后肢提起，侧立确实保定，局部常规消毒后，用左手固定注射部位，右手将针头垂直刺入腹腔2~3厘米，当针头有落空感时，然后接上注射器抽动活塞，看有无气泡、血液或脏器内容物，如没有时，证明针头进入腹腔，即将药液注入腹腔。注射完毕，拔出针头，局部用碘酊消毒。

> ● 【提示】 腹腔注射的药液必须是无刺激性的，且注射前需加热至37~38℃，不然温度过低会刺激肠管，引起痉挛性腹痛，为利于吸收，注射的药液一般选用等渗或低渗液。如发现膀胱内积尿时，应轻压腹部，促其排尿，待排空后再注射。注射剂量：犬一次可注入200~1500毫升；猫按体型大小确定用量。

3. 直肠给药

经直肠给药，可直接用于治疗犬、猫的便秘或结肠炎。灌入的药量少时，只要用手将犬的后躯抬高，保定好，灌药者将吸有药液的注射器接上细胶管插入犬的肛门内推入即可。若药量较大时，在注射器针头上安装一个14号人用导尿管，涂以液状石蜡或植物油后，先插入肛门3~5厘米深，此时，助手用手捏紧肛门周围皮肤与胶管，灌药者用注射器将药液灌入，直到灌完为止。注意灌入量不要过多。

4. 穿刺技术

（1）腹腔穿刺 腹腔穿刺的目的是：根据腹腔穿刺液的量和性状来诊断腹腔内某些器官发生的疾病。当肠变位时，由于肠管及肠系膜扭结、嵌闭、套叠而发生血液循环障碍，血管壁通透性增大，使大量血液"漏入"腹腔，故穿刺液呈红色。胃破裂时穿刺液一般带酸味，并可见胃肠内容物。肠破裂时穿刺液混浊，有腐臭气味，并见大量肠内容物。膀胱破裂时，穿刺液有尿臭气味。肝脏、脾脏及大血管破裂时，穿刺液为大量血液。其次，腹腔穿刺可用于治疗疾病，如发生腹膜炎、胸膜炎时，可先放出腹水、胸水，然后再注入抗菌消炎药。另外，通过腹腔穿刺可进行腹腔内补液。

腹腔穿刺的部位在脐与耻骨前缘连线的中间，在腹部正中线上或其侧方刺入。穿刺的方法是：宠物多取侧卧姿势，进行适当保定，并将其两前肢向前伸张，两后肢向后伸展，借以充分暴露腹部，术部剪毛、消毒后，用注射针头或套管针与腹壁垂直刺入 2~3 厘米，如果腹腔有渗出液、漏出液或血管、内脏破裂流入的血液时即可自然流出。若有大量腹水时，应缓慢放出，并随时观察犬、猫心脏的活动。如渗出液的量较少，不能自动流出，方可用注射器抽取。术后，拨出针头，针孔用碘酊消毒。

（2）**胸腔穿刺**　胸腔穿刺的主要目的是确诊疾病和进行治疗，如通过胸腔穿刺，了解胸腔内渗出物或积液的性质是浆液性的、纤维素性的、出血性的或化脓性的，从而确诊疾病。当发生胸膜炎、血胸等疾病时，通过胸膜穿刺可排出胸腔内的病理性渗出物和血液，恢复胸腔负压，促进血液循环和呼吸功能的恢复。在治疗化脓性胸膜炎、污染严重的开放性气胸等疾病时，通过胸腔穿刺可洗涤胸腔并注入药液。

胸腔的穿刺部位在犬、猫左侧胸壁第 7 肋间，右侧胸壁第 6 肋间，在胸外静脉的直上方，肋骨的前沿。穿刺的方法是：将犬、猫以侧卧方式保定，术部剪毛消毒后，左手将术部皮肤稍向侧方移动，右手持带有胶管的 18~20 号注射针头或穿胸套管针，在紧靠肋骨前缘处垂直于皮肤慢慢刺入。穿刺肋间肌时产生一定的阻力，当阻力消失，有空虚感时，则表明已刺入胸腔。如胸腔内有大量积液时可自然流出。针孔如被堵塞，可用针芯疏通或用注射器抽取。操作完成后拨出针头，术部用碘酊消毒。

胸腔穿刺时应注意两点：一是放液时不要过快，应间歇放出，以免当胸腔内大量液体流出时，血液突然进入胸腔脏器，使脑一时性缺血，或引起胸腔脏器毛细血管破裂，造成内出血，导致犬、猫病情加重或死亡；二是当胸腔积液量少时，须用止血钳帮助抽取胸腔积液，而且每次取下注射器前均应先夹住橡皮管，以免空气进入胸腔，造成人工气胸，从而危及犬、猫生命。

（3）**膀胱穿刺**　膀胱穿刺多作为应急措施而采用，主要适用于膀胱极度膨满使病犬排尿困难，尿闭或尿道阻塞，而导尿无效的犬、猫，是一种防止膀胱破裂而进行的应急性人工排尿方法。

膀胱穿刺的部位为：耻骨前缘 3~5 厘米处腹白线的一侧。操作方法是：将犬、猫以侧卧方式保定，术部剪毛、消毒后，术者左手放在术部隔着腹壁固定膀胱，右手持 16~18 号带有胶管的针头，与皮肤呈 45°角向盆腔方向刺入，针头一旦刺入膀胱，尿液便会立即流出。此时应注意排尿速度不应过快，以利于盆腔、腹腔器官和血液循环恢复平衡。排尿完毕，拨出针头，用碘酊棉球消毒。

> ⚠ 【注意】 按宠物的大小、肥瘦、注射药物的种类、药量，选择适宜的注射器及针头，以及消毒药和所需用品；检查注射器是否有破损，金属注射器橡皮垫是否密封，松紧度调节是否合适，针头是否堵塞、锐利，与针管的结合是否严密；所有注射用的器具，用前需清水洗净并煮沸消毒或高压消毒；抽取药液前，先检查药品是否过期，有无混浊、沉淀、变质；两种以上药液混合注射时，应注意有无配伍禁忌；抽完药液后，在注射之前应先排出针筒内的空气和气泡，并调节好控制注射量的螺旋；根据宠物的大小、是否妊娠，不同的注射方法，采取不同的保定措施，要求保定安全、可靠、方便；注射前对局部剪毛、消毒；注后拨出针头应再次消毒，压迫注射针孔，严格遵守无菌操作。

四 危症急救法

犬、猫由于原发性或继发性的原因在短时间内会突然陷入病危状态，若不及时采取妥善处置方法，多以死亡转归。

1. 心跳停止的抢救

心跳停止的抢救成功与否，取决于 3~5 分钟时间内的努力。具体步骤可按以下方法实施。

① 气管插管，开人工气道。使呼气与吸气各占 1:1 的时间，速度为每分钟 20~40 次呼吸。

② 胸外按压心脏，使犬仰卧保定，从上部按压胸骨，按压和放松时间各占 2/3 和 1/3，即按压时间为放松时间的 2 倍。每分钟要按压 60 次，按压到助手触摸股动脉出现明显的脉搏为止。

③ 当胸外按压心脏无效而心脏尚存在不全收缩时，可在心脏内注射 0.1% 肾上腺素 0.1~0.55 毫升，继续按压。同时静脉点滴加碳酸氢钠的乳酸林格氏液。

④ 当心脏内注入肾上腺素无效时，用 10% 氯化钙或葡萄糖酸钙以每千克体重 10 毫升的剂量注入心脏，继续按压。如果心搏动恢复，则可静脉点滴异丙肾上腺素，使心搏动维持在每分钟 80~140 次。

2. 休克的抢救

休克是急性循环功能不全综合征，临床上表现为四肢厥冷，口腔黏膜苍白或发绀，血压下降，脉搏快而弱，尿量减少或无尿，衰弱，昏睡。犬、猫常见的原因有出血、脱水、创伤等血液量减少，药物性、中枢性、过敏性的末梢血管抵抗异常及败血症等。

1）低血容量性休克，主要原因有脱水、出血、创伤等，急救方法如下：

① 保证呼吸道畅通，必要时输氧。

② 颈静脉装置 14～16 号针头的输液管，迅速注入乳酸林格氏液，按每千克体重 30～50 毫升，同时静脉注射地塞米松，按每千克体重 0.1 毫克、氯丙嗪，按每千克体重 0.55 毫克、青霉素 100 万单位、链霉素，按每千克体重 22 毫克。

③ 放置导尿管，监测尿量。正常尿量为每小时每千克体重 1.1～1.2 毫升。

④ 注意保暖，使体温维持在 35.5℃ 以上。

⑤ 疑似心源性休克时，可考虑使用肾上腺素，以 1：250 的比例稀释，静脉输液，使心率维持在 80～140 次/分钟。

⑥ 重度休克时，可给予碳酸氢钠，可根据病情反复使用上述药物。

2）败血性休克，常见于各种休克的后期。主要表现为重度酸中毒、低氧分压、红细胞压积值增高和弥漫性血管内凝血的症候群，可静脉注射肝素，按 1.1 毫克/千克体重。

3）过敏性休克，主要表现为衰弱、昏睡，速脉和弱脉，血管抵抗力降低，血管容积增大 3～4 倍。皮肤呈异常的桃红色，皮温增高。可按如下方法进行治疗：

① 直接静脉注射 0.1% 盐酸和肾上腺素 0.5～1.0 毫升，根据情况，20～30 分钟后可重复使用。

② 保证呼吸畅通或输氧。

③ 静脉注射速效性类固醇和苯海拉明，按 1.1～2.0 毫克/千克体重。

④ 按照上述方法处置后，注意观察病犬、猫，若 5～10 分钟内征候缓解，则预后良好。

五 宠物的麻醉技术

犬的麻醉分为局部麻醉和全身麻醉，全身麻醉又分为吸入麻醉和非吸入麻醉。吸入麻醉现已不常使用，非吸入麻醉应用较为广泛，主要以 α_2-肾上腺素受体激动剂，隆朋和地托咪啶为主。

1. 局部麻醉

利用某些药物有选择性地暂时阻断神经末梢、神经纤维以及神经干的冲动传导，从而使其分布或支配的相应局部组织暂时丧失痛觉的麻醉方法，称为局部麻醉（局麻）。

（1）表面麻醉 表面麻醉是利用麻醉药的渗透作用，使其透过黏膜而阻滞浅层的神经末梢。麻醉结膜和角膜时，可以选用0.5%丁卡因或2%利多卡因溶液；麻醉口、鼻、肛门黏膜时，可以选用1%~2%丁卡因或2%~4%利多卡因溶液。每隔5分钟用药1次，共用2~3次。

（2）浸润麻醉 沿手术切口皮下注射或深部分层注射麻醉药，阻滞神经末梢，称为局部浸润麻醉，常用0.25%~1%盐酸普鲁卡因溶液。

注射时，为防药物直接注入血管中产生毒性反应，应该在注药物前先回抽一下注射器活塞，无血液流入注射器内时再注射药物。

浸润麻醉时先将针头刺入所需深度，而后注入局部麻醉药。局部麻醉有多种方式，如直线浸润、菱形浸润、扇形浸润、基部浸润和分层浸润。肌肉层厚时，可边浸润边切开。也可用于上下眼睑封闭。

（3）传导麻醉 传导麻醉也叫神经阻滞，是在神经干周围注射局部麻醉药，使神经干所支配的区域失去痛觉。这种方法用药量少，可以产生较大区域的麻醉，临床上常用于椎旁麻醉、四肢传导麻醉和眼底封闭。常用药物为2%盐酸利多卡因或2%~5%盐酸普鲁卡因溶液。麻醉药的浓度、用量与麻醉神经的大小成正比。

（4）硬膜外麻醉 硬膜外麻醉是脊髓麻醉的一种，将局部麻醉药注入硬膜外腔中，注入点主要有3处：第1与第2尾椎的间隙；荐骨与第1尾椎的间隙；腰骨、荐骨间隙。多选择3%盐酸普鲁卡因3~5毫升。

2. 全身麻醉

（1）速眠新注射液（846合剂） 临床上按每千克体重0.1~0.2毫升肌内注射，可使犬麻醉1小时左右，应用十分广泛，镇静效果良好。但在临床应用中偶尔可引起呕吐现象，有的犬出现短时抽搐，肌肉松弛效果不太理想（相对于噻胺酮）。

苏醒药为1:1的苏醒灵4号（每毫升含4-氨基吡啶6毫克、氨茶碱90毫克）。

（2）复方氯胺酮 复方氯胺酮又称噻胺酮注射液，以15%氯胺酮和15%隆朋为主，配成15%噻胺酮溶液。本药犬、猫的麻醉效果确实而安全。犬肌内注射后 5 分钟内平稳地进入麻醉状态，无兴奋和挣扎，痛觉消失，肌肉松弛。按每千克体重 5 毫克肌内注射，可有效麻醉 60~80 分钟；按每千克体重 7.5 毫克肌内注射，可有效麻醉 60~100 分钟；按每千克体重 10 毫克肌内注射，可有效麻醉 130~150 分钟。

在麻醉诱导期，未禁食的犬可能出现呕吐现象。苏醒可用 0.5% 育亨宾或苯噁唑。临床上将 15% 噻胺酮溶液配成 5% 的溶液，按每千克体重 0.1 毫升肌内注射。

（3）氯胺酮 氯胺酮是分离麻醉剂。在单独使用前，应先皮下注射硫酸阿托品预防流涎和腺体分泌，10~15 分钟后，按每千克体重 10~15 毫克肌内注射氯胺酮，5 分钟后起效，可有 20~30 分钟的安定时间，能够完成小手术；按每千克体重 20~25 毫克肌内注射，可有 30~60 分钟的安定时间。个别犬若出现强直性痉挛而一时不能自行停止，则可按每千克体重 1~2 毫克肌内注射安定（地西泮）或苯巴比妥。

3. 麻醉并发症及处理方法

肌内注射麻醉药时常遇到呕吐、舌回缩、呼吸停止和心搏停止等症状，此为麻醉的并发症。

（1）呕吐 呕吐是非吸入麻醉药最常见的症状之一，多出现在肌内注射后的 2~5 分钟。为了减少呕吐的影响，手术前停食 24 小时（不限制饮水），尤其是采用静松灵系列的药物（如速眠新注射液）时更应注意。为防止呕吐出的食物进入气管，保定时应将犬的头部放低一些。

（2）舌回缩 舌回缩是因为麻醉药使肌肉松弛，舌根向会厌软骨方向移动，造成喉头通道狭窄或被堵塞。当听到异常呼吸音或出现痉挛性呼吸且发现有发绀症状时，一定要检查犬的舌头状态，是否露在口腔外。

（3）呼吸停止 常因舌回缩、呼吸被抑制、机体机能衰竭或用药过量等因素造成呼吸困难，甚至呼吸停止。常用解救药有麻醉药的拮抗剂，如尼克刹米（兴奋呼吸），必要时配合人工呼吸。

（4）心脏停搏 多因犬、猫机体机能衰竭、药物过敏或麻醉药过量等因素引发。解救药有安钠咖、肾上腺素（兴奋心搏）、地塞米松（抗过敏）和麻醉药的拮抗剂。当使用静松灵、隆朋、地托咪啶等 α_2-肾上腺素受体激动剂时，可用 α_2-肾上腺素受体拮抗剂，如苯噁唑、育亨宾、妥拉唑啉或者苏醒灵等，同时可进行人工呼吸和按压心脏。

⚠ **【注意】** 对于宠物的手术，不仅要面对手术本身的风险，同时还要面对应用麻药所带来的风险。年龄过大的宠物，在麻醉时存在比较大的危险，要根据宠物的状态来决定是否进行手术或选择何种麻醉方式。

第二章

第三章
宠物常见的外科手术

一 去势术

【适应证】 雄性犬、猫的去势使其行为更温顺，消除雄性犬、猫因发情造成的不良性行为。可治疗睾丸、阴囊感染、睾丸癌、创伤及雄性激素分泌过剩等疾病。

【术前准备】 术前停食、停水6~8小时，血常规、生化检查，全身麻醉，仰卧保定，充分暴露会阴部，术部清洗、局部剃毛、消毒。

【手术操作】 术者用拇指、食指、中指将犬、猫的睾丸挤入阴囊底部，使两个睾丸位于阴囊缝际两侧，切口位于上侧睾丸距阴囊缝际0.3~1厘米处，依次切开阴囊皮肤、内膜和总鞘膜。将睾丸挤出并分离出精索和血管。在睾丸上3~5厘米处结扎精索、血管，在结扎线下方1厘米处切断精索、血管，摘除睾丸（图3-1）。将精索、血管断端退入鞘膜管内。

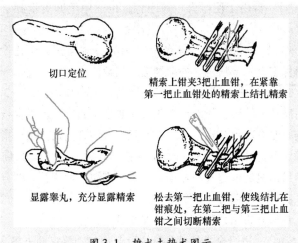

切口定位

精索上钳夹3把止血钳，在紧靠第一把止血钳处的精索上结扎精索

显露睾丸，充分显露精索

松去第一把止血钳，使线结扎在钳痕处，在第二把与第三把止血钳之间切断精索

图3-1　雄犬去势术图示

按相同方法在同一切口摘除另侧睾丸，术部清理后消毒。

犬可将切口确定于腹正中线阴囊上方 3 ~ 5 厘米处，将睾丸分别挤至切口，再按上述方法分别摘除。切口做皮肤内缝合后涂以 2% 碘酊消毒，着装腹绷带，7 ~ 10 天拆线。

【术后护理】

1）术后停食、停水 12 小时，补液，观察术部是否有出血，如有较多出血则表明结扎线松脱，需找出断端重新结扎止血。

2）术后犬、猫主人将犬、猫带回家的途中，如宠物仍处于麻醉状态，要确保其呼吸道畅通，防止其窒息死亡。

3）犬、猫主人回家后，不要灌喂犬、猫药物、食物、水等，防止误入气管。

4）术后为犬、猫滴少量低刺激性眼药以防角膜过分干燥，角膜发炎。

5）为防止继发感染，需连续使用抗生素 5 ~ 7 天。

> ⚠ 【注意】 用此方法做雄性宠物去势手术，幼龄宠物可不做缝合；成年宠物可做不完全缝合，在阴囊下端留有滴液口，以促进分泌物排出。

二 卵巢摘除术

【适应证】 常用于使雌犬、猫绝育，也适用于卵巢囊肿、卵巢肿瘤等疾病。

【术前准备】 术前停食、停水 6 ~ 8 小时，血常规、生化检查，全身麻醉，仰卧保定，术部清洗、局部剃毛、消毒。

【手术操作】 猫由脐后 0.5 厘米处沿腹白线向后做 1.5 ~ 3 厘米长的切口；犬由脐孔处沿腹白线向后做 3 ~ 10 厘米长的切口。用食指或钝钩进行腹腔探查。左右卵巢分别位于左右肾脏后方的腰沟内。用食指或小钝钩将卵巢或输卵管钩住并拉至创口，用两把止血钳穿过子宫阔韧带无血管处，夹住卵巢两侧的输卵管和卵巢系膜，分别结扎输卵管、部分子宫阔韧带及卵巢系膜、另一部分子宫阔韧带，摘除卵巢（图 3-2）。同法摘除另一侧卵巢。常规方法闭合腹壁。戴腹部绷带。

【术后护理】 进行全身抗感染处置，其他护理要求同去势术。

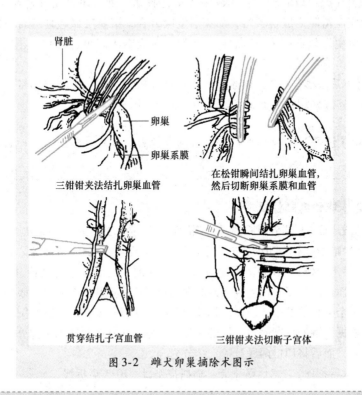

三钳钳夹法结扎卵巢血管

在松钳瞬间结扎卵巢血管，然后切断卵巢系膜和血管

贯穿结扎子宫血管

三钳钳夹法切断子宫体

图 3-2　雌犬卵巢摘除术图示

> ⚠ **【注意】** 卵巢切除不彻底易导致性行为滞留。

三　剖宫产术

【适应证】　难产或经助产后仍无法解决时，需立即实施剖宫产。

【术前准备】　术前血常规、生化检查，仰卧保定，全身麻醉，母体衰竭时应局部麻醉。术部清洗、局部剃毛、消毒。

【手术操作】　犬由脐上 2.5～3 厘米处沿腹正中线向下切开 5～20 厘米；猫由脐孔处沿腹正中线向下切开 5～10 厘米。常规切开腹壁皮肤、肌肉、腹膜各层组织，用手缓缓拉出两侧子宫角，用消毒纱布与切口隔离。在最靠近子宫体胎儿处的子宫角大弯处纵行切开子宫 4～6 厘米。轻轻挤压靠近切口处的胎儿，当胎儿被推至切口处时将之拉出并一同拉出胎膜，结扎或挫断脐带。依次取出该侧胎儿，另侧子宫角的胎儿最好也在此切口取出。胎儿数多或子宫收缩强烈，也可切开对侧子宫，胎盘完全清除后缝合子宫，黏膜层连续缝合，浆膜层做包埋缝合，用温青霉素生理盐水冲洗子宫后还纳腹腔。常规方法为闭合腹腔，并包扎腹绷带。

【术后护理】　犬、猫苏醒后再与幼仔放在一起，注意腹绷带要露出乳头。连续应用抗生素5~7天，10天后拆线。

> ⚠ **【注意】** 切开腹腔时切勿损伤乳腺群，胎儿取出后要立即做复苏术。

四　眼睑内翻整复术

【适应证】　部分眼睑内翻会刺激眼球，常见于松狮犬等品种。

【术前准备】　侧卧保定，固定头部。全身麻醉，眼周围剃毛、消毒。

【手术操作】　在距离眼睑缘1.5~2.5厘米与眼睑平行部位进行第1切口。切口的长度要比内翻部的两端稍长，然后再从第1切口与眼睑缘之间做一个半月状的第2切口，其长度与第1切口长度相同，其半圆最大宽度应根据内翻的程度而定，将已切开的皮肤瓣包括眼轮肌的一部分一起剥离切除，而后将切口两缘拉拢，结节缝合。

【术后护理】　术后防止犬、猫抓挠伤口，10天后拆线。

五　眼球摘除术

【适应证】　化脓性眼球炎治疗无效、眼球内肿瘤、高度角膜变形、眼球严重损伤无治愈希望等。

【术前准备】　侧卧保定，全身麻醉，配合眼球周围浸润麻醉或眼窝裂沟传导麻醉。

【手术操作】　用创口钳开张上下眼睑，以镊子夹住巩膜固定眼球，用眼科弯剪沿眼球周围做环形切口，剪开球结膜，用钳子或锐钩牵拉眼球，同时分离结膜下脂肪组织及眼直肌附着部，用弯剪伸至球后剪断眼球肌及视神经，取出眼球后，立即用适量纱布塞入眶内，进行压迫止血，然后将上下眼睑做间断缝合，装眼绷带（图3-3）。

【术后护理】　术后肌内注射抗生素5~7天。一周后拆除眼睑缝合线，取出眼内纱布。

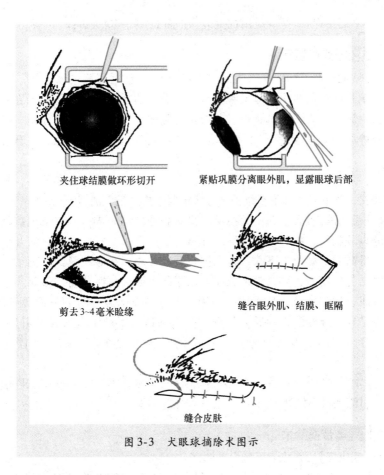

夹住球结膜做环形切开　　　　　　紧贴巩膜分离眼外肌，显露眼球后部

剪去3~4毫米睑缘　　　　　　缝合眼外肌、结膜、眶隔

缝合皮肤

图3-3　犬眼球摘除术图示

六 犬外耳道外侧壁切除术

【适应证】　外耳炎时耳道增生、药物治疗无效、引起软骨性外耳道狭窄、肿瘤、外耳道先天性畸形等。

【术前准备】　患耳在上侧卧保定，全身麻醉。

【手术操作】　彻底清理外耳道，耳基部、耳郭两面都要剪毛消毒，将耳提起做四角形覆盖。后方由耳屏间切痕起，前方则由耳轮切痕开始，从下方切开并渐渐向中央会合，使成为"U"字形切创。可将耳屏牵引向背侧以便于切创。将软骨垂直部剪成两半，并随着耳道方向向前后切一小切创，结节缝合，将外耳道软骨创缘与同侧皮肤创缘结节缝合。

【术后护理】 全身应用抗生素、止痛剂，7～10天拆线。

七 唾液腺切除术

【适应证】 犬唾液腺囊肿。犬的唾液腺包括腮腺、颌下腺、舌下腺、颧骨腺及一些小的唾液腺。常发生囊肿的唾液腺主要是颌下腺和舌下腺。颌下腺为近似于圆形、黄白色的腺体，周围被纤维囊包裹，位于颌外静脉与颈静脉的交汇处，上面被腮腺覆盖，其余部分位于皮下浅层。

【术前准备】 全身麻醉，仰卧保定，颈下垫沙袋，头稍侧转，将颈部伸展，颌下腺、舌下腺位于上方。术部常规剃毛、消毒。

【手术操作】 术部位置在唾液腺囊肿处。切开皮肤、皮下组织，钝性分离颈阔肌、脂肪组织，继续分离，暴露出颌下腺纤维囊，切开纤维囊，暴露颌下腺及舌下腺，将腺体与囊壁分离，在腺体腹侧分离动、静脉并结扎、切断，分离整个腺体至二腹肌下面，钝性分离二腹肌和茎突舌骨肌，把腺体经二腹肌拉向一侧，再分离覆盖腺导管的下颌舌骨肌，双重结扎腺导管及舌静脉并切断，摘除腺体，于纤维囊内安置引流管，连续缝合颈阔肌及腺体囊壁，结节缝合皮下组织和皮肤，并固定引流管。

【术后护理】 术后连续应用5～7天抗生素，术后第3～5天去除引流管，引流孔可不作处理。

八 声带摘除术

【适应证】 消除或降低犬的叫声。

【术前准备】 仰卧保定，头颈伸展，头的位置低于喉部。由口腔切除喉室声带则用开口器将犬的口腔打开，进行全身麻醉。

【手术操作】 以甲状软骨突起为手术切开部位，可分为两种路径。

（1）口腔摘除法 不切开喉，在口腔内摘除声带。首先用压舌板压低会厌软骨尖端，暴露喉的入口，"V"字形的声带位于喉口里边的喉腹面的基部，用一弯形长止血钳，钳夹声带的背面、腹面和后面，剪开钳夹处黏膜并切除，采用电灼止血或用纱布压迫止血。术后要将犬的头部位置放低，并尽量减少引起宠物咳嗽的因素。

（2）喉切开摘除法 在颈部腹侧正中线上皮肤常规剃毛、消毒。以甲状软骨突起处为切口中心，上下切开皮肤3厘米，分离胸骨舌骨肌至喉腹正中线两侧，充分暴露环甲软骨韧带和喉的甲状软骨，并充分止血。以甲状软骨突起为中点切开甲状软骨 2 ~ 3 厘米，暴露喉室、声带。用镊子夹持声带黏膜，用手术剪完整地剪除声带。手术中应尽量避开声带背面附近喉动脉的分支，如果喉动脉的分支发生出血，可做结扎止血。彻底止血后，间断缝合甲状软骨，全层连续缝合胸骨舌骨肌，再结节缝合皮肤（图 3-4）。

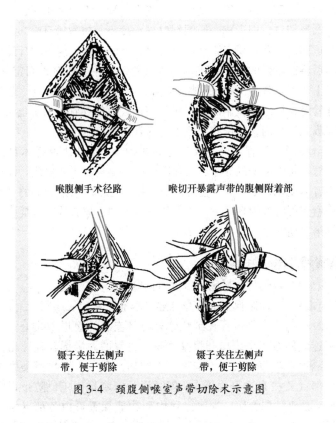

喉腹侧手术径路　　　喉切开暴露声带的腹侧附着部

镊子夹住左侧声　　　镊子夹住左侧声
带，便于剪除　　　　带，便于剪除

图 3-4　颈腹侧喉室声带切除术示意图

【术后护理】　术后为防止声带创面出血，可注射止血剂，并将其头部放低，10 天后拆线。

九　气管切开术

【适应证】　各种病因引起的犬、猫上呼吸道完全或不完全阻塞危及生命时。

【术前准备】 侧卧或仰卧保定，使颈伸直，局部浸润麻醉或全身麻醉。

【手术操作】 在颈侧上 1/3 与中 1/3 交界处，颈腹正中线上做切口，即沿正中线 5~7 厘米的皮肤切口，切开浅筋膜、皮肌，用创钩扩开创口，进行止血并清洗创内积血，在创口的深部寻找两侧胸骨舌骨肌之间的白线，用外科刀切开，张开肌肉，再切深层气管筋膜，使气管完全暴露。在气管切开之前再度止血，以防创口血液流入气管。将两个相邻的气管环上各切一半圆形切口，即形成一椭圆创口（深度不超过气管环宽度的 1/2），合成一个近圆形的孔。切气管环时要用镊子牢固夹住，避免软骨片落入气管中。然后将准备好的气导管正确插入气管内，用线或绷带固定于颈部。皮肤切口上、下角各做 1~2 个结节缝合，有助于气管的固定，若没有已备的气导管时，可用铁丝制成双"W"字形代替气导管。为防止灰尘、蚊蝇、异物吸入气管内，可用纱布覆盖气导管的外口。

【术后护理】 气管切开后要注意观察护理，防止犬摩擦术部或用爪抓掉气导管。每天清洗气导管，去除附着的分泌物和干涸血痂。注意气导管气流声音的变化，如有异常立即纠正。根据上部呼吸道病势的情况，若确认已痊愈，可将气管环取下，创口作一般处理，皮肤故结节缝合。如有感染，待第二期愈合。10 天后拆线。

✚ 胃切开术

【适应证】 取出胃内异物、摘除胃内肿瘤。

【术前准备】 仰卧保定，全身麻醉，术部消毒。

【手术操作】 术部位置在剑状软骨与脐连线的腹正中线上。于剑状软骨与脐连线的腹正中线切开腹壁腹膜。将胃的大半部轻轻拉出。胃的周围用大隔离巾与腹腔及腹壁隔离，以防切开胃时内容物污染腹腔。切开胃大弯部（要注意避开血管），创缘用舌钳牵拉固定，防止胃内容物浸入腹腔。必要时扩大切口，取出胃内异物或探查胃内各部（贲门、胃底、幽门窦、幽门）进行其他手术。用温青霉素、生理盐水冲洗或擦拭胃壁切口，然后做全层连续缝合及第二层的连续内翻水平褥式浆膜肌层缝合，再用温青霉素、生理盐水冲洗胃壁，然后将其还纳于腹腔，腹壁常规闭合（图 3-5）。

【术后护理】 术后静脉补液，48 小时后开始给予少量易消化的流食。连续应用抗生素 5~7 天，10 天后拆线。

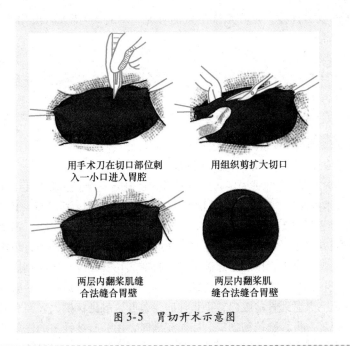

用手术刀在切口部位刺
入一小口进入胃腔

用组织剪扩大切口

两层内翻浆肌缝
合法缝合胃壁

两层内翻浆肌
缝合法缝合胃壁

图3-5　胃切开术示意图

⚠️ **【注意】** 该手术为污染手术，应准备两套手术器械。

十一　肠管切除及肠吻合术

【适应证】　各种疾病造成肠管坏死时。

【术前准备】　仰卧保定，全身麻醉，术部消毒。

【手术操作】　术部位置在脐下腹中线上，于脐下1～2厘米腹中线上切开腹壁各层组织，剪开腹膜。全层切开腹壁后，腹腔探查，轻轻拉出病变肠段，经鉴定已发生坏死后，将病变肠管隔离，确定切除范围，双向结扎向切除段的肠管供血的肠系膜动脉及其边缘分支，用肠钳夹预定切除线外1厘米处的健康肠段，预定切除线应成一定角度以保证肠管有良好血液供应。切除病变肠段，用剪刀剪去结扎线之间的肠系膜，剪去外翻的肠黏膜，进行断端缝合，采用肠壁全层连续缝合，浆膜肌层用丝线做间断内翻缝合，接着将肠黏膜做螺旋连续缝合，用温生理盐水冲洗后送入腹腔，最后闭合腹壁切口，装着腹绷带。

【术后护理】　术后禁食48小时，然后给予少量流食，充分饮水，水中加入适量的食盐，并注意维生素的补充，术后 5 ~ 7 天内应用抗生素，10 天后拆线。

> ⚠ 【注意】 此手术为污染手术，准备两套手术器械，术后应促进运动，防止肠粘连。

十二 膀胱切开术

【适应证】 膀胱结石、膀胱肿瘤。

【术前准备】 仰卧固定，全身麻醉，从耻骨前缘至脐部剃毛、消毒。

【手术操作】 雌性从耻骨前缘向脐部在腹白线上切开 5 ~ 10 厘米，雄性在阴茎侧方 2 ~ 3 厘米做与腹中线的平行切口。切开皮肤，将腹直肌与皮肤同方向切开达腹膜，用外科镊子夹住腹膜切一小口，用组织钳把腹膜固定在腹直肌上，以防止腹膜滑脱，再继续切开腹膜与皮肤创同长，用创钩向左右拉开，手指伸入腹腔探查。当膀胱内充满尿液时，易触及膀胱体，膀胱空虚退到骨盆腔内，手指伸向骨盆腔，触到核桃大表面有皱襞感的即为膀胱。将膀胱拉到创口。如尿充满时，用装有细针头的注射器，避开膀胱血管刺入膀胱尖吸出尿液，膀胱缩小后用组织钳固定膀胱尖并向上牵拉，避开或钳住膀胱壁血管，在膀胱尖切开 2 ~ 3 厘米，用麦粒钳或锐匙去除结石。若有膀胱肿瘤的，可在膀胱尖或膀胱体切开 4 ~ 6 厘米，翻转膀胱黏膜面，去除肿瘤。探查结束后，用生理盐水冲洗膀胱腔，以肠线连续缝合膀胱切口的全层，再做浆膜肌层内翻缝合，常规闭合腹腔。

【术后护理】 术后按常规给予抗生素，10 天后拆线。

> ⚠ 【注意】 缝合膀胱时不能作全层缝合，因其会增加结石复发的可能性。

十三 腹股沟疝手术

【适应证】 腹腔脏器小肠、大网膜、子宫、膀胱等经腹股沟环脱出至腹股沟处。

【术前准备】 仰卧保定，全身麻醉，术部消毒。

【手术操作】 在腹股沟管外环处做 4 ~ 8 厘米的纵切口，钝性分离总鞘膜周围的结缔组织，使总鞘膜全部游离，还纳其中的内容物，将总鞘膜

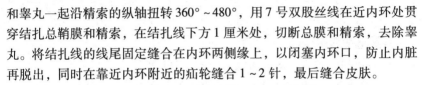

和睾丸一起沿精索的纵轴扭转360°~480°，用7号双股丝线在近内环处贯穿结扎总鞘膜和精索，在结扎线下方1厘米处，切断总膜和精索，去除睾丸。将结扎线的线尾固定缝合在内环两侧缘上，以闭塞内环口，防止内脏再脱出，同时在靠近内环附近的疝轮缝合1~2针，最后缝合皮肤。

【术后护理】 术后按常规给予抗生素，10天后拆线。

十四 尿道切开术

【适应证】 尿道结石、尿道新生物。

【术前准备】 仰卧保定，全身麻醉，术部消毒。

【手术操作】 因结石所在因结石所在部位不同，可分为尿道上部和尿道下部切口。犬下部尿道结石发生较多，上部结石发生较少。

（1）尿道下部切口 尿道内插入导管，在阴茎骨后方正中线上切皮3~4厘米，依次切开皮下结缔组织、阴茎后提肌、尿道海绵体和尿道黏膜，做1~2厘米尿道创口，用小锐匙插入尿道内去除结石，由创孔将插管插入深部尿道，检查是否疏通。创口可以开放或用细肠线缝合，留置尿道插管。对于阴茎伸出包皮的可以不做皮肤创口。

（2）尿道上部切口 保定后两后肢向前方，露出会阴部。术部为坐骨弓与阴囊中间，切开皮肤4~6厘米。出血多时结扎血管止血，其他步骤与前法相同。

【术后护理】 术后注意观察排尿情况。如尿闭或排尿困难时，应及时拆线。

十五 犬肛门囊摘除术

【适应证】 慢性肛门囊炎、肛门囊脓肿、肛门囊瘘、肿瘤等。

【术前准备】 腹卧保定，尾部抬起固定，暴露出肛门部，全身麻醉。手术前24小时禁食、灌肠，防止粪便污染手术部位，清空肛门囊内容物，并用0.1%新洁尔灭溶液清洗肛门部周围，术部消毒。

【手术操作】 手术位置在肛门侧下方1~2厘米处。用探针插入肛门囊底部作为标记，沿着探针切开皮肤、肛门囊，用止血钳夹住囊壁，分离肛门囊与周围的结缔组织，将肛门囊、导管及其开口完整摘除，充分止血，从创腔底部开始缝合，勿留无效腔，结节缝合皮肤，局部消毒。同样方法摘除另一侧肛门囊。

【术后护理】 术后全身、局部连续应用抗生素防止感染，佩戴颈圈，防止啃咬。7 天后拆线。

十六 断尾术

【适应证】 美容，尾部肿瘤、溃疡、外伤等。

【术前准备】 俯卧保定，全身麻醉，术部消毒。

【手术操作】 为了美容而断尾一般选在第 2~3 尾椎。在尾根上装止血带，于切断处的尾椎关节的背面和腹侧面做一 V 字形切口，用剪刀将该处的软组织与关节软骨切断，止血，间断结节缝合两皮瓣。装置尾绷带。

【术后护理】 避免舔咬术部，以防感染，7~10 天拆线。

十七 猫截爪术

【适应证】 猫截爪术是指切除猫第三指（趾）节骨和爪壳的一种手术。截爪后其爪终生不长，以防止猫爪损伤家具，衣服和抓伤人的皮肤。猫的前肢爪尖锐、损伤性大，故常截除前肢爪，后肢爪一般不截除，因后肢爪在行走时与地面牢固的接触，以利行走稳定和敏捷的行动。截爪一般在 6~12 周龄为宜，其优点是出血少，术后出现并发症的概率低，手术相对快捷简便。

【术前准备】 腹卧保定，全身麻醉。宠物麻醉后，用止血带在肘上方扎紧，由助手将前肢分别握于手中保定，局部剃毛、消毒。

【手术操作】

（1）幼猫截爪 术者用一只手的食指和拇指向后推压爪背皮肤和指垫，充分暴露第三指，另一手持截爪钳，套入第三指，在两关节间将三指节骨剪除。切除时，应将爪嵴全部切除，因为爪的生发层在近端爪嵴，如果爪嵴切除不完全，术后可能再生长，同时注意不能损伤指垫，否则会引起局部出血和术后疼痛。松开止血带，如有出血，可电烙或烧烙止血，充分止血后，结节缝合创缘，包扎压迫绷带。同法截除另一侧指爪。

（2）成年猫截爪术 术者一只手持止血钳夹住爪部向枕部曲转，使背侧关节紧张，另一只手持手术刀在爪嵴与第二指骨间隙向下切开皮肤和背侧韧带，暴露关节面，再沿第三指关节面向前向下，将关节两侧皮肤、侧韧带、屈肌腱及其他软组织切断。当切到掌面时，再沿第三指节骨掌面向前切割，这样，可避开指垫。第三指节骨切除后，按上述方法止血、缝合和包扎。

【术后护理】 连续使用抗生素 5~7 天，术后 2~3 天可拆除绷带，将猫关在干燥清洁的室内防止创口污染。

第四章
宠物病毒性传染病的鉴别诊断与防治

一 犬瘟热

犬瘟热是由犬瘟热病毒引起犬科和鼬科动物的一种高度接触性传染病。其主要特征是呈双相热、白细胞减少、结膜炎、支气管炎、卡他性肺炎、胃肠炎、皮炎及神经症状，病犬的脚垫高度角质化。

【流行特点】 在自然条件下，犬科及浣熊科动物对本病均有易感性。患病宠物是主要传染源，带毒期一般为 5~6 个月。通过眼、鼻分泌物、唾液、尿和粪便排出病毒，污染饲料、水源及用具等，经消化道感染，也可通过飞沫经呼吸道传播。若经胎盘感染，引起流产和死胎。

本病一年四季均可发生，但多见于冬季。不同年龄、不同性别的易感宠物均可感染，常呈周期性流行。

【临床症状】 犬自然感染的潜伏期通常为 3~4 天。最急性型病例常表现出突然高热，临床症状不明显，通常在 1~2 天内死亡。2~6 月龄幼犬病死率达 80%。

病犬倦怠，食欲不振，鼻和眼流出水样分泌物，鼻端干燥皲裂（彩图 4-1），体温升高至 39~41℃，持续 1~3 天后降至接近常温（此时病犬似已好转），体温第二次升高的持续期为 7 天以上。若病情加重或继发感染，病犬出现鼻炎、结膜炎、包皮炎、卡他性喉炎、支气管炎或支气管肺炎、咽炎和胃卡他等。个别病例在下腹部、大腿内侧和外耳道发生水疱和脓性皮疹（彩图 4-2）。若出现神经症状，病犬站立困难，共济失调，或做圆圈运动，全身呈强直性阵发痉挛或惊厥和昏迷；耐过病例常有站立困难，共济失调，或做圆圈运动，全身呈强直性阵发痉挛或惊厥和昏迷，并且常有后遗症。

【病理变化】 犬瘟热病毒对上皮细胞和淋巴细胞均具有亲和力，病变广泛。典型病例可见水疱性和化脓性皮炎，皮屑脱落，鼻、唇、眼、肛门等处皮肤增厚；雌犬外阴部等处肿胀，足垫肿胀、坚硬（彩图4-3）；眼、鼻黏膜呈浆液性、黏液性及化脓性炎症；呼吸道黏膜有泡沫状的黏液性或化脓性分泌物；肺呈小叶性或大叶性肺炎；胃肠呈卡他性炎症；脑有非化脓性脑膜炎；在胃、肠、心外膜、肾包膜及膀胱黏膜有出血点或出血斑；脾脏微肿，如继发细菌感染则肿大；肾脏脂肪变性，呈局灶性坏死。有的病例有轻微间质性的附睾炎及睾丸炎。幼犬胸腺萎缩，呈胶冻样。

【鉴别诊断】

（1）犬瘟热与犬细小病毒病（肠炎型）的鉴别 二者均有发病急、体温升高、呕吐、腹泻等临床症状。二者的区别在于：犬细小病毒病的病原为犬细小病毒。病犬呈双相热型体温变化，有明显的神经症状及皮肤病症状。

（2）犬瘟热与狂犬病的鉴别 二者均有喜卧隐蔽处、呼吸加快、流涎等临床症状，并且均出现神经症状。二者的区别在于：狂犬病的病原为狂犬病病毒。病犬狂犬病发作时兴奋不安，攻击人畜，并且缺少皮肤病变化。此外，狂犬病病毒能凝集鹅红细胞，对其他动物和人的红细胞则无凝集特性。

（3）犬瘟热与犬传染性肝炎的鉴别 二者均有体温升高（40℃以上），精神沉郁，食欲不振，有时呕吐、腹泻，病初白细胞减少，眼、鼻有脓性分泌物等临床症状。二者的区别在于：犬传染性肝炎的病原为犬传染性肝炎病毒。病例无双相热，口腔黏膜有点状出血，有时乳齿周围发生血肿或出血；饮欲增加，甚至出现嘴浸入水中狂饮的现象；角膜水肿，即"蓝眼病"，病犬眼睑痉挛，羞明和有浆液性分泌物，部分病犬出现单眼或双眼暂时性角膜混浊；剑状软骨部位（肝区）有压痛；肝实质损伤时，转氨酶、碱性磷酸酶、乳酸脱氢酶等血清酶活性增高。剖检可见肝脏肿大，表面有纤维素附着，胆囊壁水肿，胆囊浆膜被覆纤维素性渗出物；皮下水肿，腹腔积液常含血液，暴露空气中凝固。病理组织学检查，无核内包涵体；犬瘟热则有。

（4）犬瘟热与犬疱疹病毒感染的鉴别 二者均有精神沉郁，食欲减退，呼吸困难、呕吐、流鼻液、打喷嚏、咳嗽等上呼吸道症状，并且均出现神经症状。二者的区别在于：犬疱疹病毒感染的病原为犬疱疹病毒。病犬体温一般不升高，神经症状多表现为向一侧做圆圈运动。大于5周龄的幼犬或成年犬感染病毒后，一般不表现临床症状；雄犬感染可见阴茎和包皮病变，包皮转折处有水疱，分泌物增多；妊娠雌犬可造成流产和死胎，空怀雌犬的生殖道感染以阴道黏膜弥漫性小疱疹为特征，通常无阴道分泌物流出。剖检可见实质脏器表面散在有大量灰白色小坏死灶和出血点，尤其肾脏和肺的变化更加明显。

（5）犬瘟热与犬传染性支气管炎的鉴别 二者均有体温升高，咳嗽，流鼻液，精神委顿，食欲减少等临床症状。二者的区别在于：犬传染性支气管炎的病原为犬传染性支气管炎病毒。传染性强，有阵发性干咳，运动和兴奋或气候变化时咳嗽加剧。X射线检查见病变肺部纹理增强。犬瘟热呈双相热，有明显的眼睛病理变化及神经症状。

（6）犬瘟热与犬钩端螺旋体病的鉴别 二者均有体温升高，精神沉郁，食欲减退，有时呕吐、腹泻等临床症状。二者的区别在于：犬钩端螺旋体病的病原为犬钩端螺旋体。病犬病初高热，不久降至常温以下，可视黏膜出现黄疸；尿量减少呈黄红色，粪便中有时混有血液。剖检以黄疸，各脏器出血，消化道黏膜坏死为特征。肾脏肿大，表面有灰白色坏死灶，有时可见出血点。用病料涂片，姬姆萨染色，暗视野镜检可见呈"O""C""S"状的钩端螺旋体。

（7）犬瘟热与犬副流感病毒感染的鉴别 二者均有突然发病，体温升高，流浆液性、黏液性甚至脓性鼻液，咳嗽，精神沉郁，食欲减少等临床症状。二者的区别在于：犬副流感病毒感染的病原为犬副流感病毒。病犬咳嗽剧烈，不出现双相热型，有后躯麻痹症状和出血性肠炎变化。剖检可见扁桃体、气管、支气管有炎性变化，肺部有出血点。

（8）犬瘟热与犬沙门氏菌病的鉴别 二者均有发病突然，体温升高，精神沉郁，厌食，呕吐、腹泻，痉挛抽搐等临床症状。二者的区别在于：犬沙门氏菌病的病原为犬沙门氏菌。病犬以剧烈腹泻、初泻粪便呈水样为特征，严重时带血，体温不降、黏膜苍白、脱水、休克，幼犬因菌血症和毒血症表现为极度沉郁、虚弱及毛细血管充盈不良症状。剖检可见尸僵不全，可视黏膜苍白、脱水。胃肠黏膜水肿、瘀血和出血甚至某些肠段坏死，肠系膜淋巴结肿大。急性型肝脏肿大2~3倍，呈红或浅黄色；脾脏肿大6~8倍（犬瘟热脾脏正常或稍肿），表面和实质有出血点（斑）和灰黄色坏死灶，被膜紧张，被膜下出血，切面多汁呈红色。肾脏、膀胱有出血点。尸检取脾脏、肝脏、肠系膜淋巴结做细菌学检查，易获得沙门氏菌的纯培养物，用荧光抗体检测，可获准确结果。

（9）犬瘟热与犬弓形虫病的鉴别 二者均有精神不振，食欲减退，体温升高，咳嗽，腹泻，麻痹，痉挛，呼吸困难，意识障碍等临床症状。

二者的区别在于：犬弓形虫病的病原为犬弓形虫。多为隐性感染，仅少数病例症状明显，妊娠雌犬常发生早产或流产，用病料（腹水、流产胎液等）做涂片或压片，做姬姆萨染色后可观察到新月形虫体。

（10）犬瘟热与犬一般性支气管炎、支气管肺炎的鉴别　二者均有体温升高，咳嗽、流鼻液等临床症状。二者的区别在于：患犬一般性支气管炎、支气管肺炎的病例不具有传染性，支气管炎全身症状轻微，食欲、精神无异常，无眼部和神经症状；支气管肺炎体温呈弛张热，眼结膜及舌发绀，肺部听诊有啰音，呼吸困难，两肋扇动，甚至张口呼吸。

> ➡ **【提示】**　根据流行特点和临床症状可做出初步诊断，在犬瘟热疫区，未经免疫的幼犬在没有感冒诱因的前提下出现感冒症状，应考虑患犬瘟热的可能性。

宠物医院常广泛采用临床症状结合快速试纸诊断法来诊断本病。用棉签蘸取病犬眼部的分泌物、鼻液、唾液或尿液，插入装有稀释液的样品试管中，搅拌混匀，用吸管吸取萃取液，向样品孔中滴入4滴，5~10分钟后判断结果，出现一条红线者为阴性，出现两条红线者为阳性。

【防治措施】　发现病犬，应及时隔离、确诊，采取有效防治措施。早期应用抗生素治疗继发感染，进行疫苗紧急预防接种。康复犬可终生获得免疫。

（1）预防

① 选择高效价的疫苗，对犬进行常规的、有计划的预防注射，可防止本病的发生，对宠物犬尤其重要。

② 宠物犬饲养场应及时清扫粪便，定期消毒。

③ 犬场中严禁工作人员串岗，场外车辆和人员进入犬场时应严格消毒。

④ 防止野犬、鼠类进入犬场，消灭犬场中的鼠类和昆虫。

（2）治疗　治疗原则为抗病毒、防止继发感染和对症治疗。

① 抗病毒。犬瘟热病毒单克隆抗体，按0.5~1毫升/千克体重，皮下注射或肌内注射，每天1次，连用3天，严重者可加倍；利巴韦林，按5~7毫克/千克体重，皮下注射或肌内注射，每天1次；双黄连，按60毫克/千克体重，皮下注射或肌内注射，每天1次；干扰素，按10万~20万单位/次，皮下注射或肌内注射，隔2天注射1次。

② 抗菌消炎。氨苄西林，犬按 10 ~ 20 毫克/千克体重，肌内注射、皮下注射或静脉滴注，每天 2 ~ 3 次；头孢唑林钠，按 15 ~ 30 毫克/千克体重，肌内注射或静脉滴注，每天 3 ~ 4 次；速诺（阿莫西林克拉维酸钾混悬剂），按 0.1 毫升/千克体重，皮下注射或肌内注射，每天 1 次；恩诺沙星，按 2.5 ~ 5 毫克/千克体重，口服、皮下注射或静脉滴注，每天 2 次。

③ 清热解毒。柴胡注射液，犬按 2 毫升/次，肌内注射，每天 2 次；清开灵口服液，按 0.2 ~ 0.4 毫升/次，口服，每天 2 次。

④ 止吐、镇静。止吐，甲氧氯普胺，犬按 0.2 ~ 0.5 毫克/千克体重，口服或皮下注射，每天 3 ~ 4 次；奥美拉唑，按 0.5 ~ 1.5 毫升/千克体重，口服、皮下注射或静脉注射，每天 1 次，最长持续 8 周。镇静，氯丙嗪，犬按 3 毫克/千克体重，口服，每天 2 次，或按 1 ~ 2 毫克/千克体重，肌内注射，或按 0.5 ~ 1 毫克/千克体重，静脉滴注，每天 1 次；苯妥英钠，犬按 100 ~ 200 毫克/次，口服，每天 1 ~ 2 次，或按 5 ~ 10 毫克/千克体重，静脉滴注；地西泮，按 0.2 ~ 0.5 毫克/（千克体重·小时），静脉滴注（混合 0.9% 氯化钠）。

⑤ 缓解呼吸症状。氨茶碱，犬按 10 ~ 15 毫克/千克体重，口服，每天 2 ~ 3 次，或 50 ~ 100 毫克/次，肌内注射或静脉滴注；喷托维林，犬按 25 毫克/次，口服，每天 2 ~ 3 次。

⑥ 补液。可选用林格氏液、葡萄糖盐水、生理盐水等。

二 犬细小病毒感染

犬细小病毒感染是一种由犬细小病毒引起的病毒性传染病。其主要特征是病犬表现出血性肠炎或非化脓性心肌炎。本病传播快，死亡率高。

【流行特点】 本病主要感染犬，尤其 2 ~ 4 月龄幼犬多发，小于 2 月龄或大于 5 周龄犬极少发生，但纯种犬比杂种犬及土种犬易感性高。成年犬发病较轻微。还可感染犬科动物中的野犬、郊狼、鬣狗、浣熊及狐狸等。

病犬及病愈后带毒犬是主要传染源。病犬通过分泌物和排泄物排出病毒，经消化道感染其他易感动物，也可能经胎盘垂直感染。人、苍蝇和蟑螂可成为本病毒的机械携带者。

本病一年四季均可发生，以春、秋两季多发。天气变化、饲养条件不良以及继发感染和混合感染等，可使病情加重。

【临床症状】　本病在临床上主要表现肠炎和心肌炎两种类型，也有混合型病例。

（1）肠炎型　潜伏期7～14天，病犬突然发病，呕吐，精神沉郁，食欲废绝（彩图4-4），体温升高（40～41℃），腹泻，粪便呈灰色或灰黄色，并且排出大量黏液及伪膜，呈酱油色或血样，恶臭（彩图4-5）。病犬迅速脱水。

在无继发感染时，白细胞数量减少。一般病犬多在7～10天恢复，但幼龄犬常发病死亡。病死率通常随日龄的增长而降低。

（2）心肌炎型　该型主要发生于3～6周龄的幼犬。病犬常离群、呆立，可视黏膜苍白，脉搏快而弱，呼吸困难，心区听诊有心内反流性杂音。死前心电图R波降低，S-T波升高。病犬因心力衰竭而死亡。

【病理变化】

（1）肠炎型　肉眼可见小肠黏膜增厚，肠腔变窄，呈皱褶或有溃疡灶；肠内容物为红色粥样或混有紫黑色的凝块，恶臭；空肠和回肠黏膜严重出血（彩图4-6）；肠系膜淋巴结肿大，充血；胃黏膜潮红，有蛋清样黏液；肝脏肿大呈红色，有浅黄色病灶，切面流出不凝固的血液；胆囊扩张，有大量黄绿色胆汁；脾脏肿大，表面有紫色斑点（出血性梗死）或有灰白色坏死灶；肾脏呈灰黄色，表面有灰白色斑点；膀胱颈部黏膜出血。

（2）心肌炎型　肉眼可见心脏扩张，心肌和心内膜有非化脓性坏死灶；肺部呈严重水肿实变。

【鉴别诊断】

（1）犬细小病毒感染与犬冠状病毒感染的鉴别　二者均有体温升高、呕吐、腹泻等临床症状和小肠黏膜充血、坏死、脱落，肠系膜淋巴结肿大、出血等病理变化。二者的区别在于：犬冠状病毒感染的病例腹泻严重，粪便呈白、黄、绿色或褐色，有时呈喷射状，胃黏膜出血、脱落，脾脏、胆囊肿大；犬细小病毒感染病例（心肌炎型）可见心肌或心内膜有非化脓性坏死，心肌柔软。

（2）犬细小病毒感染与犬轮状病毒感染的鉴别　二者均有体温升高、呕吐、腹泻等临床症状和小肠黏膜充血、坏死、脱落等病理变化。二者的区别在于：犬轮状病毒感染的病例多见于2～4月龄的幼犬，剖检可见胃黏膜出血、脱落，脾脏和胆囊肿大。

（3）犬细小病毒感染与犬瘟热的鉴别　二者均有体温升高、呕吐、腹泻等临床症状和小肠黏膜充血、出血等病理变化。二者的区别在于：患犬温热的病例体温呈双相热型，有明显的神经症状。剖检可见胃肠黏膜充血、出血，胸腺萎缩，心脏、肝脏、脾脏、肾脏、肺部充血、出血，脑膜充血、有积液。

（4）犬细小病毒感染与犬弯杆菌病的鉴别　二者均有体温升高、呕吐、腹泻、排血样粪便、脱水等临床症状和小肠黏膜充血、出血等病理变化。二者的区别在于：患犬弯杆菌病的病例剖检可见肝脏充血，有腹水，用抗生素治疗后效果明显。

（5）犬细小病毒感染与犬沙门氏菌病的鉴别　二者均有体温升高、呕吐、腹泻等临床症状和小肠黏膜充血、坏死、脱落，肠系膜淋巴结肿大、出血等病理变化。二者的区别在于：患犬沙门氏菌病的病例剖检可见肝脏肿大 2 ~ 3 倍，脾脏肿大 6 ~ 8 倍，表面和实质密布出血点和灰黄色坏死灶，应用抗生素治疗后效果明显。

> ● **【提示】** 根据流行特点、临床症状和特征性病理变化，可以做出初步诊断，凡突然发病，呕吐且吐后食欲废绝，精神高度沉郁的病例，应该考虑细小病毒感染的可能性。

【防治措施】

（1）预防

① 预防接种。细小病毒感染感染犬后能产生较强的免疫力。无论何种疫苗，对体内已有抗体的犬，免疫效果都不好，只有采取连续多次接种疫苗的方法来提高犬的免疫效果。

② 高免血清与抗生素联合应用，有一定的预防和治疗效果。

（2）治疗　治疗原则为抗病毒、防止继发感染、对症治疗和支持疗法。

① 抗病毒。犬细小病毒单克隆抗体，按 0.5 ~ 1 毫升/千克体重，皮下注射或肌内注射，每天 1 次，连用 3 天，严重者可加倍；利巴韦林，犬按 5 ~ 7 毫克/千克体重，皮下注射或肌内注射，每天 1 次；干扰素，犬按 10 万 ~ 20 万单位/次，皮下注射或肌内注射，隔 2 天注射 1 次。

② 抗菌消炎。氨苄西林，犬按 20 ~ 30 毫克/千克体重，口服，每天 2 ~ 3 次，或 10 ~ 20 毫克/千克体重，肌内注射或静脉滴注，每天 2 ~ 3 次；头孢唑林钠，犬按 15 ~ 30 毫克/千克体重，肌内注射或静脉滴注，每天 3 ~ 4 次；速诺（阿莫西林克拉维酸钾混悬剂），犬、猫按 0.1 毫升/千克

体重，肌内注射，每天1次；恩诺沙星，犬按2.5～5毫克/千克体重，口服或静脉滴注，每天2次。

③ 止吐。甲氧氯普胺，犬按0.2～0.5毫克/千克体重，口服或皮下注射，每天3～4次；爱茂尔，犬按2毫升/次，皮下注射或肌内注射，每天2次；奥美拉唑，犬按0.5～1毫克/千克体重，口服、皮下注射或静脉注射，每天1次，最长持续8周。

④ 便血，止血。酚磺乙胺，犬按2～4毫升/次，肌内注射或静脉滴注；维生素K，犬按10～30毫克/次，肌内注射。

⑤ 治疗腹泻。十六角蒙脱石，按250～500毫克/千克体重，口服；维迪康，犬按0.02～0.08克/千克体重，口服，每天2次，连用2～4天。

⑥ 补液。三磷腺苷（ATP）、辅酶A、维生素C、50%葡萄糖盐水、乳酸林格液、5%葡萄糖等。

> ⚠ 【注意】 细小病毒对外界环境的抵抗力很强，消毒要选用漂白粉、氢氧化钠、甲醛溶液和氨水等消毒剂。

三 犬传染性肝炎

犬传染性肝炎是由犬腺病毒Ⅰ型引起的一种急性、接触性败血性传染病。其主要特征是病犬表现发热、黄疸、白细胞减少和出血性肝小叶中心坏死。

【流行特点】 犬不分品种、年龄和性别，可以全年发生，但以刚断乳到1岁以内的幼犬的发病率和病死率较高。病犬及带毒犬是本病的传染源，通过分泌物和排泄物污染周围环境。特别是病后恢复的带毒犬，可在6～9个月内从尿中排出病毒，成为本病的主要传染源。主要通过消化道感染，也可通过胎盘感染。

【临床症状】 本病的症状较为复杂，其症状的轻重与感染程度及感染器官的损伤程度有关。潜伏期4～9天。高热稽留，呈明显的双相热型，白细胞数量减少；眼结膜和鼻部有浆液性分泌物；腹痛及皮下水肿和扁桃体肿大是常见的症状。一般无呼吸道症状，重症者在晚期可出现神经症状。凝血时间延长，出血后不易控制，广泛性血管内凝血是致病的关键。

愈后恢复期病犬可出现角膜混浊，形成蓝白色的角膜翳，俗称"蓝眼病"（彩图4-7），常可自然消失。

【病理变化】 肝脏肿大或正常，肝细胞坏死使肝脏的颜色改变；胆囊壁因水肿而增厚（彩图4-8）；胸腺水肿；肾脏皮质有灰白色坏死灶；因内皮细胞受损，使胃浆膜、皮下组织、淋巴结、胸腺和肝脏出血。

【鉴别诊断】

（1）**犬传染性肝炎与犬瘟热的鉴别**　二者均有体温升高、双向热、腹泻和神经症状，并均有淋巴结、胸腺和肝脏出血等病理变化。二者的区别在于：患犬瘟热的病例多见于2～4月龄的幼犬，病犬有明显的神经症状。剖检可见胃肠黏膜充血、出血，心脏、脾脏、肾脏、肺部充血、出血，脑膜充血、有积液。

（2）**犬传染性肝炎与犬细小病毒感染的鉴别**　二者均有体温升高、白细胞数量减少、腹泻等临床症状。二者的区别在于：犬细小病毒感染的病例表现为突然呕吐，腹泻，粪便腥臭，后期带血，顽固呕吐不止。剖检可见小肠黏膜出血，肠系膜淋巴结肿大、充血、出血，呈暗红色；心肌或心内膜有非化脓性坏死。

（3）**犬传染性肝炎与犬沙门氏菌病的鉴别**　二者均有精神沉郁、体温升高等临床症状，并均有肝脏肿大、出血等病理变化。二者的区别在于：患犬沙门氏菌病的病例呕吐、腹泻严重。胃肠黏膜大面积水肿，部分肠段坏死，十二指肠上段发生溃疡，肠系膜淋巴结肿大、出血；脾脏肿大，表面有出血点（斑）和灰色坏死灶；心脏伴有浆液性或纤维蛋白性渗出物的心外膜炎和心肌炎。

（4）**犬传染性肝炎与犬钩端螺旋体病的鉴别**　二者均有精神沉郁，厌食，呕吐，体温升高，眼睛、口腔黏膜充血、出血等临床症状。二者的区别在于：犬钩端螺旋体病病例的可视黏膜黄疸明显，排血便、血尿（尿呈豆油状），肌肉有疼痛性反应。

（5）**犬传染性肝炎与犬急性肝炎的鉴别**　二者均有体温升高，厌食，精神沉郁，腹泻，触诊肝区疼痛等临床症状。二者的区别在于：犬急性肝炎单个发病，肝区叩诊浊音区扩大，有的病例有神经症状，如兴奋、惊厥、昏迷甚至嗜睡。肌肉震颤，皮肤发痒，可视黏膜黄染。病初尿中尿胆红素含量明显增加，尿胆素原含量也明显增加，血清中的胆红素呈两相反应。

➡ 【提示】　突然发病和出血时间延长，一般可疑为犬传染性肝炎，确诊尚需依赖于特异性诊断。

【防治措施】

（1）预防

① 用弱毒疫苗、混合疫苗，定期免疫有良好的效果。宠物犬必须同时做好雌犬和仔犬的计划免疫。犬痊愈后可使机体终生免疫。

② 紧急预防可使用同型或异型的双价或三价免疫血清或免疫 γ 球蛋白，但保护期只限于 2 周之内。

（2）治疗 治疗原则为抗病毒、防止继发感染、对症治疗和支持疗法。

① 抗病毒。高免血清，犬按 1~2 毫克/千克体重，皮下注射或静脉注射，每天 1 次，连用 3 天；板蓝根，犬可口服，每次 1 袋，每天 3 次；利巴韦林，犬按 5~7 毫克/千克体重，皮下注射或肌内注射，每天 1 次；干扰素，犬按 10 万~20 万单位/次，皮下注射或肌内注射，隔 2 天注射 1 次。

② 抗菌，防止继发感染。氨苄西林，犬按 20~30 毫克/千克体重，口服，每天 2~3 次，或按 10~20 毫克/千克体重，皮下注射、肌内注射或静脉滴注，每天 2~3 次；头孢唑林钠，犬按 1~3 毫克/千克体重，肌内注射或静脉滴注，每天 3~4 次；速诺（阿莫西林克拉维酸钾混悬剂），犬、猫按 0.1 毫升/千克体重，皮下注射或肌内注射，每天 1 次；复方新诺明，犬按 15 毫克/千克体重，口服或皮下注射，每天 2 次。

③ 保肝。强力宁，犬按 4~8 毫升/次，静脉滴注；蛋氨酸，犬按 2~4 毫升/次，肌内注射；葡醛内脂，犬按 50~200 毫克/次，口服，每天 3 次，或按 100~200 毫克/次，肌内注射或静脉滴注，每天 1 次；肌苷，犬按 25~50 毫克/次，口服或肌内注射。

④ 防治眼病。阿托品、普鲁卡因青霉素等外用滴眼；盐酸羟苄唑滴眼液，病毒性角结膜炎，滴眼，1~2 次/小时。

⑤ 补液。三磷腺苷（ATP）、辅酶 A、维生素 C、50% 葡萄糖盐水、5% 葡萄糖等。

四 犬腺病毒Ⅱ型感染

犬腺病毒Ⅱ型感染可引起犬的传染性喉气管炎及肺炎。临床表现为持续性高热、咳嗽、浆液性或黏液性鼻炎、扁桃体炎、喉气管炎和肺炎的症状。

【流行特点】 病犬、狐是本病的传染源，经呼吸道传播。只感染各

第四章

年龄犬和狐，且常见于幼犬和幼狐，尤其是刚断奶的仔犬和仔狐最易发病，本病可造成 4 个月龄以下的幼犬成窝发病，死亡率高。犬感染本病后可长期带毒，可发生于任何季节，群体中一旦发生本病，不易根除。

【临床症状】　病犬表现发热，持续性干咳，呼吸促迫，食欲不振，肌肉震颤，可视黏膜发绀，有的病例出现呕吐、腹泻，多死于肺炎。

【病理变化】　主要病理变化为肺炎和支气管炎，肺膨胀不全、充血、实变，有时可见增生性腺瘤病灶，支气管淋巴结充血、出血。

【鉴别诊断】

(1) 犬腺病毒Ⅱ型感染与犬传染性肝炎的鉴别　二者均有体温升高，厌食，精神沉郁，腹泻等临床症状。二者的区别在于：犬传染性肝炎高热稽留，呈明显的双相热型，愈后恢复期病犬部分可出现一次性的角膜混浊，形成蓝白色的角膜翳，俗称"蓝眼病"。剖检可见肝脏肿大，胸腺水肿；肾脏皮质呈灰白色坏死灶；胃浆膜、皮下组织、淋巴结、胸腺和肝脏出血。

(2) 犬腺病毒Ⅱ型感染与犬瘟热的鉴别　二者均有厌食，精神沉郁，腹泻等临床症状。二者的区别在于：患犬瘟热的病例多见于 2 ~ 4 月龄的幼犬，病犬有明显的神经症状。剖检可见胃肠黏膜充血、出血，肝脏、心脏、脾脏、肾脏出血，脑膜充血、有积液。

(3) 犬腺病毒Ⅱ型感染与犬细小病毒感染的鉴别　二者均有体温升高，厌食，精神沉郁，呕吐、腹泻等临床症状。二者的区别在于：犬细小病毒感染的病例表现突然呕吐，腹泻，粪便腥臭，后期带血，顽固呕吐不止。剖检可见小肠黏膜出血，肠系膜淋巴结肿大，充血、出血，呈暗红色；心肌或心内膜有非化脓性坏死。

(4) 犬腺病毒Ⅱ型感染与犬沙门氏菌病的鉴别　二者均有体温升高，呼吸困难，厌食，精神沉郁，呕吐、腹泻等临床症状。二者的区别在于：犬沙门氏菌病病例呕吐、腹泻严重；胃肠黏膜大面积水肿，部分肠段坏死，十二指肠上段发生溃疡，肠系膜淋巴结肿大、出血；脾脏肿大，表面有出血点（斑）和灰色坏死灶；心脏伴有浆液性或纤维蛋白性渗出物的心外膜炎和心肌炎。

(5) 犬腺病毒Ⅱ型感染与犬钩端螺旋体病的鉴别　二者均有精神沉郁，厌食，呕吐，体温升高等临床症状。二者的区别在于：患犬钩端螺旋体病的病例的可视黏膜黄疸明显，排血便、血尿（尿呈豆油状），肌肉有疼痛性反应。

> ⊙ 【提示】 根据流行特点、临床症状、病理变化，可做出初步诊断，要进一步确诊必须依靠病毒分离和血清学检查（血清中和试验和血凝抑制试验）。

【防治措施】

（1）预防

① 加强饲养管理，定期消毒，防止病毒传入。一旦发病应及时隔离病犬并实施对症治疗。

② 使用弱毒疫苗或混合疫苗，定期免疫后有良好的效果。宠物犬必须同时做好雌犬和仔犬的计划免疫，犬痊愈后可使机体终生免疫。

③ 紧急预防可使用同型或异型的双价或三价免疫血清或免疫 γ 球蛋白，但保护期只限于 2 周之内。

（2）治疗 治疗原则为抗病毒、防止继发感染、对症治疗和支持疗法。

① 抗病毒。利巴韦林，犬按 5~7 毫克/千克体重，皮下注射或肌内注射，每天 1 次；干扰素，犬按 10 万~20 万单位/次，皮下注射或肌内注射，隔 2 天注射 1 次。

② 抗菌。氨苄西林，犬按 20~30 毫克/千克体重，口服，每天 2~3 次，或按 10~20 毫克/千克体重，皮下注射肌内注射或静脉滴注，每天 2~3 次；头孢唑林钠，犬按 1~3 毫克/千克体重，肌内注射或静脉滴注，每天 3~4 次；速诺（阿莫西林克拉维酸钾混悬剂），犬、猫按 0.1 毫升/千克体重，皮下注射或肌内注射，每天 1 次；复方新诺明，犬按 15 毫克/千克体重，口服或皮下注射，每天 2 次。

③ 镇咳、化痰。碘化钾，按 0.2~1 克/次，口服，每天 3 次；喷托维林，犬按 2 毫克/次，口服，每天 2~3 次。

④ 补液。三磷腺苷（ATP）、辅酶 A、维生素 C、50% 葡萄糖盐水、5% 葡萄糖等。

五 犬冠状病毒感染

犬冠状病毒感染又称犬冠状病毒性腹泻，是由犬冠状病毒引起的一种急性传染病，其主要特征是病犬呕吐、腹泻和脱水。

【流行特点】 犬、貉、狐等犬科动物易感，尤其是幼犬最易感，犬的发病率几乎为 100%，病死率为 50% 左右。病犬和带毒犬是主要传染源，可经呼吸道和消化道向外界排出病毒，污染饲料和饮水、用具、犬舍及运动场等，直接或间接传染健康犬和其他易感动物。

本病一年四季均可发生，但以冬季多发，气候突变、卫生条件差、犬群密度大、断奶犬转舍、长途运输等均可诱发本病。

【临床症状】　本病潜伏期一般为 1～3 天。传播迅速，数日内可蔓延全群。临床症状程度不同，可能呈致死性的水样腹泻，也可能无临床症状。其出现症状的主要以幼犬为主，表现为严重的胃肠炎症状，厌食，呕吐及持续性的腹泻和严重的脱水（彩图 4-9）。多数犬在 7～10 天内恢复，但一些幼犬可于发病后 24～36 小时内死亡，死亡率通常随日龄的增加而降低，成年犬几乎没有死亡的。

【病理变化】　肠壁变薄，肠内充满白色或黄绿色的液体，肠黏膜充血、出血，肠系膜淋巴结肿大，小肠绒毛萎缩变短并发生融合，黏膜固有层细胞成分增多，上皮细胞扁平（彩图 4-10 和彩图 4-11）；胃黏膜出血和脱落，胃内有黏液；胆囊肿大。

【鉴别诊断】

（1）犬冠状病毒感染与犬细小病毒感染的鉴别　二者均有呕吐，腹泻，精神沉郁等临床症状和小肠黏膜充血、坏死、脱落，肠系膜淋巴结肿大、出血等病理变化。二者的区别在于：犬细小病毒感染的病例（心肌炎型）可见心肌或心内膜有非化脓性坏死，心肌柔软；犬冠状病毒感染病例腹泻严重，粪便呈白、黄、绿色或褐色，有时呈喷射状，胃黏膜出血、脱落，脾脏、胆囊肿大。

（2）犬冠状病毒感染与犬轮状病毒感染的鉴别　二者均有呕吐，腹泻，精神沉郁，呼吸困难等临床症状。二者的区别在于：犬轮状病毒感染的病变主要集中在小肠，小肠黏膜充血、坏死、脱落，肠系膜淋巴结肿大、出血，但缺少其他器官的病理变化。

（3）犬冠状病毒感染与犬传染性肝炎的鉴别　二者均有精神沉郁，食欲不振，呕吐，腹泻，粪便中带血等临床症状。二者的区别在于：患犬传染性肝炎的病例体温升高至 41℃ 以上，持续 3～6 天。按压剑状软骨部，肝区有痛感。剖检可见肝脏肿大，表面呈棕色或血红色，颗粒状、质脆、易碎。胆囊增厚，黏膜有纤维蛋白沉着。常见皮下水肿，腹水含有血液，暴露于空气中易凝固。肝细胞及窦状隙内皮细胞核内有包含体，将感染的脏器乳化、离心沉淀，取上清液，用福尔马林做变态反应原，将其接种于皮内，如局部红肿、热痛，则结果为阳性。

(4) 犬冠状病毒感染与犬普通胃肠炎的鉴别 二者均有呕吐，腹泻，粪便恶臭，粪便中有血液，厌食等临床症状。二者的区别在于：患犬普通胃肠炎的病例温升高至41℃以上，无传染性，腹壁紧张，按压有痛感；胃炎为主时，黏膜、结膜黄染。

(5) 犬冠状病毒感染与犬球虫病的鉴别 二者均有体温不高，呕吐，腹泻，有时粪便中带血等临床症状。二者的区别在于：患犬球虫病的病例表现进行性消瘦，仅有时呕吐，黏膜苍白、微黄。剖检可见小肠黏膜有白色小结节，结节内有包囊。用饱和盐水浮聚法，可在粪便中可发现卵囊。

(6) 犬冠状病毒感染与犬血性胃肠炎综合征的鉴别 二者均有腹泻，剧烈呕吐，粪便恶臭，厌食，精神沉郁等临床症状。二者的区别在于：犬血性胃肠炎病例腹泻前 2～3 小时突然呕吐，呕吐物中含有血液，体温升高，腹痛。

(7) 犬冠状病毒感染与犬急性胰腺炎的鉴别 二者均有严重呕吐，剧烈腹泻带血等临床症状。二者的区别在于：患犬急性胰腺炎的病例在突发性休克前腹部剧痛，触诊敏感，腹壁有压痛，拱背收腹，体温降低，精神高度沉郁；超声波检查见胰腺肿大、增厚；X 射线检查可见上腹部密度增加。

> ● **【提示】** 根据流行病特点、临床症状及病理变化可怀疑为本病，确诊有赖于实验室检查。

【防治措施】

(1) 预防

① 加强饲养管理，对犬群应给予新鲜、清洁、易消化的饲料。

② 对犬舍用具、工作服等坚持定期消毒，禁止外人参观。

③ 目前已有疫苗预防本病。发现病犬应及时隔离，尽快确诊，隔离病犬的场地要及时清除粪便，进行消毒处理。用次氯酸钠和漂白粉、0.2%～1% 甲醛或用 1:30 的漂白粉消毒场地。对症疗法后大部分犬均可自愈。

(2) 治疗 治疗原则为对症治疗，防止继发感染。

① 抗菌，防止继发感染。氨苄西林，犬按 20～30 毫克/千克体重，口服，每天 2～3 次，或按 10～20 毫克/千克体重，皮下注射、肌内注射或静脉滴注，每天 2～3 次；头孢唑林钠，犬按 15～30 毫克/千克体重，

肌内注射或静脉滴注，每天 3 ~ 4 次；速诺（阿莫西林克拉维酸钾混悬剂），犬、猫按 0.1 毫升/千克体重，皮下注射或肌内注射，每天 1 次；恩诺沙星注射液，按 1 毫升/千克体重，皮下注射或肌内注射，每天 1 次；复方新诺明，犬按 1 毫克/千克体重，口服，每天 2 次。

② 止吐。甲氧氯普胺，犬按 0.2 ~ 0.5 毫克/千克体重，口服或皮下注射，每天 3 ~ 4 次；爱茂尔，犬按 2 毫升/次，皮下注射或肌内注射，每天 2 次；奥美拉唑，犬按 0.5 ~ 1 毫克/千克体重，口服、皮下注射或静脉注射，每天 1 次，最长持续 8 周。

③ 止泻。十六角蒙脱石，犬按 250 ~ 500 毫克/千克体重，口服；维迪康，犬按 0.02 ~ 0.08 克/千克体重，口服，每天 2 次，连用 2 ~ 4 天。

④ 胃肠黏膜保护。硫酸铝，犬按 0.5 ~ 1 克/25 千克体重，口服，每天 2 ~ 4 次。

⑤ 补液。林格液或复方乳酸林格液、5% 葡萄糖、三磷腺苷、辅酶A、维生素 C 等。

六 犬轮状病毒感染

犬轮状病毒感染是主要侵害新生仔犬的一种急性接触性传染病。临床上以水样腹泻为主要特征，成年犬多呈亚临床感染。

【流行特点】 本病无明显的季节性，多发于晚冬和早春，主要通过消化道传染。幼犬表现严重的临床症状，在卫生条件不好或腺病毒混合感染时，可使病情加剧，死亡率升高。犬及其他易感动物之间可交叉感染。患病的人、畜及隐性感染的带毒者，都是重要的传染源。

【临床症状】 本病潜伏期一般为 1 ~ 3 天。病犬表现精神沉郁，食欲减退，不愿走动（彩图 4-12），一般先吐后泻，粪便呈黄色、褐色、水样，有恶臭味，脱水严重者常以死亡告终。1 周龄以内的仔犬常突发腹泻，严重时粪便中含有黏液或血液，因机体脱水和酸碱平衡失调，心跳加快（有时每分钟 180 ~ 200 次），体温和皮温均降低，最终常因衰竭而死亡。

【病理变化】 病变主要见于小肠，特别是后 2/3 处的空肠和回肠部，小肠绒毛萎缩，柱状上皮细胞肿胀、坏死、脱落，有的肠段有弥漫性出血，肠内容物呈黄绿色，并混有血液。

【鉴别诊断】

(1) 犬轮状病毒感染与犬冠状病毒感染的鉴别 二者均有呕吐，腹泻，精神沉郁，呼吸困难等临床症状。二者的区别在于：犬轮状病毒感染的病变主要集中在小肠，缺少其他器官的病理变化；犬冠状病毒感染病例腹泻严重，粪便呈白、黄、绿色或褐色，有时呈喷射状。胃黏膜出血、脱落、脾脏、胆囊肿大。

（2）犬轮状病毒感染与犬细小病毒感染的鉴别　二者均有呕吐，腹泻，精神沉郁，呼吸困难等临床症状。二者的区别在于：犬轮状病毒感染的病变主要集中在小肠，缺少其他器官的病理变化；犬细小病毒感染病例多见于2～4月龄的幼犬，剖检可见小肠黏膜充血、出血，呈暗红色，黏膜坏死、脱落，黏膜淋巴结肿大、充血、出血。心肌或心内膜有非化脓性坏死，心肌柔软。

（3）犬轮状病毒感染与犬传染性肝炎的鉴别　二者均有精神沉郁，厌食，呕吐，腹泻，粪便带血等临床症状。二者的区别在于：犬轮状病毒感染以消化道病变为主，犬传染性肝炎病例体温升高至41℃以上，第一次升温后，1～6天降至常温后可第二次升温，剑状软骨部（肝区）有明显的压痛，流脓性鼻液，结膜炎。

（4）犬轮状病毒感染与犬普通胃肠炎的鉴别　二者均有呕吐，腹泻，粪便中混有血液、恶臭，厌食等临床症状。二者的区别在于：患犬普通胃肠炎的病例体温升高至40～41℃，无传染性，腹痛，口腔黏膜、眼结膜发绀。胃炎为主时有黄染。

（5）犬轮状病毒感染与犬球虫病的鉴别　二者均多发于幼犬，均有呕吐，腹泻，粪便中混有黏液和血液、食量减少等临床症状。二者的区别在于：患犬球虫病的病例表现进行性消瘦，仅有时呕吐，黏膜苍白、微黄。剖检可见小肠黏膜有白色小结节，结节内有包囊，用饱和盐水浮聚法，在粪便中可发现卵囊。

（6）犬轮状病毒感染与犬急性出血性胃肠炎综合征的鉴别　二者均有先呕吐后腹泻，粪便恶臭，精神沉郁等临床症状。二者的区别在于：患犬急性出血性胃肠炎综合征的病例无传染性，腹泻2～3天前突发呕吐，排果酱样或胶冻样粪便。

（7）犬轮状病毒感染与犬胰腺炎的鉴别　二者均有呕吐，腹泻，粪便恶臭等临床症状。二者的区别在于：患犬胰腺炎的病例无传染性，腹部有压痛。慢性时食欲、饮欲异常增加，排便多、排尿多，粪便中脂肪多和蛋白多。

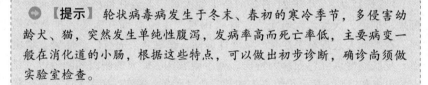

> ● 【提示】 轮状病毒病发生于冬末、春初的寒冷季节，多侵害幼龄犬、猫，突然发生单纯性腹泻，发病率高而死亡率低，主要病变一般在消化道的小肠，根据这些特点，可以做出初步诊断，确诊尚须做实验室检查。

【防治措施】

（1）预防

① 本病的预防主要采用犬七联弱毒疫苗免疫接种。

② 发生本病时，应立即将病犬隔离，并对病犬活动场所及用具进行消毒。

（2）治疗　治疗原则为抗病毒，防止继发感染和对症治疗。

① 抗病毒。利巴韦林，犬按 5～7 毫克/千克体重，皮下注射或肌内注射，每天 1 次；阿昔洛韦，犬按 5～10 毫克/千克体重，静脉滴注，每天 1 次，连用 10 天；干扰素，犬按 10 万～20 万单位/次，皮下注射或肌内注射，隔 2 天 1 次。

② 止泻。十六角蒙脱石，犬按 250～500 毫克/千克体重，口服；维迪康，犬按 0.02～0.08 克/千克体重，口服，每天 2 次，连用 2～4 天。

③ 胃肠黏膜保护。硫酸铝，犬按 0.5～1 克/25 千克体重，口服，每天 2～4 次。

④ 补液。注射乳酸林格液、50% 葡萄糖盐水和 5% 碳酸氢钠溶液，以防脱水、机体酸中毒。

七 犬疱疹病毒感染

犬疱疹病毒感染是由犬疱疹病毒引起的新生幼犬的急性、致死性传染病。2 周龄以上的犬表现气管炎、支气管炎等呼吸道症状；雌犬可引起不孕、流产和产死胎；雄犬以阴茎包皮炎、精索炎症为特征。犬疱疹病毒在繁殖犬群中广泛存在。

【流行特点】　犬疱疹病毒只能感染犬，引起 2 周以内的幼犬产生急性致死性呼吸道疾病。致死率可达 80%。周龄较大的犬发病轻微或不明显，成年犬感染症状不明显，偶见轻度鼻炎、气管炎或阴道炎。病犬和康复犬是主要传染源，感染犬从唾液、鼻分泌物和尿液排出病毒，仔犬主要是在分娩过程中与带毒雌犬阴道接触或吸入雌犬带毒飞沫而感染。仔犬间也能通过口、咽互相传染。

【临床症状】 小于21日龄的新生幼犬可引起致死性感染。初期病犬痴呆，抑郁，厌食，软弱无力，呼吸困难，压迫腹部有痛感，排黄色稀便。有的病犬表现鼻炎症状，浆液性鼻漏，鼻黏膜表面有广泛性斑点状出血。皮肤病变以红色丘疹为特征，见于腹股沟、雌犬的阴门和阴道以及雄犬的包皮和口腔。病犬最终丧失知觉，角弓反张，癫痫。病犬多在临床症状出现后的24～48小时内死亡。康复犬有的表现为永久性角弓反张，癫痫。

大于21～35日龄的犬主要表现流鼻涕、打喷嚏、干咳等上呼吸道症状，大约持续14天左右，症状减轻。如发生混合感染，则可引起致死性肺炎。雌犬的生殖道感染以阴道黏膜弥漫性小疱状病变为特征。妊娠雌犬可造成流产和死胎。雄犬可见阴茎和包皮病变，分泌物增多。

【病理变化】 新生幼犬的致死性感染以实质器官，尤其是肝脏、肾脏、肺的弥漫性出血、坏死为特征（彩图4-13）；胸腹腔内可见浆液或黏液性渗出；肺部充血、水肿，肺门淋巴结肿大；脾脏充血、肿大；肠黏膜表面有点状出血；偶尔可见黄疸和非化脓性脑炎。

【鉴别诊断】

(1) 犬疱疹病毒感染与犬弓形虫病的鉴别 二者均有流鼻液，咳嗽，打喷嚏，呕吐，运动失调，雌犬流产等临床症状。二者的区别在于：患犬弓形虫病的病例有体温变化，红细胞、白细胞数量减少。剖检可见肺部有灰白色结节，心肌有坏死灶，尸体组织涂片，用姬姆萨或瑞氏染色后镜检，可发现滋养体。

(2) 犬疱疹病毒感染与犬瘟热的鉴别 二者均有厌食，精神委顿，打喷嚏，流鼻液，干咳，呕吐，眼结膜炎症等临床症状。二者的区别在于：疱疹病毒感染的病例无体温变化，犬瘟热是双相发热，眼结膜、角膜发炎，有脓性分泌物，有明显的神经症状，白细胞数量减少，病毒抗原检查，采用免疫荧光试验可从血液白细胞、结膜以及肝脏、脾脏涂片中检查出犬瘟热病毒。

(3) 犬疱疹病毒感染与犬结核病的鉴别 二者均有干咳、鼻流黏液性、脓性鼻液等上呼吸道症状。二者的区别在于：患犬结核病的病例有明显的进行性消瘦，体温升高，多呈慢性经过，生殖器官、皮肤有结节。

(4) 犬疱疹病毒感染与犬感冒、喉炎、支气管炎、肺炎的鉴别 感冒、喉炎、支气管炎、肺炎均表现咳嗽，流鼻液，精神沉郁，厌食的症状，但都不具有传染性。

(5) 犬疱疹病毒感染与犬隐球菌病的鉴别 当隐球菌侵害肺部时，

表现为咳嗽、喷嚏，眼分泌物增多，或出现皮肤感染症状，呼吸困难。神经系统感染后，呈现共济失调和运动功能障碍。二者的区别在于：当病犬出现呼吸系统和神经系统症状，并伴有皮肤水肿时，患隐球菌病的可能性大，取病料（尿、脓汁、粪便、血液）于载玻片，用亚甲蓝染色镜检，可见到圆形的厚壁菌体。

（6）犬疱疹病毒感染与犬曲霉菌病的鉴别 当曲霉菌侵害鼻腔、鼻窦时，病犬表现为打喷嚏，流浆液性或黏液性鼻液。二者的区别在于：犬疱疹病毒感染病例有呼吸困难，呕吐，腹泻等特异症状。此外，取鼻液、脓汁加1滴20%氢氧化钾加盖玻片，镜检，见有分枝状、有隔膜的菌丝，菌丝末端有链锁状的分生孢子，即可诊断为犬曲霉菌病。

> ➡ **【提示】** 根据新生幼龄犬、猫发病急，死亡率高；实质器官，肝脏、肾脏、肺部的弥漫性出血、坏死，能做初步诊断，确诊需进行病原学检查。

【防治措施】

（1）预防

① 免疫。自然感染康复犬和人工接种耐过犬，均能产生水平不高的血清中和抗体，但对感染具有保护力。用含中和抗体雌犬的血清给新生仔犬腹腔接种，能预防仔犬的感染和死亡。由于感染犬疱疹病毒的犬群通常可以产生自身免疫，因而在一窝仔犬发病后，以后几乎不受感染。初步研制成的多次接种加佐剂的灭活疫苗可使雌犬产生一定水平的抗体。

② 注意养犬场的消毒，加强饲养管理。发现病犬及时隔离，治疗。

（2）治疗 治疗原则为提高机体抵抗力、增加环境温度和防止继发感染。

① 在流行期间给幼犬腹腔注射1～2毫升高免血清，可减少死亡。

② 对出现呼吸道症状的病犬可用广谱抗生素防止继发感染。

③ 干扰素，犬按10万～20万单位/次，皮下注射或肌内注射，隔2天注射1次。

④ 提高环境温度对犬病康复有利。将病犬置于保温箱中，或使用取暖器等措施，温度以35～38℃，湿度以50%为宜，可帮助病犬早日康复。

八 犬副流感病毒感染

犬副流感病毒感染是一种由犬副流感病毒引起的呼吸道传染病，其主要临床特征是发热、流涕和咳嗽，并有卡他性鼻炎、支气管炎等。

【流行特点】 病犬或健康带毒犬为主要传染源，各种年龄、品种的犬均易感。主要是飞沫通过呼吸道传播，也可经接触性传染，并常有其他病原混合感染。以幼犬多发，病程急，传染快，分布广泛，在世界各地均有发生。

【临床症状】 病犬突然发病，食欲减少，体温升高，咳嗽，病初流大量浆液性或黏液性鼻液，甚至脓性鼻液（彩图 4-14），剧烈咳嗽，扁桃体红肿，食欲减少，精神委顿，一般 3～7 天内可自然康复，如有继发感染，则病程延长，咳嗽可持续数周，病情加剧甚至死亡。近年来，也有人认为犬 Ⅱ 型副流感病毒也可感染脑组织及肠道，引起脑脊髓炎、脑室积液、脑炎等。少数病犬仅呈现后躯麻痹的神经症状与出血性肠炎。

【病理变化】 肺部有少量出血点；扁桃体、气管、支气管有炎症变化；少数死于肠炎和神经症状的犬，表现肠炎、脑脊髓炎症变化和脑积水。

【鉴别诊断】

(1) 犬副流感病毒感染与犬传染性支气管炎的鉴别 二者均有咳嗽，体温升高，精神委顿等临床症状。二者的区别在于：患犬传染性支气管炎的病例流脓性鼻液，有阵发性干咳，咳后有呕吐和腹泻现象。

(2) 犬副流感病毒感染与犬感冒的鉴别 二者均有咳嗽，体温升高，精神委顿等临床症状。二者的区别在于：感冒在气候多变时易发，病犬流清鼻液，打喷嚏，咳嗽，听诊肺部呼吸音粗粝，眼结膜充血，流泪，触摸喉气管敏感。

(3) 犬副流感病毒感染与犬支气管炎的鉴别 二者均有咳嗽，体温升高，流脓性鼻液，精神委顿等临床症状。二者的区别在于：患犬支气管炎的病例以咳嗽为主，初期短咳、干咳、痛咳，后期湿咳，流浆液性或脓性鼻液，听诊肺部呼吸音增强，呈慢性型持续咳嗽，遇冷咳嗽加剧。

(4) 犬副流感病毒感染与犬肺炎的鉴别 二者均有咳嗽，体温升高，精神委顿等临床症状。二者的区别在于：患小叶性肺炎的病例咳嗽，体温升高至 40℃ 以上，弛张热；听诊肺部呼吸音粗粝，有干啰音或湿啰音，湿性疼咳；X 射线检查肺部呈广泛均质致密阴影。患大叶性肺炎的病例，体温在 40℃ 以上，稽留热，流铁锈色鼻液，X 射线检查肺部呈广泛均质致密阴影。

(5) 犬副流感病毒感染与犬弓形虫病的鉴别 二者均有发热，咳嗽，

第四章

鼻有分泌物的临床，少数病犬出现麻痹，出血性腹泻等临床症状。二者的区别在于：患犬弓形虫病的病例眼部有脓性分泌物、虹膜炎及视网膜炎，血检红细胞数量下降，血红蛋白下降。病原学检查，即将疑似病料涂片、染色镜检，可发现滋养体。

（6）犬副流感病毒感染与犬曲霉菌病的鉴别　当曲霉菌侵害犬的鼻腔、鼻旁窦时，病犬多表现打喷嚏，流浆液性或黏液性鼻液，与犬副流感病毒感染症状相似。二者的区别在于：患犬副流感的病例有体温升高，剧烈咳嗽，扁桃体红肿等特异性变化。此外，取鼻液、脓汁镜检，可见分枝状、有隔膜的丝菌，菌丝囊端有链锁状分生孢子时，则可诊断为犬曲霉菌病。

> ● 【提示】　根据本病的临床症状、流行特点和病理变化可做出初步诊断。犬副流感病毒感染与犬呼吸道传染病的临床症状很相似，鉴别诊断应采取实验室检查的方法。

【防治措施】

（1）预防

① 加强饲养管理，特别是对犬舍周边环境卫生的管理和控制。

② 新购入的犬，进行检疫和预防接种。

③ 犬群中一旦发生本病，应隔离病犬进行治疗，对重病犬及时淘汰，其他犬进行疫苗接种。

（2）治疗　治疗原则为抗病毒，防止继发感染和止咳化痰等对症治疗。

① 抗病毒。抗阿昔洛韦，按5~10毫克/千克体重，静脉滴注，每天1次，连用10天；利巴韦林，按20~50毫克/千克体重，口服，每天1次，连用7天，或按5~7毫克/千克体重，皮下注射、肌内注射或静脉滴注，每天1次；干扰素，犬按10万~20万单位/次，皮下注射或肌内注射，隔2天注射1次。

② 抗菌，以防止继发感染。氨苄西林，犬按20~30毫克/千克体重，口服，每天2~3次，或按10~20毫克/千克体重，皮下注射、肌内注射或静脉滴注，每天2~3次；头孢唑林钠，犬按15~30毫克/千克体重，肌内注射或静脉滴注，每天3~4次；速诺（阿莫西林克拉维酸钾混悬剂），犬、猫按0.1毫升/千克体重，皮下注射或肌内注射，每天1次；恩

诺沙星注射液，犬、猫按 1 毫升/千克体重，皮下注射或肌内注射，每天 1 次；阿米卡星，犬按 5 ~ 15 毫克/千克体重，皮下注射或肌内注射，每天 1 ~ 3 次。

③ 缓解呼吸症状。氨茶碱，犬按 10 ~ 15 毫克/千克体重，口服，每天 2 ~ 3 次，或按 50 ~ 100 毫克/次，肌内注射或静脉滴注；喷托维林，犬按 25 毫克/次，口服，每天 2 ~ 3 次。

④ 消炎。地塞米松，犬按 0.5 毫克/千克体重，口服或肌内注射，每天 1 ~ 2 次。

九　狂犬病

狂犬病又称恐水症，俗称疯狗病，是由狂犬病毒所引起的一种人畜共患的急性接触性传染病，其主要临床表现为兴奋和麻痹。

【流行特点】 狂犬病病毒能感染所有的哺乳动物和鸟类。病犬则为人和家畜的主要传染源，野生动物、犬和蝙蝠是本病的主要宿主。主要通过咬伤，病毒随唾液进入伤口而感染，也可通过含病毒的气溶胶微粒经呼吸道感染，当人误食患病动物的肉，或者宠物相互蚕食时，也可经消化道感染。

【临床症状】 本病的潜伏期与伤口距中枢的距离、侵入病毒的毒力和数量有关。一般为 20 ~ 60 天，最短 8 天，也有长达数月或一年以上的。一般可分为狂暴型和麻痹型。

（1）狂暴型 病犬在 1 ~ 2 天的沉郁期后，意识障碍，烦躁不安，流涎，或者卧伏于安静处或夹尾不安走动，突然站住吠叫，反射兴奋性明显增高，对外界刺激如声音、强光、触摸等反应敏感，呈惊恐状或跳起。呼吸困难，膈肌痉挛，瞳孔散大。厌食、唾液分泌量增加，后肢瘫痪。兴奋期为 2 ~ 4 天，发展成癫狂，并且呈兴奋与沉郁交替出现，对人、畜有攻击性，常离家逃窜，逐渐出现意识障碍，乱蹦乱咬的现象（彩图 4-15）。发病的末期有 1 ~ 2 天的麻痹期，流涎，舌脱垂，下颌下垂，后躯麻痹而卧地不起，通常死于呼吸中枢麻痹或衰竭。整个病程为 6 ~ 10 天。

（2）麻痹型 兴奋期很短（一般为 2 ~ 4 天），或症状不明显，然后转入麻痹期。因头部肌肉麻痹，病犬流涎，吞咽困难，张口，下颌、后躯、喉头均麻痹，经 2 ~ 4 天死亡。

由于有些犬的病程并不典型，应注意有无咬伤史。

【病理变化】 尸体外观一般无特异变化，消瘦、脱水、被毛粗乱，

口腔黏膜、胃肠黏膜充血、糜烂。经组织学检查可见非化脓性脑炎变化，神经细胞质中有嗜酸性包含体。

【鉴别诊断】

(1) 狂犬病与伪狂犬病的鉴别　二者均有不安、狂躁，流涎，撕咬各种物体，自我舐咬等临床症状。二者的区别在于：患狂犬病的病例意识混乱，下颌麻痹，具有"恐水"的现象，对人畜具有攻击性；而患伪狂犬病的病例常表现突然死亡，体躯奇痒的现象，并且对人、畜没有攻击性。

(2) 狂犬病与犬破伤风的鉴别　二者均有对声响、光线反射兴奋性增高，有神经症状及外伤感染史。二者的区别在于：患破伤风的病例多呈强直性痉挛，四肢如木马状，无"恐水"现象。患狂犬病的病例有犬咬伤史，而破伤风则为外伤感染。

(3) 狂犬病与犬脑膜炎的鉴别　二者均有兴奋不安、狂躁，精神沉郁、惊恐，捕捉时咬人，对音响敏感，吠叫，昏睡等临床症状。二者的区别在于：患犬脑膜炎的病例无传染性，体温升高，神经症状主要表现转圈、抽搐，有时盲目奔跑，不避障碍物，有时呕吐。

(4) 狂犬病与犬有机磷中毒的鉴别　二者均有流涎，共济失调，呼吸困难，惊厥等临床症状。二者的区别在于：患狂犬病的病例多有病犬咬伤史，有传染性，攻击人、畜，流涎时下颌下垂；有机磷农药中毒的病例有与有机磷农药接触史，呈急性群发或突然发生，呕吐，腹痛、腹泻，胃肠内容物有大蒜味。

(5) 狂犬病与犬氟乙酸钠中毒的鉴别　二者均有无目的狂奔，吠叫，呼吸急促，在暗处躲藏等临床症状。二者的区别在于：狂犬病有攻击人、畜，流涎，啃吃木片、石头及其他杂物等症状；在麻痹期有明显的神经症状；犬氟乙酸钠中毒缺少啃吃木片、石块等症状且很快死亡。

(6) 狂犬病与犬铅中毒的鉴别　二者均有兴奋不安，盲目走动，吠叫等临床症状。二者的区别在于：犬铅中毒的病例有食含铅油漆、染料后的发病史，呕吐，腹泻，无乱咬异物、攻击人、畜现象。

> ➡ 【提示】 依据患病宠物狂暴不安、张口流涎、主动攻击人、畜和后期运动失调等临床症状，结合散发及曾被咬伤病史可做出初步诊断，确诊应采取实验室检查方法。

【防治措施】

1）加强公共卫生管理，坚决扑杀野犬和野猫。

2）对于军犬、警犬、牧羊犬、护卫犬、海关用犬、家犬及伴侣宠物等要加强管理，一律注射狂犬病疫苗。弱毒疫苗专供犬应用，一律皮下注射或肌内注射1毫升，免疫期为1年以上；灭活疫苗主要用于犬类，犬颈侧或背侧注射5毫升。第1次注射后后3~5天再注射第2次，免疫期为6个月；ERA弱毒株研制的疫苗，对牛、羊、犬及家兔进行免疫，均安全有效。同时，也可用于口服。

3）发现病犬及其他患本病的动物应及时扑杀，对有感染可能的伴侣宠物应采取紧急预防接种，第1次注射后3~5天注射第2次。对于危险性大的病例，在犬咬伤后3天注射高免血清，按每千克体重体重0.5毫升，然后再注射疫苗。

✚ 伪狂犬病

伪狂犬病又称疯痒病，是由伪狂犬病毒引起的犬、猫及其他家畜与野生动物共患的一种急性传染病，其主要特征是发热、奇痒，以及脑脊髓炎和神经炎。

【流行特点】 在自然界里，病毒可能存在于啮齿动物体内，并且多不显症状而带毒，吞食这些动物的犬、猪随后发生本病。病猪主要随鼻液、眼分泌物、乳汁、阴道分泌物及尿液排出病毒。因此，病猪亦是犬的传染源，病毒也可经皮肤伤口传染。

【临床症状】 本病潜伏期为1~8天，少数可长达3周。病初病犬精神淡漠，而后发生不安，拒食，蜷缩而坐，时常更换蹲坐地点，体温间或升高，呕吐。经消化道感染的病例，流涎严重，吞咽困难，起初凝视、舐舐，稍后抓咬皮肤损伤处，产生大范围溃烂，周围组织肿胀甚至形成很深的破损。有的不出现痒感，但会因身体某处疼痛而呻吟；也有的撕咬周围物体，跳向墙壁而摔倒，不攻击人，但发痒时与其他犬咬斗，两眼瞳孔大小不等。反射兴奋性病初增强，后期瞳孔反射、肌肉感觉及深部和表面反射能力降低。大部分病例可见头颈部屈肌有间断性抽搐，呼吸困难，常在24~36小时内死亡。

【病理变化】 常有皮肤自己咬伤或擦伤，伤处流渗出液或血液。剖检可见脑膜明显充血，脑脊液量过多。组织学变化主要是中枢神经系统，弥漫性非化脓性脑膜炎和神经炎，有明显的血管套及弥散性局部胶质细胞

反应，同时有广泛的神经节细胞及胶质细胞坏死。在常规检查时，有15%～20%无脑炎变化。

【鉴别诊断】

（1）伪狂犬病与狂犬病的鉴别 二者均有不安、狂躁，流涎，撕咬各种物体，自我舔咬等临床症状。二者的区别在于：患狂犬病的病例意识混乱，下颌麻痹，具有"恐水"现象，对人、畜具有攻击性；患伪狂犬病的病例常表现突然死亡，体躯奇痒，对人、畜没有攻击性。

（2）伪狂犬病与犬脑膜炎的鉴别 二者均有体温升高，兴奋不安或沉郁、惊恐，呕吐，触摸敏感，有攻击性等临床症状。二者的区别在于：患犬脑膜炎的病例无传染性，有时盲目奔走，不避障碍物或做转圈运动。剖检可见脑组织有非化脓性炎症，脑脊液中蛋白质与细胞的含量增多。

> ➡ 【提示】 常进出猪圈（猪发生伪狂犬病）的犬，症状主要为皮肤发痒，自残咬伤皮肤及咬周围物体，不攻击人，瞳孔大小不等，后期反射降低。剖检见脑膜充血，脑脊液的量过多，神经节及胶质细胞坏死。根据这些临床症状和病理变化可做出初步诊断，确诊应采取实验室检查方法。

【防治措施】

（1）预防

① 消灭犬舍中的老鼠，防止犬进入猪圈，尤其在猪发生伪狂犬病时，并严禁用病猪肉喂犬。

② 如已发病，严格用1%～2%氢氧化钠溶液消毒地面及用具，目前尚无合适的疫苗可供使用。可试用毒力低、遗传性稳定的K毒株组织培养苗，或鸡胚细胞氢氧化铝福尔马林疫苗。

③ 有报道称伪狂犬病可感染人，表现为皮肤发痒。所以，有创伤时，处理病犬或尸体过程中要防止伤口感染。

（2）治疗 早期应用抗伪狂犬病高免血清或以此制备的丙种免疫球蛋白治疗病犬（用量参照说明书），有较好效果。如已出现神经症状，则效果不佳。各种抗生素及化学药品治疗均无效。

> ⚠ 【注意】 伪狂犬病为多种动物共患病，鼠类是本病的重要传播媒介。因此，宠物饲养场要重视灭鼠工作，严防鼠类传播伪狂犬病。

十一 犬口蹄疫

口蹄疫是一种由口蹄疫病毒感染所致的一种急性发热、高度接触性传染病。本病虽多发于偶蹄动物，但犬也可感染。

【流行特点】 病毒存在于水疱、唾液、血液、尿液、粪便、泪和乳汁中。经直接或间接接触而感染，可通过伤口、空气、消化道或交配传播。

【临床症状】 从发热开始，有时还有呕吐和腹泻，而后在唇内侧、齿龈、舌面或颊部黏膜发生蚕豆大小的水疱。口温高，流涎，水疱破裂后形成糜烂。如有感染，糜烂加深成溃疡，愈合后形成瘢痕。

足跖、指间和足掌发生水疱，继而高度肿胀和跛行，水疱破裂后出现糜烂，如无感染则干燥结痂，并逐渐愈合。如继发感染化脓，病犬站立不稳，跛行加重。

【鉴别诊断】

(1) 犬口蹄疫与犬钩虫病的鉴别 二者均有呕吐，腹部、趾间发红、肿胀、破溃，口腔黏膜糜烂等临床症状。二者的区别在于：患犬钩虫病的病例体温不高，黏膜苍白，消瘦。粪检，可发现虫卵。

(2) 犬口蹄疫与犬趾间性脓皮症的鉴别 二者均表现为趾间皮肤有水疱和脓疮等临床症状。二者的区别在于：患犬趾间性脓皮症的病例无传染性，口、鼻无水疱。

(3) 犬口蹄疫与犬天疱疮的鉴别 二者均有在口腔黏膜、舌表面、足趾间发生水疱、溃疡等临床症状。二者的区别在于：患犬天疱疮的病例无传染性，通常病初在口唇、眼睑、肛门、外阴、包皮、鼻孔处黏膜与皮肤交界处出现红肿，随后发生水疱。落叶状天疱疮突发水疱，结痂皮后转为慢性过程，病变扩散至鼻、眼周围、耳部、鼠蹊部至全身发生水疱。

> ➡ 【提示】 本病的临床症状比较明显，结合流行特点，一般即可做出初步诊断，为了与类似疾病鉴别及毒型鉴定尚有赖于实验室检查。

【防治措施】

(1) 预防

① 加强进出口宠物检疫及防疫措施。发现疫情，立刻进行封锁、捕杀病犬，做深埋或焚烧处理。

② 对病犬生活的场地及用具，用 0.1% 甲醛溶液、1% 氢氧化钠溶液或 2% 热氢氧化钠水溶液消毒。

③ 当人接触病犬时应注意防范和消毒，以免感染。

（2）治疗 对于名贵犬，可采取抗病毒、抗菌消炎和局部对症治疗。

① 抗病毒。抗阿昔洛韦，按 5 ~ 10 毫克/千克体重，静脉滴注，每天 1 次，连用 10 天；利巴韦林，按 20 ~ 50 毫克/千克体重，口服，每天 1 次，连用 7 天，或按 5 ~ 7 毫克/千克体重，皮下注射、肌内注射或静脉滴注，每天 1 次；干扰素，犬按 10 万 ~ 20 万单位/次，皮下注射或肌内注射，隔 2 天注射 1 次。

② 抗菌，防止继发感染。氨苄西林，犬按 20 ~ 30 毫克/千克体重，口服，每天 2 ~ 3 次，或按 10 ~ 20 毫克/千克体重，皮下注射、肌内注射或静脉滴注，每天 2 ~ 3 次；头孢唑林钠，犬按 15 ~ 30 毫克/千克体重，肌内注射或静脉滴注，每天 3 ~ 4 次；速诺（阿莫西林克拉维酸钾混悬剂），犬、猫按 0.1 毫升/千克体重，皮下注射或肌内注射，每天 1 次；恩诺沙星注射液，犬、猫按 1 毫升/千克体重，皮下注射或肌内注射，每天 1 次；阿米卡星，犬按 5 ~ 15 毫克/千克体重，皮下注射或肌内注射，每天 1 ~ 3 次。

③ 局部对症治疗。用清水、食醋或 0.1% 高锰酸钾溶液冲洗病犬口腔，糜烂面上可以涂擦 1% ~ 2% 明矾或碘甘油（碘 7 克、碘化钾 5 克、酒精 100 毫升，溶解后加入甘油 10 毫升），也可用冰硼散（冰片 15 克、硼砂 150 克、芒硝 18 克，混合磨成细末）撒布。

足部可用 3% 克辽林或来苏儿洗涤，擦干后涂松馏油、鱼石脂软膏或青霉素软膏，用绷带包扎。

十二 猫泛白细胞减少症

猫泛白细胞减少症又称猫传染性肠炎或猫瘟热，是由猫泛白细胞减少症病毒引起的猫和猫科动物的一种急性、接触性传染病。其特征是发热，腹泻，呕吐和白细胞数量减少。

【流行特点】 主要发生于猫，也可感染猫科动物中的虎、狮、豹、山猫、小灵猫和野猫等，各年龄的猫均可感染，但一岁以内的猫，尤其 3 ~ 5 月龄的猫最易感，一岁以上的猫较少发病，成年猫感染后不表现出症状。病猫是主要的传染源，从粪便、尿、呕吐物、唾液、眼和鼻分泌物中将病毒排出，污染饲料、饮水、用具、垫料、笼子及猫舍等，然后再经口传染给健康猫或猫科动物，康复病猫通过粪便排毒，妊娠雌猫也可将病毒通过胎盘直接传给胎儿，吸血昆虫也能传播本病。

【临床症状】 本病潜伏期为 2～6 天。最急性型无症状突然死亡；急性型症状轻微，在 24 小时内死亡。病猫发热，体温达 40℃，持续 24 小时左右，下降至正常体温 2～3 天后，再次升高达 40℃ 或 40℃ 以上。精神不振，厌食，被毛粗乱，反复呕吐，持续性腹泻，便中混有血液，严重脱水，口渴，眼窝凹陷、结膜苍白，眼和鼻流出脓性分泌物（彩图 4-16）。白细胞数量减少至 $1×10^6$/毫升以下，预后不良。经过 7 天以上者有可能耐过。患病妊娠雌猫出现流产或死胎。

【病理变化】 胃肠道空虚，胃肠道黏膜面有不同程度的充血、出血、水肿及被黏液纤维素性渗出物所覆盖，以空肠和回肠的病变明显，肠壁常呈乳胶管状；肠腔内有灰红或黄绿色纤维素性、坏死性伪膜或纤维素条索。肠系膜淋巴结肿大，切面湿润，呈灰红、白相间的大理石样花纹，或呈一致的鲜红或暗红色。长骨骨髓呈胶冻样。肝脏、肾脏等实质器官瘀血变性。脾脏出血，肺部充血、出血、水肿。

【鉴别诊断】

（1）猫泛白细胞减少症与猫蛔虫病的鉴别 二者均有被毛粗乱，呕吐，腹泻等临床症状。二者的区别在于：患猫蛔虫病的病例因蛔虫寄生而发病，病猫食欲减退，早期有咳嗽，眼结膜苍白，消瘦，贫血，异嗜癖等症状。粪检有虫卵。

（2）猫泛白细胞减少症与猫大肠杆菌病的鉴别 二者均有拒食，精神沉郁，腹泻，衰弱，粪便恶臭等临床症状。二者的区别在于：猫大肠杆菌病多发于 1 周龄内的幼猫，体温偏低，一般不呕吐，通过小肠内容物可分离出大肠杆菌。

（3）猫泛白细胞减少症与猫钩虫病的鉴别 二者均有毛粗乱，呕吐，腹泻，粪便中带血等临床症状。二者的区别在于：患猫钩虫病的病例体温不高，食欲不振，有异嗜癖，便秘与腹泻交替，有的粪便呈黑色，有腐臭味。粪检有虫卵。

（4）猫泛白细胞减少症与猫急性胃肠炎的鉴别 二者均有体温升高（39～40℃），呕吐，腹泻，粪便呈水样，有时带血，精神沉郁，拒食，消瘦快等临床症状。二者的区别在于：患猫急性胃肠炎的病例无传染性。偏胃炎时呕吐频繁，腹泻少。以肠炎为主时，排脓样粪便且混有血液，里急后重，腥臭味。胃、肠同时发炎，两者症状同时出现。血检，白细胞数

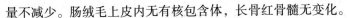

量不减少。肠绒毛上皮内无有核包含体，长骨红骨髓无变化。

(5) 泛白细胞减少症与猫腐败食物中毒的鉴别 二者均有呕吐，腹泻，精神沉郁，拒食，行走无力等临床症状。二者的区别在于：患猫腐败食物中毒的病例无传染性，因吃腐败食物而发病，体温不高，流涎，抽搐，白细胞数量不减少。

> ● **【提示】** 根据流行特点、典型的双相热型、频繁的呕吐和剧烈的腹泻，再结合血象检查的显著白细胞数量减少以及病理解剖，基本上能做出初步诊断，确诊需进一步采取实验室检查方法。

【防治措施】

(1) 预防

① 接种疫苗。灭活疫苗，断乳后（8～10 周龄）初免，隔 2～4 周后进行二免。二免 7 天后即可产生坚强的免疫力，免疫保护期半年，以后每年免疫 2 次。

② 平时应搞好猫舍卫生，对新引进的猫必须经过免疫接种并隔离，观察 60 天方可混群饲养。

③ 一旦发生本病，立即隔离病猫。早期病猫可采取综合性措施进行抢救。中后期，应做病猫扑杀和病死猫深埋处理。污染的食物、水、用具和环境用 0.5% 甲醛溶液彻底消毒。病猫康复后可获得免疫。

(2) 治疗 治疗原则为抗病毒、防止继发感染和对症治疗。

① 抗病毒。应用高效价的猫瘟热高免血清进行特异性治疗，猫按 2～4 毫克/千克体重，皮下注射或肌内注射，每天 1 次，连续 2～3 天；利巴韦林，猫按 5～7 毫克/千克体重，皮下注射或肌内注射，每天 1 次；阿昔洛韦，猫按 5～10 毫克/千克体重，静脉滴注，每天 1 次，连用 10 天；干扰素，猫按 10 万～20 万单位/次，皮下注射或肌内注射，隔 2 天注射 1 次；双黄连，猫按 60 毫克/千克体重，皮下注射或肌内注射，每天 1 次。

② 抗菌，防止继发感染。氨苄西林，猫按 20～20 毫克/千克体重，口服，每天 2～3 次，或按 10～20 毫克/千克体重，皮下注射、肌内注射或静脉滴注，每天 2～3 次；头孢唑林钠，猫按 15～30 毫克/千克体重，肌内注射或静脉滴注，每天 3～4 次；速诺（阿莫西林克拉维酸钾混悬剂），猫按 0.1 毫升/千克体重，皮下注射或肌内注射，每天 1 次。

③ 消炎。地塞米松，猫按 0.5 毫克/千克体重，口服或肌内注射，每

天1~2次。

④ 止吐。甲氧氯普胺，猫按0.2~0.5毫克/千克体重，口服或皮下注射，或按0.01~0.08毫克/（千克体重·小时），静脉滴注。

⑤ 补液。乳酸林格液与5%葡萄糖、ATP、辅酶A、维生素C等补充体液。

十三 猫病毒性鼻气管炎

猫的病毒性鼻气管炎又称传染性鼻气管炎，是由猫疱疹病毒Ⅰ型感染所致的一种急性接触性传染病。临床上以喷嚏、流泪、结膜炎和鼻炎为特征。

【流行特点】 主要侵害幼猫，幼猫的病死率为20%~30%，成猫病的死率低。病猫的鼻、眼及咽排出病原，经接触或飞沫传播而感染其他易感动物，传播迅速。病愈猫长期带毒并排毒。病猫能垂直传播病毒，并在分娩等应激时排毒。

【临床症状】 猫突然发病，症状复杂，体温升高至40℃左右，精神沉郁，食欲减少，体重减轻，或主要表现呼吸道症状和结膜炎，病猫频频出现咳嗽、打喷嚏和鼻分泌物增多，眼有黏液性分泌物（彩图4-17），因口腔、溃疡性舌炎而流涎，口臭，被毛粗乱，有的出现生殖器官病变，如阴道炎、流产等。重症病例主要呈现结膜炎、鼻炎、支气管炎等症状。

【病理变化】 病变主要见于上呼吸道。鼻腔、鼻甲骨、喉头及气管黏膜弥漫性出血或鼻腔、鼻甲骨黏膜坏死，会厌软骨、喉头、气管、支气管及细支气管黏膜上皮发生局灶性坏死，有的发生结膜炎。当有细菌继发感染时，常可见到肺炎。有呼吸道症状的猫可见有间质性肺炎，支气管和细支气管周围组织坏死，有的可见气管炎及支气管炎病变。也有的猫在支气管和细支气管及肺泡的间隔上皮可见有炎性坏死。有的猫鼻甲骨吸收，骨质溶解。

【鉴别诊断】

（1）**猫病毒性鼻气管炎与猫杯状病毒感染的鉴别** 二者均有打喷嚏，流浆性鼻液，结膜炎、角膜炎，流泪等临床症状。二者的区别在于：猫杯状病毒感染的病原为猫杯状病毒，病猫流涎，口腔、上腭和舌有溃疡。剖检见舌、腭裂溃疡边缘有大量白细胞浸润，局灶性支气管炎和肺泡性肺炎。

（2）**猫病毒性鼻气管炎与猫弓形虫病的鉴别** 二者均有体温高

（40℃左右），咳嗽，流鼻液，眼结膜充血等临床症状。二者的区别在于：猫弓形虫病的病原为弓形虫，病猫厌食，呕吐，嗜睡，消瘦，贫血，腹围膨满，运动失调，瞳孔大小不均。妊娠雌猫流产。脑悬液接种小鼠可见滋养体和包囊。

（3）猫病毒性鼻气管炎与猫结核病的鉴别　二者均有食欲下降，咳嗽，流黏性鼻液等临床症状。二者的区别在于：患猫结核病的病例，肺型，先干咳后湿咳，咳嗽频繁并咳出脓性痰；肠型，呕吐，腹泻，贫血，体重减轻。腹部检查，可摸到肠系膜淋巴结肿大和脏器肿大。剖检见肝脏有黄色局灶性凹陷，边缘出血，有的排脓形成空洞，肺部有干酪样结节，有的钙化，有的成空洞。取病变组织涂片，用抗酸染色法染色镜检，可见红色、中等大小、平直而弯曲的结核杆菌。

（4）猫病毒性鼻气管炎与猫组织浆胞菌病的鉴别　二者均有发热，厌食，咳嗽，皮炎等临床症状。二者的区别在于：患猫组织浆胞菌病的病例有时腹泻或咳嗽、腹泻同时发生，有呕吐，有皮炎，但不发生溃疡。X射线透视检查见肺部有结节，支气管淋巴结及内脏淋巴结肿大。免疫荧光试验或皮内试验可助诊断。

（5）猫病毒性鼻气管炎与猫球孢子菌病的鉴别　二者均有体温高，食欲不佳，咳嗽等临床症状。二者的区别在于：患猫球孢子菌病的病例系真菌感染发病，有腹泻，骨有感染时跛行，肌肉萎缩。剖检见支气管和纵隔淋巴结肿大。用球孢子菌素试验敏感，X射线检查即可诊断。

（6）猫病毒性鼻气管炎与猫隐球菌病的鉴别　二者均有打喷嚏，流鼻液等临床症状。二者的区别在于：患猫隐球菌病的病例由真菌感染而发病，鼻液黏性或出血性。同时有眼球震颤，瘫痪，运动失调、转圈运动等中枢神经症状。有的跛行，有的失明。用渗出液和病变组织涂片镜检，可见心型隐球菌。

（7）猫病毒性鼻气管炎与猫感冒的鉴别　二者均有体温高（39～40℃），精神沉郁，减食，打喷嚏，流鼻液（初期呈浆性，后期呈黏性）等临床症状。二者的区别在于：患猫感冒的病例无传染性，一般不咳嗽，眼结膜不水肿，角膜无炎症。

（8）猫病毒性鼻气管炎与猫气管支气管炎的鉴别　二者均有咳嗽，打喷嚏等临床症状。二者的区别在于：患猫气管支气管炎的病例无传染性，体温一般无变化，鼻液不常流而是在打喷嚏时才流鼻液，不出现结膜炎、角膜炎，鼻气管黏膜无坏死灶。

（9）猫病毒性鼻气管炎与猫肺炎的鉴别　二者均有体温高（40℃以上），食欲减退，咳嗽，流鼻液等临床症状。二者的区别在于：患猫肺炎的病例无传染性，眼结膜充血、水肿，角膜树枝状充血、流泪。剖检见鼻、喉、气管支气管黏膜无坏死。

> ➡ **【提示】**　根据临床上的咳嗽、喷嚏、结膜炎、鼻炎等症状和剖检上的呼吸道病变可做出初步诊断，确诊需进行实验室检查。

【防治措施】

（1）预防

① 对猫群加强饲养管理，搞好环境卫生。给予新鲜、全价饲料。

② 猫舍应通风良好，减少应激。每天应打扫卫生，对地面、用具、食槽和水盆等定期消毒。

③ 猫场内工作人员不许随便出入，外人禁止进入猫舍。

④ 对新引进的种猫应在外面隔离、观察、检疫，确无本病后才能放入猫群。

⑤ 带毒猫不能作为种猫。在运输时，猫之间不能接触以防传播此病。

⑥ 国外生产有单价弱毒疫苗或多联苗，都有较好的免疫效果。

（2）治疗　治疗原则为抗病毒，防止继发感染，对症疗法。

① 抗病毒。利巴韦林，猫按1～2毫克/次，肌内注射，每天3次；阿昔洛韦，猫按5～10毫克/千克体重，静脉滴注，每天1次，连用10天；干扰素，猫按10万～20万单位/次，皮下注射或肌内注射，隔2天注射1次。

② 抗菌，防止继发感染。氨苄西林，猫按20～30毫克/千克体重，口服，每天2～3次，或按10～20毫克/千克体重，皮下注射、肌内注射或静脉滴注，每天2～3次；速诺（阿莫西林克拉维酸钾混悬剂），犬、猫按1毫升/千克体重，皮下注射或肌内注射，每天1次；恩诺沙星，猫按2～5毫克/千克体重，口服、皮下注射或静脉滴注，每天2次。

③ 治疗眼疾。3%阿糖腺苷，猫按眼疱疹病毒感染，滴眼外用，每在5～8次；碘苷，猫按眼疱疹病毒感染，局部滴眼，每天4～8次。

④ 治疗鼻炎。可用麻黄碱1毫升、氢化可的松2毫升、青霉素80万单位的混合液滴鼻，每天4～6次。

⑤ 补液。50%葡萄糖盐水，50～100毫升/天，静脉滴注，每天2次。

十四 猫杯状病毒感染

猫杯状病毒感染是由猫杯状病毒变种引起猫的一种呼吸道传染病。其主要特征上双相热，上呼吸道症状，发病率高，病死率低。

【流行特点】 在自然条件下，只有猫易感。病猫和带毒猫是主要传染源，持续感染、长期排毒的猫是本病重要的传染源。病猫通过唾液、鼻和眼分泌物、粪尿大量排毒，通过直接接触污染物或气溶胶飞沫经口、鼻感染。患上部呼吸道感染的幼猫，死亡率约为30%。

【临床症状】 本病潜伏期一般不超过48小时，病程5～7天。最轻型的临床症状是发热，打喷嚏，眼和鼻流浆液性或黏液脓性分泌物，舌、硬腭和鼻联合处溃疡。毒力较强的毒株可引起严重的肺炎，易发生继发性感染，临床表现呼吸困难，沉郁，肺部有啰音、口腔溃疡等。特别是4～8周龄吃奶的幼猫死亡率高达30%以上。发生混合感染时，则症状严重，死亡率提高。

【病理变化】 有上呼吸道症状的猫表现结膜炎、鼻炎、舌炎和气管炎，舌、腭黏膜可见溃疡，溃疡性胃炎。患肺炎的猫还可见肺的腹缘出现暗红色肺炎实变区。

【鉴别诊断】

（1）猫杯状病毒感染与猫病毒性鼻气管炎的鉴别 二者均有打喷嚏，流浆性鼻液，结膜炎、角膜炎，流泪等临床症状。二者的区别在于：猫病毒性鼻气管炎的病原为猫传染性鼻气管炎病毒。患猫口腔及舌无溃疡，不流涎。剖检见鼻腔、喉头充血，扁桃体大、小支气管黏膜有局灶性坏死。

（2）猫杯状病毒感染与猫伪狂犬病的鉴别 二者均有口腔糜烂，流涎等临床症状。二者的区别在于：猫伪狂犬病的病原为猫伪狂犬病病毒，病猫常呕吐，腹泻，呼吸困难。舔、咬皮肤伤处，有时呻吟，乱闯。剖检见脑膜充血，在神经细胞、毛细管上皮细胞内可见核内包涵体。

（3）猫杯状病毒感染与猫隐球菌病的鉴别 二者均有口腔糜烂，流涎等临床症状。二者的区别在于：患猫隐球菌病的病例由真菌感染而发病，鼻液黏性或出血性，同时出现眼球震颤，瘫痪，行动失调，转圈等神经症状，用渗出物和病变组织涂片镜检，可见隐球菌（酵母）。

（4）猫杯状病毒感染与猫感冒的鉴别 二者均有食欲不佳，精神不振，流浆性鼻液，打喷嚏，结膜炎等临床症状。二者的区别在于：患猫感冒的病例无传染性，气候骤变时易发病，口腔、舌、硬腭不出现溃疡。

（5）杯状病毒感染与猫鼻炎的鉴别　二者均有打喷嚏，流浆性鼻液，结膜炎，流泪等临床症状。二者的区别在于：患猫鼻炎的病例无传染性，口腔、舌、硬腭不出现溃疡。

> ➡️ **【提示】**　由多种杯状病毒变种引起猫的呼吸道疾病，因症状相似，确诊较为困难。当怀疑本病时，可采取眼结膜组织进行免疫荧光试验，检测抗原的存在，或者采取扁桃体活组织应用免疫荧光试验检测以确诊。

【防治措施】

（1）预防

① 新购入的猫应隔离检疫 30 天或至少 2 周，期间无呼吸道疾病才能放入猫舍，各房舍的猫不应任意转群。

② 用弱毒疫苗，对 3 周龄以上的幼猫定期进行预防接种。每年接种 1 次，免疫期 6 个月以上，这是最有效的预防方法。

③ 也可使用猫泛白细胞减少症弱毒苗、猫鼻气管炎弱毒苗及猫嵌杯病弱毒苗组成的三联冻干活疫苗。免疫接种方法：2 月龄以上的猫需免疫（肌内注射）2 次，间隔 3~4 周；以后每年免疫注射 1 次。

④ 淘汰感染病毒的猫，消灭传染源；减少环境中病毒的浓度，定期冲洗笼具和设备。

（2）治疗　治疗原则为防止继发感染，对症疗法，目前尚无特效治疗药物。

① 发生结膜炎的病猫，可用金霉素或氯霉素眼药水滴眼。

② 鼻炎可用麻黄碱 1 毫升、氢化可的松 2 毫升、青霉素 80 万单位的混合液滴鼻，每天 4~6 次。

③ 当口腔溃疡严重时，可涂擦碘甘油。

④ 治疗结膜炎。金霉素或氯霉素眼药水滴眼；用麻黄素治疗鼻炎；口腔溃疡可涂擦碘甘油。

⑤ 恩诺沙星，猫按 2.5~5 毫克/千克体重，口服、皮下注射或静脉滴注，每天 2 次。

十五　猫肠道冠状病毒感染

猫肠道冠状病毒感染是由猫肠道冠状病毒引起的猫的一种的肠道传播

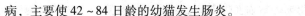

病，主要使42～84日龄的幼猫发生肠炎。

【流行特点】 猫肠道冠状病毒主要经消化道传染。由于母源抗体的作用，35日龄以下的幼猫很少发病。42～84日龄的幼猫感染时表现为肠炎症状。成年猫则多呈隐性感染，也可出现致死性病例，病猫、健康带毒猫可经粪便排出大量病毒，经消化道感染。

【临床症状】 常使断乳幼猫发病，体温升高，食欲下降，呕吐，腹泻，肛门肿胀。较严重病例，可见脱水。死亡率一般较低。急性期，血液中嗜中性粒细胞降至80%以下。

【病理变化】 本病与传染性胃肠炎的病变相似。自然感染的青年猫可见肠系膜淋巴结肿胀，肠壁水肿，粪便中有脱落的肠黏膜。

【鉴别诊断】

(1) 猫冠状病毒感染与猫细小病毒感染的鉴别 二者均有呕吐，腹泻，精神沉郁等临床症状和小肠黏膜充血、坏死、脱落，肠系膜淋巴结肿大、出血等病理变化。二者的区别在于：猫细小病毒感染的病例（心肌炎型）可见心肌或心内膜有非化脓性坏死，心肌柔软；猫冠状病毒感染的病例腹泻严重，粪便呈白色、黄色、绿色或褐色，有时呈喷射状，胃黏膜出血、脱落，脾脏、胆囊肿大。

(2) 猫冠状病毒感染与猫传染性肝炎的鉴别 二者均有精神沉郁、食欲不振、呕吐、腹泻、粪便中带血等临床症状。二者的区别在于：猫传染性肝炎病例体温升高至41℃以上，持续3～6天。按压剑状软骨部，肝区有疼痛。剖检可见肝脏肿大，表面有棕色或血红色的颗粒，质脆、易碎。胆囊增厚，黏膜有纤维蛋白沉着。常见皮下水肿，腹水含有血液，暴露于空气中易凝固。肝细胞及窦状隙内皮细胞核内有包涵体，将感染的脏器乳化、离心沉淀，取上清液，以福尔马林为变态反应原，将其接种于皮内，如局部红肿、热痛，则结果为阳性。

(3) 猫冠状病毒感染与猫普通胃肠炎的鉴别 二者均有呕吐，腹泻，粪便恶臭且粪便中有血液，厌食等临床症状。二者的区别在于：患猫普通胃肠炎的病例体温升高至41℃以上，无传染性，腹壁紧张，有压痛，胃炎为主时，黏膜、结膜黄染。

(4) 猫冠状病毒感染与猫球虫病的鉴别 二者均有体温不高，呕吐，腹泻，有时粪便中带血液等临床症状。二者的区别在于：患猫球虫的病例表现进行性消瘦，仅有时呕吐，黏膜苍白、微黄。剖检可见小肠黏膜有白色小结节，结节内有包囊。用饱和盐水浮聚法可在粪便中可发现卵囊。

（5）**猫冠状病毒感染与猫血性胃肠炎综合征的鉴别**　二者均有腹泻，剧烈呕吐，粪便恶臭，厌食，精神沉郁等临床症状。二者的区别在于：患猫血性胃肠炎的病例腹泻前 2 ~ 3 小时突然呕吐，呕吐物中含有血液，体温升高，腹痛。

> ➡️ **【提示】** 肠炎明显时应怀疑本病，但确诊困难。检测病猫体内中和抗体的滴度有助于诊断。病毒主要存在于小肠和肠系膜淋巴结，可用冷冻切片荧光抗体法检测。有效的诊断方法是电镜观察病猫粪便中的有病毒粒子。

【防治措施】

（1）**预防**　该病毒广泛分布于猫群中，许多无临床症状的猫均可成为带毒者，并通过粪便排毒，因此，本病的预防较困难。加强饲养管理是预防本病的根本措施。

平时应注意猫舍卫生，各年龄猫分开饲养，对失去母源抗体保护的断乳仔猫，加强护理，以降低发病率。

（2）**治疗**　治疗原则为及时补液，对症治疗。

① 抗菌消炎。小檗碱，猫按 10 ~ 15 毫克/千克体重，每天 2 次；氨苄西林，猫按 20 ~ 30 毫克/千克体重，口服，每天 2 ~ 3 次，或按 10 ~ 20 毫克/千克体重，皮下注射、肌内注射或静脉滴注，每天 2 ~ 3 次；速诺（阿莫西林克拉维酸钾混悬剂），猫按 0.1 毫升/千克体重，皮下注射或肌内注射，每天 1 次。

② 补液。葡萄糖生理盐水、5% 葡萄糖、维生素 C。

十六　猫传染性腹膜炎

猫传染性腹膜炎是由猫传染性腹膜炎病毒感染所引起的一种慢性病毒性传染病，以腹膜炎、大量腹水、腹部膨胀为特征。

【流行特点】　不同品种、不同年龄的猫均易感染，以 6 月龄至 2 岁的猫感染率高。本病以消化道感染为主，昆虫也是传播媒介。

【临床症状】

（1）**渗漏型**（湿性）　初期病猫体温 39.7 ~ 41.1℃，精神沉郁，减食，体重减轻，白细胞数量增加。1 ~ 6 周后腹部膨大（雌猫常误以为是妊娠），很大时能放出 1000 毫升液体，呼吸困难，贫血，衰竭。

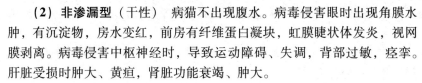

（2）非渗漏型（干性） 病猫不出现腹水。病毒侵害眼时出现角膜水肿，有沉淀物，房水变红，前房有纤维蛋白凝块，虹膜睫状体发炎，视网膜剥离。病毒侵害中枢神经时，导致运动障碍、失调，背部过敏，痉挛。肝脏受损时肿大、黄疸，肾脏功能衰竭、肿大。

【病理变化】 腹腔积水，液体透明或微黄，有时呈蛋清状，与空气接触即凝固。腹膜呈浑浊颗粒状粗糙，覆有纤维样蛋白，肝脏、脾脏、肾脏表面也附有。肝脏表面还有 1～3 毫米的坏死灶，切面可见坏死灶深入实质。非渗漏性病例，侵害中枢神经，无腹水、脑水肿、肾脏凸凹不平，肝脏有坏死。

【鉴别诊断】

（1）猫传染性腹膜炎与猫弓形虫病的鉴别 二者均有体温高（40℃以上），厌食，贫血，腹围胀满，呼吸困难，虹膜发炎等临床症状。二者的区别在于：猫弓形虫病由弓形虫引发，病猫步态蹒跚，震颤，流鼻涕，咳嗽，有时呕吐。尿胆红素（++），尿胆素（+++），白细胞数量减少。剖检见后肢、腹下、耳郭处瘀血，皮下出血，肺部水肿、有分散性结节，用结节压片瑞氏染色，可见到弓形虫。

（2）猫传染性腹膜炎与猫白血病的鉴别 二者均有体温高，精神沉郁，食欲不振，贫血等临床症状。二者的区别在于：患猫白血病的病例全身淋巴结、肝脏、脾脏肿大，黏膜和皮肤有出血点，胸腔有大量积液。涂片镜检，有大量未成熟淋巴细胞。

（3）猫传染性腹膜炎（渗漏型）**与猫肝吸虫病的鉴别** 二者均有减食，贫血，腹部膨大，腹水等临床症状。二者的区别在于：患猫肝吸虫病的病例体温不高，腹泻。粪检有虫卵；触诊，肝脏肿大，剖检见其表面有结节。

> ● 【提示】 根据流行特点、临床诊断和病理变化可做出初步诊断，确诊需进行实验室检查。

【防治措施】

（1）预防 目前没有有效的疫苗，只有加强管理，注意消毒，防止感染。

（2）治疗 治疗原则为提高机体抵抗力和对症治疗。

① 干扰素，猫按 2 万单位/千克体重，口服或皮下注射，每天 1 次。

② 泼尼松，猫按 2~4 毫克/千克体重，口服，每天 1~2 次，和环磷酰胺合用。

③ 环磷酸胺，猫按 2 毫克/千克体重，口服，每天 1 次，连用 4 天/周，和泼尼松合用。

④ 苯丁酸氮芥，猫按 0.5 毫克/千克体重，口服，每周 2~3 次。

⑤ 氨苄西林，猫按 20~30 毫克/千克体重，口服，每天 2~3 次；或按 10~20 毫克/千克体重，皮下注射、肌内注射或静脉滴注，每天 2~3 次。

⑥ 速诺（阿莫西林克拉维酸钾混悬剂），犬、猫按 0.1 毫升/千克体重。皮下注射或肌内注射，每日 1 次。

十七 猫白血病

猫白血病又称猫白血病肉瘤复合症，是由猫白血病病毒和猫肉瘤病毒引起的一种恶性淋巴瘤病。主要以发生淋巴瘤、成红细胞性或成髓细胞性白血病、胸腺萎缩、淋巴细胞数量减少、中性粒细胞数量减少及骨髓红细胞发育障碍性贫血为特征。

【流行特点】　不同品种、不同性别的猫均可感染。幼猫比成年猫更易感。可通过消化道和呼吸道传播，也可垂直传播，吸血昆虫（如猫蚤）可作为传播媒介。污染的饲料、饮水、用具等也能传播病毒。

【临床症状】　病猫出现贫血、嗜睡、食欲减少和消瘦等症状。在临床上可分为 4 种类型。

(1) 消化道型　此型较为多见，病猫表现为呕吐或腹泻、肠阻塞、尿毒症、黄疸、贫血、黏膜苍白、食欲减少和消瘦等症状。在病猫的腹部可触摸到肿瘤块。

(2) 胸腔型　在腹前两侧可触摸到肿瘤块，主要在胸腔纵隔淋巴结和胸腺形成肿瘤，充满胸腔，包围心脏，压迫气管和食管，使肺移向其侧方和后方，最后导致病猫吞咽和呼吸困难，恶心，虚脱，胸水和肺实变。青年猫多发。

(3) 多中心型　用手可触摸到体表淋巴结肿瘤块，肝部也可摸到肿瘤块。病猫表现精神沉郁，日渐消瘦。

(4) 白血病型　病猫表现黏膜苍白，黏膜和皮肤上有出血点，体温呈间歇热，食欲不振，机体消瘦，血检时白细胞数量大量增多。

【病理变化】　消化器官型在肠系膜淋巴结、淋巴集结及胃肠道壁上

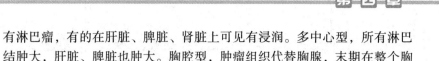

有淋巴瘤，有的在肝脏、脾脏、肾脏上可见有浸润。多中心型，所有淋巴结肿大，肝脏、脾脏也肿大。胸腔型，肿瘤组织代替胸腺，末期在整个胸腔充满肿瘤。白血病型，脾脏、肝脏明显肿大，淋巴结和骨髓增大。

【鉴别诊断】

猫白血病与猫传染性腹膜炎的鉴别　　二者均有体温高（39.7 ~ 41.1℃），食欲不振，贫血等临床症状。二者的区别在于：患猫传染性腹膜炎的病例，渗漏性，腹部膨满，有腹水，体温也较高；非渗漏性，角膜水肿，房水变红，前房有纤维蛋白凝块。当病毒侵害神经时，运动失调，背部过敏，痉挛，但不出现脱水的症状。

> ●【提示】根据流行特点、临床诊断和病理变化可做出初步诊断，确诊需进行实验室检查。

【防治措施】　目前，尚无有效的治疗方法，治疗效果不明显，应以疫苗防疫为主，治疗原则为提高机体抵抗力。

① 加强饲养管理，搞好环境卫生。

② 猫舍必须经常打扫，地面上的粪便应及时清除，定期消毒地面、用具、工作服等。

③ 用琼脂免疫扩散试验或免疫荧光试验等方法定期检查，培育无白血病的健康猫群。

④ 在引进新猫时，必须隔离检测。

⑤ 治疗可使用干扰素按 20 万单位/千克体重，口服或皮下注射，每天 1 次。

第四章

第五章
宠物细菌性传染病的鉴别诊断与防治

一 破伤风

破伤风是破伤风杆菌经伤口感染所引起的一种急性中毒性疾病，以全身肌肉或个别肌群强直性痉挛和神经反射性兴奋性增高为特征。

【流行特点】 破伤风杆菌在自然界广泛存在。通过创伤感染，特别是钉伤、刺伤、去势伤、断尾、断脐带伤等，伴有组织损害较重、出血或渗出液集聚的情况下更易感染发病。一切能降低自然抵抗力的因素都可促进本病的发生，如受凉、高温、受热、烧伤、去势、断尾等应激反应。

【临床症状】 本病潜伏期与伤口的深度、污秽程度、部位有关，犬、猫的潜伏期一般为4～10天，长的可达2～4周。犬、猫对破伤风毒素抵抗力较强，临床上局部性强直常见，表现为肢体强直和痉挛，暂时性牙关紧闭。也可出现全身强直性痉挛，兴奋性和应激性增高，患病犬、猫呈典型木马样姿势（彩图5-1）；有时患病犬、猫表现呼吸、咀嚼和吞咽困难，病犬、猫一般神志清醒，体温不高，有食欲。局部强直的病犬一般预后良好。

【病理变化】 剖检不见特殊变化，多见窒息死亡的病变。

【鉴别诊断】

(1) 犬破伤风与犬马钱子碱中毒的鉴别 二者均有对外界刺激反应性增强，感觉过敏，即使轻微的刺激也可引起肌肉强直收缩，继而惊厥，出现角弓反张，四肢强直，牙关紧闭，瞬膜突出等临床症状。二者的区别在于：患犬破伤风的病例有明显的外伤史，而马钱子碱中毒则有用药史，依此可做初步诊断。如症状不明显，可采取病犬全血0.5毫升，肌内注射于小鼠臀部，观察18小时后是否出现破伤风症状，可确诊。

(2) 犬破伤风与犬癫痫病的鉴别 二者均有惊厥，强直痉挛，全身僵硬，四肢强直，牙关紧闭，瞬膜突出等临床症状。二者的区别在于：患

犬癫痫病的病例发作时短时间可以恢复正常。

（3）犬破伤风与犬产后急痫的鉴别 二者均有恐惧，后躯僵硬，倒地抽搐，有间歇性抽搐且逐渐加重，惊厥等临床症状。二者的区别在于：患犬产后急痫的病例没有牙关紧闭，瞬膜突出，对声响、光线、触摸呈现反射兴奋性增强等症状。注射钙剂有特效，可据此确诊。

> ◎ **【提示】** 根据破伤风的特征性神经反射兴奋性增高、骨骼肌强直性痉挛以及体温正常，意识清楚等特点，在排除类似病症外，即可确诊。

【防治措施】

（1）预防 当宠物发生创伤时，要及时进行治疗，对较大较深的创伤，除做外科处理外，应肌内注射抗破伤风血清或采用联合免疫法，即用抗破伤风血清1万单位和明矾沉降破伤风类毒素1毫升，分别在不同部位进行皮下注射，在4周后，再注1次类毒素。

（2）治疗 治疗原则为加强护理，消除病原，中和毒素，镇静解痉与其他对症疗法。本病必须尽早发现、及时治疗才能见效，晚期病例无治愈可能。

① 伤口处理，中和毒素。用3%过氧化氢溶液、1%高锰酸钾溶液或2%碘酊进行伤口消毒，再撒布碘仿硼酸合剂或冰片散；青霉素、链霉素做创伤周围组织分点注射，以消除感染，减少毒素的产生；破伤风抗毒素，犬按0.2毫升，皮试，观察30分钟，然后按照3万~10万单位（100~1000单位/千克体重），皮下注射、肌内注射或静脉滴注1次，或创伤组织周围多点注射。

② 镇静。氯丙嗪，犬按3毫克/千克体重，口服，每天2次，或按1~2毫克/千克体重，肌内注射，每天1次，或按0.5~1毫克/千克体重，静脉滴注，每天1次；异戊巴比妥钠，犬按5~10毫克/千克体重，口服，或按2.5~5毫克/千克体重，静脉滴注。

③ 对症疗法。采食和饮水困难者，应每天进行补液、补糖；酸中毒时，可静脉注射5%碳酸氢钠溶液以缓解症状；体温升高且有肺炎症状时，可采用抗生素和磺胺类药物。

二 沙门氏菌病

沙门氏菌病又名副伤寒，是由沙门氏菌属细菌感染引起的人、兽共患疾病的总称。临床上以败血症和肠炎为主要特征。

【流行特点】　引起犬、猫发病的沙门氏菌有鼠伤寒沙门氏菌、肠炎沙门氏菌及亚利桑那沙门氏菌，其中鼠伤寒沙门氏菌对犬、猫致病性最强，多种动物和人都能感染，患病的动物尸体及被污染的饲料、饮水，以及含有沙门氏菌的尘埃空气都可引起传播。本病主要经消化道感染，也可经呼吸道感染，而犬、猫体质过弱，应激，较长时间服用抗生素导致肠道菌群失调等情况也能诱发本病。

【临床症状】　本病潜伏期为 3~5 天。胃肠炎型临床多见，多呈急性。常见于幼龄犬、猫，体温 40~41℃，精神沉郁，食欲不振或拒食，呕吐，腹泻，初时粪便如水，随后为黏液性稀便，严重时带血，此时体温下降，可视黏膜苍白，体质虚弱，当出现休克和黄疸时即死亡。细菌侵害肺部时出现肺炎症状，多数死亡。健壮的成年犬，剧烈腹泻 1~2 天后即转为正常。妊娠雌犬，常流产或产死胎，即使产下的仔犬成活，体质也弱。菌血症及毒血症型多见于幼犬、幼猫，病初精神极度沉郁，虚弱，体温下降，毛细血管充盈，后出现胃肠炎症状，也有不出现胃肠炎症状的。有的病例出现神经症状，反射亢进，失明，抽搐或后肢瘫痪甚至死亡。

【病理变化】　黏膜苍白，脱水，尸僵不全，胃肠黏膜大面积水肿、瘀血和出血，部分黏膜坏死、脱落（多见于小肠后段、盲肠、结肠），肠系膜淋巴结肿大 2~3 倍，出血，切面暗红、多汁；膀胱黏膜有散在出血点，败血症因弥漫性血管内出血和组织坏死；肝脏、脾脏、肾脏实质密布出血点（斑）和灰黄色坏死灶，急性发作时，肝脏可肿大 2~3 倍，呈黑红色（彩图5-2）；脾脏肿大 6~8 倍（彩图5-3）。亚急性、慢性肝脂肪变性，晚期肝硬化和胆囊肿大（最大可达 6 倍）；脑实质水肿，侧室有大量液体；常见心肌炎及心外膜炎；肺部常水肿。

【鉴别诊断】

（1）犬副伤寒与犬细小病毒感染的鉴别　二者均有体温升高、呕吐、腹泻等临床症状和小肠黏膜充血、坏死、脱落，肠系膜淋巴结肿大、出血等病理变化。二者的区别在于：犬细小病毒感染的病例（心肌炎型）可见心肌或心内膜有非化脓性坏死，心肌柔软；犬副伤寒例剖检可见肝脏肿大 2~3 倍，脾脏肿大 6~8 倍，表面和实质密布出血点和灰黄色坏死灶，应用抗生素治疗效果明显。

（2）犬副伤寒与犬冠状病毒感染的鉴别　二者均有体温升高、呕吐、腹泻等临床症状和小肠黏膜充血、坏死、脱落，肠系膜淋巴结肿大、出血等病理变化。二者的区别在于：犬冠状病毒感染的病例腹泻严重，粪便呈白、黄、绿色或褐色，有时呈喷射状，胃黏膜出血、脱落，胆囊肿大。而犬副伤寒例剖检可见肝脏肿大 2 ~ 3 倍，脾脏肿 6 ~ 8 倍，表面和实质密布出血点和灰黄色坏死灶，抗生素治疗效果明显。

(3) **犬副伤寒与犬瘟热的鉴别**　二者均有发病突然，体温升高，精神沉郁，厌食，呕吐，腹泻等临床症状。二者的区别在于：犬瘟热呈双相热型体温变化，有明显的神经症状及皮肤病症状。

(4) **犬副伤寒与犬轮状病毒感染的鉴别**　二者均多发于幼犬，均有呕吐，腹泻，减食等临床症状。二者的区别在于：犬轮状病毒感染的病变主要集中在小肠，小肠黏膜充血、坏死、脱落，肠系膜淋巴结肿大、出血，但缺少其他器官的病理变化；犬副伤寒病例剖检可见肝脏肿大 2 ~ 3 倍，脾脏肿大 6 ~ 8 倍，表面和实质密布出血点和灰黄色坏死灶，抗生素治疗效果明显。

(5) **犬副伤寒与犬球虫病的鉴别**　二者均有排混有黏液或血液的稀便，可视黏膜苍白，食欲减少，呕吐等临床症状和小肠出血性肠炎等病理变化。二者的区别在于：患犬球虫病的病例体温不升高，不出现瘫痪、呼吸困难、咳嗽等症状。4 月龄以内的幼犬发病率高，极度消瘦，生长停滞，成年犬呈慢性经过，可自然恢复。剖检可见小肠黏膜有白色结节，结节内充满球虫卵囊。

(6) **犬副伤寒与犬胃肠炎的鉴别**　二者均有体温升高，呕吐，腹泻，粪便中混有黏液和血液、有恶臭味等临床症状。二者的区别在于：犬胃肠炎无传染性，可视黏膜潮红或发绀，里急后重。触诊腹部紧张。

(7) **犬副伤寒与犬急性出血性胃肠炎的鉴别**　二者均有呕吐，腹泻，体温升高，精神沉郁等临床症状。二者的区别在于：犬急性出血性胃肠炎多见于 2 ~ 3 岁的青年犬。呕吐物中含有血液，腹痛，烦躁不安，结膜潮红或发绀，血检白细胞数量增多。剖检患犬副伤寒的病例可见肝脏、胆囊、肠系膜淋巴结肿大 2 ~ 3 倍，脾脏肿大 4 ~ 6 倍等特征性变化。

(8) **犬副伤寒与犬弓形虫病的鉴别**　二者均为幼犬多发，均有体温升高，精神沉郁，呕吐，腹泻，咳嗽，可视黏膜苍白，胃肠黏膜苍白，溃疡，肝脏肿大等临床症状和病理变化。二者的区别在于：患犬弓形虫病的病例肝脏表面呈灰白色坏死状；患犬副伤寒的病例肝脏呈灰黄色坏死状，急性时肝脏肿大 2 ~ 3 倍，脾脏肿大 6 ~ 8 倍。犬弓形虫病有明显的神经症状，病原检查可发现滋养体。

> ● 【提示】 根据临床症状和病理变化，结合流行特点进行分析，只能做出初步诊断。确诊必须进行细菌学和血清学检查。

【防治措施】

(1) 预防 对病犬、猫污染的场地要彻底消毒，平时要搞好环境清洁卫生，不喂霉败变质食物。

(2) 治疗 治疗原则为抗菌消炎和对症治疗。

① 抗菌消炎。复方新诺明，犬按 15 毫克/千克体重，口服，每天 2 次；阿莫西林，犬、猫按 15 毫克/千克体重，口服，每天 2～3 次；速诺（阿莫西林克拉维酸钾混悬剂），犬、猫按 0.1 毫升/千克体重，皮下注射或肌内注射，每天 1 次；卡那霉素，犬、猫按 10 毫克/千克体重，静脉滴注。

② 胃肠止血。卡巴克洛，犬按 1～2 毫升/次，肌内注射，每天 2 次，或按 2.5～5 毫克/次，口服，每天 2 次。

③ 呕吐。硫酸阿托品，犬按 0.05 毫克/千克体重，口服，每天 1～2 次。

三 结核病

本病是由结核分枝杆菌所引起的人、畜、禽共患的慢性传染病。犬、猫主要对人型及牛分枝杆菌敏感，以在机体多种组织内形成肉芽肿和干酪样钙化灶为特征。

【流行特点】 犬、猫对结核分枝杆菌也比较易感。结核分枝杆菌有人型、牛型和禽型。犬、猫的结核病主要是由人型和牛分枝杆菌所致，极少数由禽型结核分枝杆菌所引起。可经消化道、呼吸道感染。病犬、病猫在整个发病期随着痰、粪便、尿液、皮肤病灶分泌物排出病原。因此，对人有很大威胁。

【临床症状及病理变化】 由于本病是慢性病，故病狗、病猫在相当一段时间内不表现症状，以后出现食欲不振，并且容易疲劳、虚弱、进行性消瘦，精神不振等。肺结核表现咳嗽（干咳），后期转为湿咳，并有黏液脓性的痰。消化道结核表现消化道功能紊乱、顽固性下痢，消瘦、虚弱，贫血，常有腹水。皮肤结核多发于颈部，有边缘不整的溃疡，溃疡底为肉芽组织。犬患结核病常是慢性感染，表现为低热，消瘦，咳嗽，贫血，呕吐并伴有腹泻症状。肺部结核（彩图 5-4），常有支气管肺炎症状出现，伴有干咳、呼吸急促，听诊肺部有啰音，体重下降，食欲减退。胃肠道结核，有消化道症状出现，伴有呕吐，消化不良，腹泻，营养不良，贫血，腹部触压可触到腹腔脏器有大小不同的肿块。骨结核，可表现运动障碍、跛行，并易出现骨折。犬、猫的结核病是一种慢性消耗性疾病，室内犬比室外犬发病率高。本病潜伏期长短不一，与犬、猫的年龄、体质、营养和管理情况有关。病初易疲劳、虚弱，后出现进行性消瘦，被毛无光泽，多数犬下午低热。以胸部型最为常见，也就是肺结核，慢性干咳，咯血，呼吸困难。病变部听诊有支气管肺泡呼吸音和湿啰音。出现肺空洞时，可听到拍水音。病犬呼出的气体有臭味。结核病蔓延到心包和胸膜时，出现呼吸困难，发绀，右心衰竭。患腹部型时，出现呕吐，腹泻，肠系膜淋巴结肿大，皮肤结核多发于喉头和颈部，病灶边缘呈不规则的肉芽组织溃疡。

> ◐ 【提示】病犬生前诊断较难，对原因不明的渐进性消瘦，咳嗽，顽固性下痢，体表淋巴结肿大等均可怀疑为本病，确诊需进行细菌学诊断、变态反应诊断或血清学试验。

【防治措施】

(1) 预防

① 种犬、猫繁殖场及家庭养观赏犬、猫应定期进行结核病检疫。发现患开放性结核病的犬、猫，应立即淘汰。结核菌素为阳性的犬、猫，除少数名贵品种外，也应及时淘汰，绝不能再与健康犬、猫混群饲养。

② 需要治疗的犬、猫，应在隔离条件下，应用抗结核药物治疗，如异烟肼、利福平等。

③ 对犬舍、猫舍及犬、猫经常活动的地方要进行严格消毒。严禁患结核病的人饲喂和管理犬、猫。明确诊断后应立即隔离病犬、病猫，对犬舍、猫舍及器具进行消毒。结核分枝杆菌在外界环境中的生存力较强，对干燥和湿冷的抵抗力强，但对热的抵抗力差，在60℃条件下经30分钟即被杀死。70%酒精、10%漂白粉也能很快杀死结核分枝杆菌。

④ 对犬、猫定期检疫，发现病犬、病猫及时隔离，对患开放性结核病的病例尽早捕杀，尸体做深埋或焚烧处理。犬、猫的结核病虽然可以治愈，但考虑到本病是人、兽、禽共患的疾病，应首先考虑在公共卫生学上的意义，防止在治疗期间传给人或其他动物。

（2）**治疗**　治疗原则为抗菌消炎和对症治疗。

① 抗菌消炎。异烟肼，犬按 4～8 毫克/千克体重，口服，每天 2～3 次；利福平，犬按 10～20 毫克/千克体重，分 2～3 次口服；链霉素，犬按 10 毫克/千克体重，肌内注射，每天 2 次。

② 对症治疗。上述治疗方法仅能达到临床治愈的目的，防止排菌和复发，不能杀灭体内的病菌。完全治愈尚需靠犬提高自身抵抗力和免疫力，即加强饲养管理。若出现全身症状，可对症治疗。

从公共卫生角度，除非是名贵品种的犬在严格隔离条件下有治疗价值外，通常对患病和阳性的病例均做扑杀处理，以防止疾病扩散。

> ⚠️ **【注意】**　结核病为人、畜、兽共患传染病，犬、猫一旦确诊为结核病则不宜饲养。

四　大肠杆菌病

本病是一种由大肠杆菌引起的幼犬、幼猫的急性肠道传染病，以发生败血症、腹泻为主要特征。

【流行特点】　本病没有明显的季节性，受外界环境的影响较大。病犬、病猫和带菌犬、带菌猫是主要传染源，排泄的粪便污染周围环境、饲料、用具等。各种年龄均可以发生，以幼犬、幼猫多发，主要经消化道、呼吸道感染。大肠杆菌广泛存在于健康犬、健康猫的肠道、粪便、土壤和水中，但并不是所有的大肠杆菌都有致病性，只是部分有致病性的菌株在饲养管理不良，犬舍、猫舍卫生条件差，奶水不足，气候剧变等条件下，才能引起幼犬、幼猫发病。

【临床症状】　本病潜伏期为 3～4 天。患病仔犬表现为精神沉郁，体质衰弱，食欲不振，体温升高至 40～41℃，最明显的症状是呕吐，腹泻，排绿色、黄绿色或黄白色，黏稠不均，带腥臭味的粪便，并常混有未消化的凝乳块和气泡，肛门周围及尾部常被粪便所污染。到后期，患病仔犬常出现脱水症状，可视黏膜发绀，两后肢无力，行走摇晃，皮肤缺乏弹力。病死率较高，死前体温降至常温以下。有的在临死前出现神经症状，如共济失调、抽搐等。

【病理变化】　肝脏和脾脏充血、肿大，有出血点。胃卡他性炎症，胃黏膜出血（彩图 5-5）。肠黏膜脱落、出血，内容物呈血水样，肠系膜淋巴结肿大、出血（彩图 5-6）。

第五章

【鉴别诊断】

(1) 犬大肠杆菌病与犬瘟热的鉴别 二者均有体温升高，精神沉郁，厌食，呕吐，腹泻，粪便中带血，运动失调等临床症状。二者的区别在于：犬瘟热各龄犬均可感染。犬大肠杆菌病多发生在7日龄左右的仔犬，年龄越大发病率越低。犬瘟热粪便呈黄褐色，如果胃或十二指肠有出血则呈黑色；犬大肠杆菌病粪便则呈黄白色或灰白色，恶臭。犬瘟热体温呈双相热，鼻卡他性炎，气管炎，血检见白细胞数量减少等症状。剖检见患犬大肠杆菌的病例有胃肠病变；患犬瘟热的病例，不但胃肠淋巴结有肿胀，而且心脏、肺部、肾脏也有明显病变。

(2) 犬大肠杆菌病与犬传染性肝炎的鉴别 二者均为幼犬发病率高，均有精神沉郁，厌食，体温升高，呕吐，腹泻，粪便中带血等临床症状。二者的区别在于：患犬传染性肝炎的病例有结膜炎，流脓性鼻液，头、躯干发生水肿，单眼或双眼发生角膜混浊（蓝眼病的症状）。

(3) 犬大肠杆菌病与犬细小病毒病（肠炎型）的鉴别 二者均为幼犬多发（各种年龄犬均可发生），均有体温升高，呕吐，腹泻，粪便呈黄色或灰黄色且有腥臭味，带血；小肠黏膜充血、出血、坏死、脱落；肠系膜淋巴结肿大、充血、出血等临床症状和病理变化。二者的区别在于：患大肠杆菌病的病例心跳加快，超过150次/分。剖检可见肺部水肿，心肌或心内膜有非化脓性坏死变化。

(4) 犬大肠杆菌病与犬冠状病毒感染的鉴别 二者均有呕吐，腹泻，粪便呈水样；带血；小肠黏膜脱落、坏死，肠系膜淋巴结出血、水肿，胃黏膜脱落，脾脏肿大等临床症状和病理变化。二者的区别在于：犬冠状病毒可感染各种年龄的犬，体温升高，粪便呈橙黄色、绿色或褐色，后逐渐变为咖啡色或果酱色。剖检可见肠系膜树枝状瘀血，肠内容物呈白色或果酱样液体；而患大肠杆菌病的病例肠内容物呈血水样。

(5) 犬大肠杆菌病与犬轮状病毒感染的鉴别 二者均以7日龄前的仔犬多发，均有精神沉郁，食欲减少，不愿走动，呕吐，腹泻，粪便恶臭、带血等临床症状。二者的区别在于：犬轮状病毒感染的病例体温不高，粪便呈黄色或褐色。剖检病变主要见于小肠，特别在后2/3处的空肠、回肠，取粪便高速离心，取上清液镜检，可见到病毒集聚现象。

(6) 犬大肠杆菌病与犬弯杆菌病的鉴别 二者均以幼犬多发，均有食欲不振，腹泻等临床症状。二者的区别在于：患犬弯杆菌病的病例口渴，体温变化不明显。剖检无特征性变化。暗视野或高倍镜粪检，可见螺旋体小杆菌，如用革兰氏染色，可见阴性弯杆菌。

（7）犬大肠杆菌病与犬沙门氏菌病的鉴别 二者均以幼犬多发，均有体温升高，精神沉郁，厌食，呕吐，腹泻，粪便中带血和胃肠黏膜充血、脱落、坏死，肠系膜淋巴结肿大等临床症状和病理变化。二者的区别在于：犬沙门氏菌病在成年犬也可发病，有的呈肺炎症状，如咳嗽、呼吸困难等，还表现出神经症状，如抽搐、后肢瘫痪。剖检可见膀胱黏膜出血，肝脏、肾脏肿大 2 ~ 3 倍，脾脏肿大 6 ~ 8 倍，肝脏、肾脏实质有出血点和灰黄色坏死灶；心肌炎，心外膜炎。而犬大肠杆菌病缺少上述变化。

（8）犬大肠杆菌病与犬胃肠炎的鉴别 二者均有厌食，呕吐，腹泻，粪便中带血，体温升高等临床症状。二者的区别在于：患犬胃肠炎的病例口渴，频频呕吐，特别在大量饮水后又呕吐。腹壁紧张，按压有痛感。

> ⊙ **【提示】** 根据流行点、临床症状和剖检特征只能做出初步诊断，类症鉴别必须进行实验室检查，方能确诊。

【防治措施】

（1）预防 防止本病发生的关键在于做好日常的防疫、卫生和消毒工作，特别是产室（窝）必须做彻底的卫生消毒工作；尽早使新生仔犬、仔猫吃到初乳，最好让全部仔犬、仔猫都能吃到；在常发场（群），于流行季节和产仔季节可用异源动物抗病血清做被动免疫，然后再用多价灭活疫苗做预防注射。

（2）治疗 治疗原则为抗菌和对症治疗。用药前应做药敏试验，选择最敏感的药物进行治疗。

① 硫酸新霉素，犬按 10 ~ 20 毫克/千克体重，口服，每天 2 ~ 3 次。

② 小诺米星，犬按 2 ~ 4 毫克/千克体重，肌内注射，每天 2 次。

③ 庆大霉素，犬按 3 ~ 5 毫克/千克体重，皮下注射或肌内注射，每天 2 次。

五 布氏杆菌病

本病是由布氏杆菌引起的人、兽共患传染病。犬、猫被感染后，多数呈隐性感染，缺乏明显的临床症状。

【流行特点】 布氏杆菌主要存在于妊娠雌犬、妊娠雌猫的生殖器官内，并随分娩或流产的胎儿、胎水及阴道分泌物及乳汁向外排出，患病雄

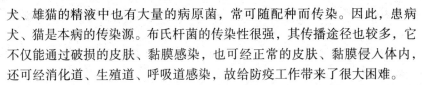

犬、雄猫的精液中也有大量的病原菌，常可随配种而传染。因此，患病犬、猫是本病的传染源。布氏杆菌的传染性很强，其传播途径也较多，它不仅能通过破损的皮肤、黏膜感染，也可经正常的皮肤、黏膜侵入体内，还可经消化道、生殖道、呼吸道感染，故给防疫工作带来了很大困难。

除犬、猫外，牛、羊、猪及人均可感染发病，尤其是患布氏杆菌病的牛、羊，常是犬、猫和其他动物感染布氏杆菌病的主要传染源。犬、猫发生布氏杆菌病通常与接触病牛、病羊、病犬、病猫有关。本病的传播与交配、吃染菌食品或接触流产的胎儿、胎盘及阴道分泌物有密切关系，故多发生于牧羊犬。

【临床症状】 妊娠雌犬、妊娠雌猫通常在妊娠后期发生无任何前驱症状的流产，也可在妊娠早期发生流产和全身淋巴结肿大。雌犬、雌猫流产后长期自阴道排出分泌物。流产的胎儿大多为死胎，也有活的，但往往数小时或数天内死亡，感染的胎儿可见肺炎、心内膜炎和肝炎。雄犬、雄猫常发生附睾炎、睾丸炎、睾丸萎缩、前列腺炎和阴囊皮炎等。患附睾炎的犬、猫常表现为精神不安，舔阴囊皮肤，致使发生严重的溃疡。但大多数患病犬、猫缺乏明显的临床症状，尤其是青年犬、猫和未妊娠的犬、猫。因此，单纯根据临床症状是难以确诊的，必须依靠病原菌分离和血清学检验。可采取流产胎儿、血液、尿、阴道分泌物、精液及乳汁等送检。

> ➡ 【提示】 仅根据流行特点和临床症状很难做出诊断，一般只有通过细菌学和血清学检查，进行综合分析，才能最后确诊。

【防治措施】

（1）预防 目前尚未研究出有效的疫苗，因此加强检疫，发现病犬立即进行隔离或扑杀。被污染的犬舍和环境，用10%石灰乳或氢氧化钠溶液等进行消毒。本病可感染人，要注意公共卫生。

布氏杆菌病是人、畜共患的慢性传染病，其传染源主要是患病动物。犬呈隐性传染，通过食入、接触、吸入三种传染途径感染人。病人体温升高呈波浪热，恶寒战栗，全身不适，出现关节炎，神经痛，肝脏、脾脏肿大，睾丸炎，孕妇可能流产。有些病人则短期发作后恢复健康，有一些病人则反复发作，持续多年不愈。

人的布氏杆菌病的预防和扑灭，有赖于动物布氏杆菌病的预防和扑灭。因此，养犬家庭的成员都应定期进行预防注射，可使用 M104 弱毒菌苗在臂部进行划痕接种，病人可应用抗生素和磺胺类药物治疗。

（2）治疗 治疗原则为抗菌治疗，由于布氏杆菌寄生于细胞内，抗生素对其较难发挥作用，对于雄性宠物，药物难于通过血生精小管屏障，因此治疗比较困难。

① 米诺环素，犬按 12.5 毫克/千克体重，口服，每天 2 次，连用 14 天。

② 庆大霉素，犬按 3～5 毫克/千克体重，皮下注射或肌内注射，每天 2 次，连用 14 天。

③ 硫酸卡那霉素，犬按 10～15 毫克/千克体重，口服，每天 2 次，肌内注射，每天 2 次，肾功能差者慎用。

④ 链霉素，犬按 20 毫克/千克体重，肌内注射，每天 1 次，连用 14 天。

⑤ 四环素，犬按 10～20 毫克/千克体重，口服，每天 3 次，连用 28 天。

⑥ 维生素 C 和维生素 B_1 可作为辅助药物，联合使用，效果更好。

加强犬、猫的检疫，治愈犬、猫不能再留作种用。

> ⚠️ **【注意】** 布氏杆菌病为人、畜、兽共患传染病，剖检时要注意剖检人员的防护。在进行病理剖检前，若怀疑待检的宠物已感染的疾病可能对人有接触感染时（如布氏杆菌病、口蹄疫等），必须采取严格的卫生预防措施。

六 犬弯杆菌病

犬弯杆菌病又称犬弧菌病，是由弯杆菌属的空肠胎儿弯杆菌引起的一种以腹泻为主的人、兽共患传染病。

【流行特点】 本病主要通过直接接触传播，4 月龄以下的幼犬多发，多继发于细小病毒病、沙门氏菌病。自然界除牛外，犬、猫、猪、羊、鸡、火鸡、鸽以及许多野鸟身上也可分离到该病菌。

【临床症状】 腹泻症状轻重不等，有的仅排软便，有的为血样腹泻，幼犬食欲不振，嗜睡，呕吐，口渴。

【病理变化】 无特征性病变，有肠炎变化，排血便的犬可见肝脏充血，肠黏膜出血和腹水。

【鉴别诊断】

(1) 犬弯杆菌病与犬细小病毒感染的鉴别 二者均有体温升高，呕吐，腹泻，排血样便，脱水等临床症状和小肠黏膜充血、出血等病理变化。二者的区别在于：被犬细小病毒感染的病例表现为突然呕吐，腹泻，粪便腥臭，后期带血，顽固呕吐不止。剖检可见小肠黏膜出血，肠系膜淋巴结肿大、充血、出血，呈暗红色；心肌或心内膜有非化脓性坏死。

(2) 犬弯杆菌病与犬冠状病毒感染的鉴别 二者均有体温升高，呕吐，腹泻，排血样便，脱水等临床症状和小肠黏膜充血、出血等病理变化。二者的区别在于：被犬冠状病毒感染的病例腹泻严重，粪便呈白色、黄色、绿色或褐色，有时呈喷射状；胃黏膜出血、脱落；胆囊肿大。

(3) 犬弯杆菌病与犬传染性肝炎的鉴别 二者均有精神沉郁，食欲不振，口渴，呕吐，腹泻等临床症状。二者的区别在于：患犬传染性肝炎的病例体温较高（41℃），流清水样鼻液，羞明，流泪，有角膜翳（"蓝眼病"），肝区触诊疼痛。剖检可见肝脏中度肿大，呈棕色或血红色，质脆易碎，腹腔积液接触空气后易凝固。胆囊壁增厚，呈黑红色，黏膜有纤维蛋白沉着。

(4) 犬弯杆菌病与犬球虫病的鉴别 二者均有减食，呕吐，腹泻，排血样粪便等临床症状。二者的区别在于：患犬球虫病的病例进行性消瘦，有时呕吐，黏膜苍白、微黄。剖检可见小肠黏膜有白色结节，结节内有包囊。用饱和盐水浮聚法可在粪中发现卵囊。

(5) 犬弯杆菌病与犬钩虫病的鉴别 二者均有食欲不振，呕吐，腹泻，排血样粪便等临床症状。二者的区别在于：患犬钩虫病的病例有时排腐臭气味的黑色粪便，异嗜癖。如由皮肤感染，则趾间发红、肿胀，奇痒，破溃后脱毛。

> 【提示】 根据流行病特点、临床症状及剖检变化可怀疑为本病，确诊需进行实验室检查。

【防治措施】

(1) 预防

① 平时要搞好环境卫生，对犬舍要定期进行消毒。

② 发现病犬应及时隔离，对粪便和环境要严格消毒，犬的食物用具每天用自来水冲洗。因本病能传染人，故应防止小孩接触犬（尤其不能

接触病犬）。

（2）治疗　治疗原则为抗菌和对症治疗。

① 阿奇霉素，犬按 5 ~ 10 毫克/千克体重，口服，每天 2 次。

② 红霉素，犬按 10 ~ 20 毫克/千克体重，口服，每天 3 次。

③ 庆大霉素，犬按 3 ~ 5 毫克/千克体重，皮下注射或肌内注射，每天 2 次。

④ 恩诺沙星，犬按 2 ~ 5 毫克/千克体重，口服、皮下注射或静脉滴注，每天 2 次。

⑤ 环丙沙星，犬按 5 ~ 10 毫克/千克体重，口服，每天 2 次，或按 2 ~ 2.5 毫克/千克体重，肌内注射，每天 2 次。

七　犬诺卡氏菌病

犬诺卡氏菌病是一种由诺卡氏菌引起的人、兽共患传染病，其特征是皮肤、四肢和内脏发生局灶性化脓和坏死。

【流行特点】　本病仅在某些地区呈散在发生，主要发生在野外训练的警犬和猎犬，尤其在锐刺植物较多的地方，病菌从被刺伤犬的皮肤而进入感染，家养观赏犬则较少发生。各种年龄、品种、性别的犬都可发病，但是，宠物之间或宠物与人之间不能直接传染。

【临床症状】　本病可分为皮肤型、胸型和全身型。

（1）皮肤型　多为慢性型，病变多在四肢和颈部皮下。外伤部位发生蜂窝组织炎、脓肿、化脓性肉芽肿、结节性溃疡和形成多个瘘管，并波及局部淋巴结。

（2）胸型　呼吸困难，体温升高，压迫胸部时痛感明显。

（3）全身型　体温升高，厌食，消瘦，咳嗽，呼吸困难，头、颈、四肢抽搐。

【病理变化】　体表淋巴结肿大，肝脏、脾脏肿大，腹膜炎，腹水，肺组织结节性病变，肺门淋巴结肿大，胸腔积液。

【鉴别诊断】

（1）犬诺卡氏菌病与犬瘟热的鉴别　二者均有体温升高，厌食，咳嗽，当有神经症状时，头、颈、四肢抽搐等临床症状。二者的区别在于：犬瘟热经消化道、呼吸道感染而非皮肤感染，体温呈双相热。取病料染色镜检，细胞核为浅蓝色，细胞质为玫瑰色，包涵体为红色。犬诺卡氏菌病病料镜检，可见串珠状菌体，呈革兰氏阳性，并有部分菌体呈分枝状和细丝状，在抗酸染色标本中，有部分菌体呈红色。

（2）犬诺卡氏菌病与犬放线菌病的鉴别　二者均发生于皮下和黏膜，引起局部组织脓肿、化脓性肉芽肿、蜂窝组织炎和坏死灶，形成瘘管并排出脓汁。二者的区别在于：犬诺卡氏菌为革兰氏阳性，不能运动，有菌丝（串珠状菌丝，部分呈分枝状和细丝状），抗酸性需氧繁殖，对磺胺类药物敏感，抗酸染色部分菌丝呈红色或浅红色。放线菌为多形杆菌或分枝的菌丝，无抗酸性，厌氧繁殖。

（3）犬诺卡氏菌病与犬藻菌病的鉴别　二者均经外伤感染，侵害皮肤引起皮下组织发生结节性肉芽肿、脓肿，甚至形成瘘管并排出脓汁。二者的区别在于：取病变部的脓汁、渗出物用氢氧化钾处理后，直接镜检或用派克氏墨水加等量40%氢氧化钾溶液染色，标本中的藻菌丝迅速着色，镜检可见多核没有分隔的粗糙宽菌丝，即可确诊。

> ● **【提示】** 根据流行特点和临床症状可做出初步诊断，确诊需在实验室进行分泌物或活组织涂片染色检查或人工培养检查。

【防治措施】

（1）预防　犬在野外作业时，发现外伤应立即做消毒处理。对病犬应抓紧治疗，如与犬瘟热并发，则预后不良。

（2）治疗　治疗原则为外科手术刮除，胸腔引流，以及长期使用抗生素和磺胺药物。

① 复方新诺明，犬按30毫克/千克体重，口服，每天2次，连用6个月。

② 青霉素，犬按初次剂量按10万~20万单位/千克体重，肌内注射，每天1次，连用6个月。

③ 氨苄西林，犬按20~30毫克/千克体重，口服，每天2~3次，连用6个月。

八　犬传染性气管支气管炎

犬传染性气管支气管炎又称犬窝咳，是由气管支气管炎败血波氏杆菌感染而引起的呼吸道传染病。

【流行特点】　支气管炎败血波氏杆菌有附着在纤毛上皮细胞的能力，并能进入和伤害宿主细胞。细胞内环境为病原菌提供营养，并使其躲避宿主的免疫保护，而使犬成为带菌或慢性感染状态，并增加犬副感病毒感染的可能性和严重性。因此，在有混合感染时能促进本病的发生。寒冷、贼风和高湿度是发病的重要原因。可侵害任何年龄的犬。

【临床症状】　病犬阵发性咳嗽，在运动、兴奋或气候变化时咳嗽加剧。触摸气管，可引发咳嗽。当呼吸道分泌物多时，可听到粗粝的肺泡音和干、湿啰音。当混合感染时，表现为精神沉郁，体温升高，食欲不振，流脓性鼻液，持续咳嗽，也可引起胃肠不适而出现呕吐和腹泻。

【鉴别诊断】

（1）犬传染性气管支气管炎与犬副流感的鉴别　二者均有体温升高，精神沉郁，食欲减退，流鼻液，咳嗽等临床症状。二者的区别在于：患犬副流感的病例病初期即流浆性鼻液，而后转浓稠，一般1周左右好转，如混合感染，咳嗽可持续数周，甚至死亡。少数病犬仅出现后躯麻痹的神经症状与出血性肠炎，扁桃体红肿。应用犬副流感病毒特异荧光抗体，在气管、支气管上皮细胞中检出特异荧光细胞。

（2）犬传染性气管支气管炎与犬瘟热的鉴别　二者均有体温升高，流浆液性或脓性鼻液，咳嗽，精神委顿，食欲减少等临床症状。二者的区别在于：患犬瘟热的病例体温表现双相热，有结膜炎或角膜炎，巩膜也潮红。严重时有脓性分泌物，表现头部震颤、脊椎扭动、四肢抖动等神经症状。刮取病料染色镜检，细胞核为浅蓝色，细胞质为玫瑰色，包涵体为红色。

（3）犬传染性气管支气管炎与犬恶心丝虫病的鉴别　二者均表现咳嗽，运动后加剧等临床症状。二者的区别在于：患犬恶心丝虫病的病例心悸亢进。触诊，肝脏疼痛，胸膜腔积水，全身浮肿。贫血，黄疸。外周血检，可见微丝蚴。

（4）犬传染性气管支气管炎与犬结核病的鉴别　二者均有咳嗽，减食等临床症状。二者的区别在于：患犬结核病的病例嗜睡，渐进性消瘦，呼出气体有臭味。剖检见气管、淋巴结有灰黄色结节。新鲜病灶周围有红晕，陈旧的为钙化结节。痰涂片镜检，可见红染的纤细小杆菌。

（5）犬传染性气管支气管炎与犬小叶性肺炎的鉴别　二者均有体温高，咳嗽，流鼻液，食欲减退，精神沉郁等临床症状。二者的区别在于：患犬小叶性肺炎的病例无传染性，呼吸急促。胸部叩诊，心叶和心叶下部有局灶性浊音和半浊音；听诊有湿啰音和捻发音。不出现腹泻。

（6）犬传染性气管支气管炎与犬支气管炎的鉴别　二者均多发于冬、

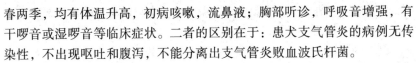

春两季，均有体温升高，初病咳嗽，流鼻液；胸部听诊，呼吸音增强，有干啰音或湿啰音等临床症状。二者的区别在于：患犬支气管炎的病例无传染性，不出现呕吐和腹泻，不能分离出支气管炎败血波氏杆菌。

（7）犬传染性气管支气管炎与犬感冒的鉴别　二者均有体温升高，咳嗽，流鼻液，食欲减退，精神沉郁等临床症状。二者的区别在于：患犬感冒的病例无传染性，多因天气骤冷、洗澡、空调等寒冷因素而发病。一般肺音无变化，没有剧咳症状。

> ● **【提示】** 主要依据咳嗽的变化，肺部听诊有干、湿啰音，胸部叩诊无明显变化，X射线检查肺部有较粗纹理的支气管阴影而无病灶性阴影等临床症状而确诊。

【防治措施】

（1）预防

① 保持环境卫生，并定期对墙面、地面、笼具、碗盆进行消毒。

② 一旦发现本病，需严格隔离。

③ 用支气管败血波氏杆菌与犬副流感病毒犬腺病毒Ⅱ型制的灭活单苗或联苗攻毒，保护率可达96%。

（2）治疗　治疗原则为抗菌消炎和防止继发感染。

① 氨苄西林，犬按20～30毫克/千克体重，口服，每天2～3次，或按10～20毫克/千克体重，皮下注射、肌内注射或静脉滴注，每天2～3次。

② 头孢唑林钠，犬按15～30毫克/千克体重，肌内注射或静脉滴注。

③ 速诺（阿莫西林克拉维酸钾混悬剂），犬、猫按0.1毫升/千克体重，皮下注射或肌内注射。

④ 恩诺沙星注射液，按1毫升/千克体重，皮下注射。

⑤ 干扰素，犬按10万～20万单位/次，皮下注射或肌内注射。

九　肉毒梭菌毒素中毒

肉毒梭菌毒素中毒是一种由于摄入肉毒梭菌毒素引起人、犬、猫和多种动物的中毒性疾病，以运动神经麻痹为主要特征。

【流行特点】　肉毒梭菌芽孢广泛分布于自然界，土壤、宠物肠道内容物、粪便、腐败尸体、腐烂饲料及各种植物中都存在。在适宜的条件下，能繁殖产生外毒素。宠物肉毒梭菌毒素中毒症状与其严重程度取决于摄入体内毒素量的多少及宠物的敏感性。

【临床症状】 本病潜伏期为4～24小时或数天，表现进行性、对称性肢体麻痹，从后肢向前肢延伸，引起四肢瘫痪。病犬体温一般不高，神志清醒。下颌下垂，吞咽困难，流涎，严重者出现两耳下垂，眼睑反射较差、视觉障碍、瞳孔散大。严重中毒时，呼吸困难（彩图5-7），心率快且紊乱，粪便及尿潴流。发生肉毒梭菌毒素中毒的犬死亡率较高。

【病理变化】 宠物死后剖解无特征性病理变化。

【鉴别诊断】

（1）犬肉毒梭菌毒素中毒与犬氟乙酸钠中毒的鉴别 二者均有吠叫，口吐白沫，四肢痉挛，卧地不起，呼吸困难等临床症状。二者的区别在于：犬氟乙酸钠中毒的病例体温升高至40～41℃，无故狂奔，不躲避障碍物；肉毒梭菌中毒则随着病情的发展，出现由后肢向前肢发展的进行性瘫痪，卧地不起，肌肉松弛，针刺反应减弱，精神沉郁，但神志清醒。

（2）犬肉毒梭菌毒素中毒与犬食物中毒的鉴别 二者均有流涎、步态不稳、四肢痉挛、心跳加快、瞳孔散大等临床症状。二者的区别在于：患犬食物中毒的病例突发流涎或流出泡沫黏液，呕吐，腹痛，有的惊厥，出现呼吸高度困难，昏迷。

> ➡ **【提示】** 根据疾病临床特征，如典型的麻痹，体温、意识正常，死后剖检无明显变化等，并且结合流行特点可做初步诊断。确诊则需在饲料、病死犬、猫尸体、血清及肠内容物内查到肉毒梭菌毒素。

【防治措施】

（1）预防 肉毒梭菌毒素加热至80℃时经30分钟，或在100℃条件下经10分钟就可失去活性，饲喂犬、猫的食物应尽量煮沸；不要让犬、猫接触腐肉。

（2）治疗 原则是解毒和补液。

① C型抗毒素，犬按3～5毫升，肌内注射或静脉注射。

② A型肉毒抗毒素，犬按1万单位，或与B型肉毒抗毒素1万单位混合后肌内注射，间隔5～10小时，重复注射1次。

③ 将葡萄糖注射液、林格液和25%维生素C注射液混合后静脉滴注，每天1次，连用2天。

✚ 钩端螺旋体病

钩端螺旋体病是由致病性钩端螺旋体引起的一种犬、猫、人畜共患的传染病，多呈隐性感染。临床特征为发热、黄疸、贫血、水肿、血红蛋白尿、出血性素质、流产、皮肤和黏膜坏死等。

【流行特点】 气候温暖、雨量较多的热带、亚热带地区的江河两岸，湖泊、沼泽、池塘和水田地带广泛存在着致病性的钩端螺旋体。几乎所有温血宠物都可感染，啮齿动物是最常见的储存宿主，其次是食肉动物。

钩端螺旋体主要通过宠物的直接接触，经皮肤、黏膜和消化道传播，另外，交配，咬伤，食入污染有钩端螺旋体的肉类等也可感染，也可经胎盘垂直传播，某些吸血昆虫和其他非脊椎动物的叮咬可导致大批发病。病犬可以从尿液间歇地或连续地排出钩端螺旋体，污染周围环境（如饲料、饮水、圈舍和其他用具）。临床症状消失后，体内有较高滴度抗体，可通过尿液间歇性地排菌达数月至数年，使犬成为危险的带菌者。

本病的流行有明显的季节性，一般夏、秋两季为流行高峰期，犬发病较多且以幼犬症状明显且严重，如饲养密度过大、饥饿或其机体衰弱时，能使隐性感染犬出现临床症状，甚至死亡。

【临床症状】 本病的潜伏期为5～15天。急性感染表现为发热、震颤和广泛性肌肉触痛。呕吐，迅速脱水和微循环障碍，呼吸急促，心率快，食欲减退甚至废绝，毛细血管充盈不良。呕血，鼻出血，便血。体温下降，至死亡。

亚急性感染以发热，厌食，呕吐，脱水和渴欲增加为主要特征。病犬黏膜充血、瘀血，并有出血斑点。干咳、呼吸困难，结膜炎、鼻炎和扁桃体炎。肾功能障碍，少尿或无尿。本型耐过的病犬，肾功能障碍症状可于发病后2～3周恢复。

由出血性黄疸型端螺旋体引起的犬急性或亚急性感染，常出现黄疸、肝炎，肝内胆汁淤积，粪便呈灰色的症状。严重者表现肝衰竭，体重减轻，腹水，黄疸或肝性脑病（彩图5-8和彩图5-9）。出现尿毒症，口腔恶臭，昏迷，或有出血性胃肠炎、溃疡性胃肠炎等症状，最后多死亡。

【病理变化】 急性病例肉眼所见的主要病变是皮肤、皮下组织、浆膜和黏膜明显黄染，心脏、肺、肾脏、肠系膜、肠和膀胱黏膜出血；肠内充满柏油样粪便（彩图5-10）；淋巴结肿大、出血。肝脏肿大，呈黄棕色。肾脏肿大（彩图5-11），表面有灰白色坏死灶。皮肤发生坏死，皮下水肿。

> **【提示】** 急性、亚急性病例临床症状较明显，根据发热、黏膜黄疸及出血、尿液黏稠呈黄色等，结合剖检时肾脏和肝脏不同程度的损害和流行特点，可做初步诊断。慢性病例由于症状不明显，病变也不典型，诊断较为困难。确诊应结合实验室检验进行综合诊断。

【鉴别诊断】

(1) 犬钩端螺旋体病与犬瘟热的鉴别　二者均有体温升高，精神沉郁，厌食，眼结膜充血，有时呕吐、腹泻等临床症状。二者的区别在于：犬温热的病原是犬温热病毒。病犬表现出神经症状，站立困难，共济失调，或做圆圈运动，全身呈强直性阵发痉挛或惊厥和昏迷，耐过病例常有后遗症。

(2) 犬钩端螺旋体病与犬白血病的鉴别　二者均有体温升高，精神沉郁，食欲减弱，呕吐，体表淋巴结肿大和脾脏肿大等临床症状和病理变化。二者的区别在于：患犬白血病的病例血检白细胞总数增加，红细胞数量减少，无传染性，发病率极低。

(3) 犬钩端螺旋体病与犬肾盂肾炎的鉴别　二者均有体温升高，呕吐，尿血等临床症状。二者的区别在于：患犬肾盂肾炎的病例肾区有压痛，病犬拱腰，步态强拘，无传染性，尿液缺少豆油样病况，体表淋巴结肿大，可视黏膜黄染更为少见。

【防治措施】

(1) 预防

① 对犬群定期检疫，消灭犬舍中的啮齿动物。

② 消毒和清理被污染的饮水、场地、用具，防止疾病传播。

③ 进行预防接种，目前常用的有钩端螺旋体的多联菌苗，可用于犬的包括犬钩端螺旋体和出血性黄疸钩端螺旋体二价菌苗，以及流感、伤寒、钩端螺旋体和玻摩那钩端螺旋体的四价苗，通过间隔 2～3 周进行3～4次注射，一般可保护 1 年。

④ 接触病犬、病猫的人员应做好个人卫生防护工作。

(2) 治疗　治疗原则是抗菌和对症治疗。

① 氨苄西林，犬按 20～30 毫克/千克体重，口服，每天 2～3 次，或按 10～20 毫克/千克体重，肌内注射，每天 2～3 次。

② 速诺（阿莫西林克拉维酸钾混悬剂），犬、猫按 0.1 毫升/千克体重，皮下注射或肌内注射，每天 1 次。

③ 链霉素，犬按 10 毫克/千克体重，肌内注射，每天 2~4 次。

④ 四环素，犬按 10~20 毫克/千克体重，口服，每天 3 次，连用 28 天。

⑤ 恩诺沙星（拜有利），犬按 2.5~5 毫克/千克体重，口服、皮下注射或静脉滴注，每天 2 次；猫按 1~2.5 毫克/千克体重，口服，每天 2 次。

⑥ 对出现肾病现象的病例，可采用输液支持疗法，同时避免使用链霉素或减少其用量。

十一 犬立克次氏体病

犬立克次氏体病又称犬埃利希氏体病，是由立克次氏体引起的主要发于犬科动物的一种急性或慢性传染病，其主要特征是高热，黄疸，呕吐，进行性消瘦及严重贫血。

【流行特点】 本病流行于热带和亚热带。血红扇头蜱是犬立克次氏体的宿主，也是犬梨形虫的传播宿主，所以常引起二者的混合感染。也可感染狼、豺、野犬、狐等野生动物。

【临床症状】 本病的潜伏期为 8~20 天，体温突然升高，精神沉郁，昏睡，口、鼻有黏液性或脓性分泌物，身体僵硬，四肢或下腹部水肿，咳嗽或呼吸困难，食欲下降，并出现黄疸，呕吐和进行性消瘦，羞明，眼流黏液脓性分泌物，严重时出现贫血和低血压性休克，有的口、鼻黏膜和生殖道黏膜苍白、出血，眼前房积血，排血尿及黑色粪便。与犬梨形虫混合感染时，病情更为严重。1~2 周后症状减轻，转为慢性期，最长可达 4个月，如再感染，仍表现急性症状。

【病理变化】 尸体消瘦，贫血，肝脏、脾脏肿大，肺部有散在点状出血，淋巴结肿大，黄疸（并发梨形虫时更加严重），肠黏膜溃疡出血，肺水肿和胸腔积水较少见。

【鉴别诊断】

(1) 犬立克次氏体病与犬钩端螺旋体病的鉴别 二者均有体温升高，精神沉郁，可视黏膜黄染，呕吐，体表淋巴结肿大等临床症状。二者的区别在于：患犬钩端螺旋体病的病例表现为肌肉疼痛，血尿、尿闭或尿呈豆油样（浓茶水样），急性淋巴结肿大，可视黏膜黄染。剖检可见黏膜潮红、出血，呈黑红色，肝脏肿大，有棕黄色斑点和出血点。发热期采集病料暗视野镜检，呈现典型的"O""S""C"状的病原体。

（2）犬立克次氏体病与犬巴贝斯虫病的鉴别　二者均有体温升高，精神沉郁，呕吐，可视黏膜黄染等临床症状。二者的区别在于：患犬巴贝斯虫病的病例尿呈黄褐色或血尿，血检白细胞内有巴贝斯虫。

（3）犬立克次氏体病与犬华支睾吸虫病的鉴别　二者均有进行性消瘦，可视黏膜黄染等临床症状。二者的区别在于：患犬华支睾吸虫病的病例腹泻，剖检可见腹水，胆管、胆囊有虫体，粪检有形如灯泡样的虫卵。

> ⟳ **【提示】**　在分析流行特点、临床症状的基础上，结合血液学检查、生化试验、病原分离和鉴定及血清学试验等可做出确诊。

在临床症状的明显期，易从血液、肺部、肝脏、脾脏内发现立克次氏体。用新鲜病料接种易感动物能够成功地复制本病。

【防治措施】

（1）预防　注意场区的灭蜱工作，犬从有蜱地区回来应检查体表有无蜱附着，在危险地区用敌敌畏喷洒，或用1%敌百虫溶液药浴。

（2）治疗　治疗原则为抗菌和支持疗法。

① 复方新诺明，犬按30毫克/千克体重，口服，每天2次，连用于3～4天。

② 四环素，犬按15～22毫克/千克体重，口服，每天3次，连用3～4天。

③ 金霉素，犬按20毫克/千克体重，口服，每天3次。

④ 多西环素，犬按5～10毫克/千克体重，静脉或肌内注射，每天2次，连用10～11天。

⑤ 咪多卡，犬按5～7毫克/千克体重。皮下注射或肌内注射，14天后重复1次；猫按2～5毫克/千克体重，肌内注射，14天后重复注射1次。

十二　猫组织胞浆菌病

猫组织胞浆菌病是一种细胞内真菌感染，常限于呼吸道和消化道，以咳嗽、腹泻、消瘦、黏膜形成溃疡等为特征。

【流行特点】　荚膜组织胞浆菌生长在土壤中，主要是经鼻吸入感染，不通过接触感染，一旦进入猫体内组织中则以酵母形式生长。感染能由原发部位经血液或淋巴传播到肝脏、肾上腺、脾脏、中枢神经系统、皮肤和骨。原发感染常为自限性的。

【临床症状】　一般表现咳嗽或腹泻或两者兼有，有不规则发热，厌食，消瘦，呕吐，皮炎。有的病程可持续数月之久。

【鉴别诊断】

(1) 猫组织胞浆菌病与猫弓形虫病的鉴别　二者均有发热，厌食，咳嗽，有时腹泻，消瘦等临床症状。二者的区别在于：患猫弓形虫病的病例因感染弓形虫而发病，体温在40℃以上，嗜睡，贫血，有时出现眼结膜、虹膜炎。剖检见后肢、腹下、耳郭处有瘀血和出血，肺部水肿，有不规则的红色中心的浅色区，切面流黄色透明液，全肺有分散的结节，取样做压片，革兰氏染色，可见弓形虫。

(2) 猫组织胞浆菌病与猫病毒性鼻气管炎的鉴别　二者均有发热，厌食，咳嗽，皮炎等临床症状。二者的区别在于：患猫病毒性鼻气管炎的病例经X射线透视见肺部有结节，打喷嚏，鼻流浆性分泌物，结膜充血、水肿，角膜树枝状充血，流泪，有时全身皮肤溃疡。剖检见鼻、喉、大小支气管黏膜有局部坏死。上呼吸道上皮细胞可见有多核巨细胞和核内包涵体。

(3) 猫组织胞浆菌病与猫结核病（肺型）的鉴别　二者均有发热，厌食，咳嗽等临床症状。二者的区别在于：患猫结核病（肺型）的病例因感染结核分枝杆菌而发病，多呈慢性，肺有啰音，先干咳后湿咳，后期咳出脓性黏稠呈灰白色或微绿色的痰。剖检见肝脏有脓性病灶，排脓后形成空洞。肺部病变多呈结节状，干酪区排出脓形成空洞，有的钙化。X射线透视可见支气管淋巴结炎、间质性肺炎，后期，可见肺硬化和结节钙化灶。病变组织涂片，用抗酸染色法染色镜检，可发现红色、中等大小、平直而弯曲的结核杆菌。

(4) 猫组织胞浆菌病与猫球孢子菌病的鉴别　二者均有发热，咳嗽，腹泻，厌食，消瘦等临床症状。二者的区别在于：患猫球孢子菌病的病例因感染孢子菌而发病，咳嗽为顽固性，侵害骨时跛行，肌肉萎缩。剖检见支气管或纵隔淋巴结肿胀，胸膜、心包、心脏、肺、肝脏、脾脏、胃有肉芽肿，用球孢子菌敏感试验，结果呈阳性。

(5) 猫组织胞浆菌病与猫并殖吸虫病的鉴别　二者均有咳嗽，腹泻，发热等临床症状。二者的区别在于：患猫并殖吸虫病的病例早晨咳嗽剧烈，先干咳后湿咳，痰初为白色，后为铁锈色或棕褐色。粪检可发现虫体。

> ⊙ 【提示】 本病主要表现为不规则的发热，厌食，消瘦，咳嗽或腹泻。X射线透视见肺部有结节。支气管淋巴结及内脏淋巴结肿大，也可作皮内试验进行诊断，或用免疫扩散试验和免疫荧光试验，均可有助诊断。

【防治措施】

（1）预防

① 如本地区曾发现本病，则应控制猫进入流行区。

② 如发现有病猫，应认真处理其排泄的粪便、尿液和呕吐物，并做深埋或烧毁处理。

（2）治疗 治疗原则以驱虫、消炎、对症治疗为主。

① 阿奇毒素，猫按5～7毫克/千克体重，口服，每天2次，连用5～7天；犬按5～10毫克/千克体重，口服，每天1～2次，连用5～7天。

② 两性霉素B，猫按0.125～0.5毫克/千克体重，用5%葡萄糖配成1%的溶液，静脉滴注。隔天滴注1次，4～8周为一疗程。

③ 利富平，猫按10～30毫克/千克体重，分2～3次口服，同时与两性霉素联合应用，有协同作用，可提高疗效。

十三 猫球孢子菌病

猫球孢子菌病是一种真菌感染，以咳嗽、呼吸困难为特征。

【流行特点】 猫、犬均易感染。主要由呼吸道吸入而感染，空气传播，肺部受害最严重，也可波及其他器官，特别是骨。

【临床症状】 病猫体温升高，顽固性咳嗽，呼吸困难，食欲不振，体重减轻，倦怠和腹泻。侵害骨时跛行、肌肉萎缩。

【病理变化】 支气管或纵隔淋巴结肿胀，心包有积液；胸膜、心包、心脏、肺部、肝脏、脾脏、胃有肉芽肿。

【鉴别诊断】

（1）猫球孢子菌病与猫弓形虫病的鉴别 二者均有体温升高（40℃以上），厌食，咳嗽，消瘦，腹泻等临床症状。二者的区别在于：患猫弓形虫病的病例因感染弓形虫而发病，慢性体温高达39.7~41.1℃，有虹膜炎、结膜炎、妊娠母猫流产。剖检见后肢、腹下、耳郭有瘀血和皮下出血，肺水肿，切面流透明黄色液体，全肺有分散小结节，采样作压片，瑞氏染色，可见弓形虫。

（2）**猫球孢子菌病与猫病毒性鼻气管炎的鉴别**　二者均有食欲不佳，体温升高，咳嗽等临床症状。二者的区别在于：患猫病毒性鼻气管炎的病例系病毒感染而发病。病猫鼻流浆性、黏性分泌物，眼结膜充血、水肿，角膜树枝状充血，流泪。剖检见鼻腔、喉、大小支气管黏膜坏死；上呼吸道上皮细胞可见有多核巨细胞和核内包涵体。

（3）**猫球孢子菌病与猫结核病的鉴别**　二者均有轻微热，食欲下降，咳嗽，呼吸困难等临床症状。二者的区别在于：患猫病毒性鼻气管炎的病例因感染结核分枝杆菌而发病，肺有啰音，先干咳，后转湿咳，后期咳出脓性黏液，呈灰白色或微绿色。流鼻液带血。剖检见结核病变像肉瘤，结节呈灰白色或黄白色；肝脏病灶中心凹陷，包囊破溃后即排出脓液，形成空洞，肺脏有结节或干酪样（后出脓形成空洞）或钙化。取病变样做涂片，抗酸染色法染色，可见红色、中等大小、平直而稍弯曲的结核杆菌。

（4）**猫球孢子菌病与猫组织胞浆菌病的鉴别**　二者均有发热，咳嗽，腹泻，厌食，消瘦等临床症状。二者的区别在于：患猫组织胞浆菌病的病例由感染猫组织胞浆菌而发病。病猫出现呕吐，皮炎。X射线透视见肺部有结节，支气管淋巴结和内脏淋巴结肿大。做皮内试验有助诊断。

（5）**猫球孢子菌病与猫并殖吸虫病的鉴别**　二者均有咳嗽，腹泻，发热等临床症状。二者的区别在于：患猫并殖吸虫病的病例早晨咳嗽剧烈，初干咳后湿咳，痰黏稠，初为白色，后为铁锈色或棕褐色。粪检有虫卵（圆形，金黄色）。

> **【提示】** 本病主要表现为体温升高，食欲不振，咳嗽，呼吸困难，消瘦，腹泻。骨骼肌感染时，跛行及肌肉萎缩。用球孢子菌素敏感试验，结果呈阳性。X射线检查和荧光抗体试验可诊断。

【防治措施】

（1）**预防**　注意环境及猫窝的清洁卫生，发现病猫，对其排泄物（尿液、粪便、呕吐物、痰）用消毒药杀菌后深埋。

（2）**治疗**　因治疗用药需要比较长的时间。因此，不宜中断。

① 酮哌恶咪唑，猫按 5 ~ 10 毫克/千克体重，口服，每天 2 次，治疗时间至少 3 ~ 6 个月。如骨受损害，可能需要终身治疗。

② 如停止治疗，可复发。终生维持剂量，按 5 毫克/千克体重。

十四　猫血液巴尔通氏体病（猫传染性贫血）

猫血液巴尔通氏体病又称猫传染性贫血。巴尔通氏体分 4 个属（巴尔通氏体属、格雷汉体属、血液巴尔通氏体属和附红细胞体属），病进入猫体，寄生于红细胞内。

【流行特点】　通过咬伤，抓伤，或蚤、蜱、螨的吸血感染。当猫患有其他传染病、寄生虫病、肿瘤或妊娠时，又受外界不良因素影响，可导致机体抗病能力降低，出现临床症状。

【临床症状】　潜伏期为 8 ~ 15 天。

(1) 急性　体温升高，精神不振，虚弱，厌食，体重迅速下降，心跳、呼吸均加快，出现贫血，轻度黄疸及血红蛋白尿。

(2) 慢性　体温无变化，仅食欲不佳，消瘦。

【病理变化】　可见脾脏肿大和肠系膜淋巴结肿大，骨髓增生。

【鉴别诊断】

猫血液巴尔通氏体病与猫肾炎的鉴别　二者均有体温升高，精神不振，厌食，血红蛋白尿等临床症状。二者的区别在于：患猫肾炎的病例无传染性，肾区按触，敏感疼痛，胸前、腹下浮肿。尿检见肾上皮细胞。

> ● 【提示】　本病主要表现体温升高，厌食，消瘦，心跳、呼吸均加快，出现贫血、血尿。血检可见红细胞内有球形或短杆状颗粒小点（巴尔通氏体）。

【防治措施】

(1) 预防

① 检查猫体有无外寄生虫，如发现有蚤，应立即佩戴灭蚤项圈，3 ~ 4 天后即无蚤侵害猫体，但房内环境也需灭蚤。另外还可用 0.1% 伊维菌素，按 0.2 毫升/千克体重，皮下注射，即可消灭蚤、螨、蜱，以防其传播本病。

② 如猫体发现创伤，可用碘酊涂布，以防本病侵入。

(2) 治疗　治疗时首先灭虫，并能消炎和提高造血功能的药物。

① 四环素，猫按 10 毫克/千克体重、含糖盐水 50 ~ 100 毫升，缓慢静

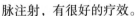

脉注射，有很好的疗效。

②新砷凡纳明，猫按 0.015～0.03 克，缓慢静脉注射（如漏于血管外，则易发生坏死）。

③土霉素，猫按 15～20 毫克/千克体重，口服，每天 3 次，共用 3 周。

④硫乙砷胺钠，按 0.25 毫克/千克体重，一次静脉注射，2 天后重复注射 1 次（此药有毒，国外尚未批准使用）。

⑤为造血，用碘化亚铁糖浆 5～10 滴，每天 2 次，也可用维生素 B_{12}（1 毫升含 25 毫克）1 毫升，皮下注射。

第六章
宠物寄生虫病的鉴别诊断与防治

一 蛔虫病

蛔虫病是幼犬、幼猫常见的寄生虫病。

【虫体特征及其生活史】 其病原主要为犬弓首蛔虫（犬蛔虫）、猫弓首蛔虫（猫蛔虫）和狮弓首蛔虫（狮蛔虫）（图6-1），寄生于小肠内。

犬蛔虫，虫体呈浅黄色，头部向腹部弯曲。雄虫长 50～110 毫米，尾端弯曲；雌虫长 90～180 毫米，尾端直。虫卵近圆形，卵壳厚，表面呈蜂窝状，大小为 68～85 微米。

猫蛔虫的成虫与犬蛔虫相似，虫体前端如箭头状。雄虫长 30～60 毫米；雌虫长 40～100 毫米。虫卵结构与犬蛔虫相似，大小为 64～70 微米。

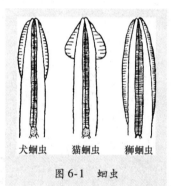

图 6-1 蛔虫

狮弓首蛔虫，虫体头端常向背侧弯曲，雄虫长 35～70 毫米，雌虫长 30～100 毫米，尾直而尖细。虫卵近似圆形，卵壳光滑，大小为 49～61 微米。

犬弓首蛔虫虫卵随粪便排出体外，在适宜条件下发育为感染性虫卵。3 月龄内的幼犬吞食感染性虫卵后，在消化道内孵出幼虫，幼虫通过血液循环系统经肝脏和肺移行，然后经咽又回到小肠发育为成虫（图6-2）。在宿主体内的发育需 4～5 周，成年雌犬感染后，幼虫随血流到达体内各器官组织中，形成包囊，但不进一步发育。当雌犬妊娠后，幼虫可经胎盘感染胎儿或产后经母乳感染幼犬。幼犬出生后 23～40 天小肠内即有成虫寄生。猫弓首蛔虫的发育过程与犬蛔虫类似。狮弓蛔虫发育简单，在体内不经移行，幼虫孵出后进入肠壁发育，然后返回肠腔，发育成熟。

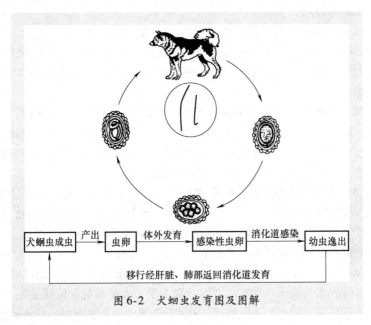

| 犬蛔虫成虫 | →产出 | 虫卵 | 体外发育 | 感染性虫卵 | 消化道感染 | 幼虫逸出 |

移行经肝脏、肺部返回消化道发育

图6-2 犬蛔虫发育图及图解

犬、猫蛔虫的感染性虫卵可被转运宿主摄入，宠物捕食转运宿主后发生感染。狮弓蛔虫的转运宿主多为啮齿类动物；猫弓首蛔虫的转运宿主多为蚯蚓、蟑螂、某些鸟和啮齿类动物。

犬、猫蛔虫病主要发生于6月龄以下的幼犬、幼猫，感染率在5%~80%，成年犬、猫很少感染。该病常引起幼犬、幼猫发育不良，生长缓慢，严重时可引起死亡。

犬弓首蛔虫繁殖力很强，每条雌虫每天可随每克粪便排出700枚虫卵；虫卵对外界环境的抵抗力非常强，可在土壤中存活数年；妊娠雌犬的体组织中隐匿着一些幼虫可抵抗蠕虫药的作用，而成为幼犬感染的一个重要来源。

【临床症状及病理变化】 幼虫移行可引起腹膜炎、败血症、肝脏的损害和蛔虫性肺炎，严重者可见咳嗽、呼吸加快和泡沫状鼻液，成虫寄生于小肠（彩图6-1），引起胃肠功能紊乱，生长缓慢，被毛粗乱，呕吐，腹泻或便秘与腹泻交替出现，贫血，神经症状，腹部膨胀，可在呕吐物和粪便中见到完整虫体。大量感染时，引起肠阻塞，肠破裂，腹膜炎。成虫异常移行可导致胆管阻塞和胆囊炎。犬弓首蛔虫能够引起幼犬死亡。

【鉴别诊断】

(1) 犬蛔虫病与犬绦虫病的鉴别 二者均有毛无光泽，减食，有异嗜癖，呕吐，腹泻，时有兴奋、痉挛、癫痫等临床症状。二者的区别在于：犬绦虫病的病原是绦虫，病犬粪便中含有孕节片，新鲜粪便中可见孕节片蠕动。

(2) 犬蛔虫病与犬钩虫病的鉴别 二者均有贫血，毛无光泽，有异嗜癖、腹泻等临床症状。二者的区别在于：犬钩虫病的病原是钩口线虫。病犬便中有血，排黏液性血便或带有腐臭味的黑油便。剖检可见肠黏膜上有出血点，肠内容物混有血液，小肠内可见许多虫体。

(3) 犬蛔虫病与犬鞭虫病的鉴别 二者均有贫血，毛无光泽，有异嗜癖、腹泻等临床症状。二者的区别在于：犬鞭虫病的病原是鞭虫，主要寄生于盲肠和结肠。病犬便中混有血液。剖检可见肠黏膜上有出血点，肠内容物混有血液，并可见鞭状虫体。

(4) 犬蛔虫病与犬藻菌病（毛霉菌病）的鉴别 二者均有呕吐、腹泻、有时腹痛等临床症状。二者的区别在于：犬藻菌病的病原是毛霉菌，不同途径感染，可产生不同症状。经消化道感染时可见呕吐，腹泻；经呼吸道感染时可见肺炎；经皮肤感染时可见丘疹、脓肿，并且在脓液中可查到菌体。

> ➡ **【提示】** 根据临床症状、病史调查和病原检查做出综合诊断。2周龄幼犬若出现肺炎症状可考虑为幼虫移行期症状；粪便中排出虫体，或吐出虫体；浮集法检查粪便，可检出虫卵；结合犬舍或猫舍的饲养管理状况进行判定。

【防治措施】

(1) 预防

① 要注意环境、食具、食物的清洁卫生，及时清除粪便，并进行生物热处理。

② 对犬、猫进行定期驱虫。

③ 雌犬在妊娠后 40 天至产后 14 天驱虫，减少围产期感染。

④ 幼犬应在 2 周龄进行首次驱虫，2 周后再次驱虫，2 月龄时进一步给药以驱除出生后感染的虫体；哺乳期母犬应与幼犬一起驱虫。

⑤ 阻止犬、猫摄食或杀灭转运宿主。

（2）治疗

① 芬苯达唑，犬、猫按 50 毫克/（千克体重·天），连续喂服 3 天。用药后少数病例可能出现呕吐。

② 甲苯达唑，犬的总剂量为 22 毫克/千克体重，分 3 天喂服。此药常引起呕吐、腹泻或排软便，偶尔引起肝功能障碍（有时是致命的）。

③ 双羟萘酸噻嘧啶，犬按 5 毫克/千克体重，一次内服。

④ 左旋咪唑，犬、猫按 10 毫克/千克体重，一次内服。

⑤ 伊维菌素，犬按 0.2 ~ 0.3 毫克/千克体重，口服或皮下注射。柯利犬及有柯利犬血统的犬，禁止使用本药。

⚠️ 【注意】 一般要杀死蛔虫卵必须用 60℃ 以上的 2% ~ 5% 热氢氧化钠溶液、20% ~ 30% 热草木灰溶液才有效。

二 钩虫病

钩虫病是由钩口属线虫和弯口属线虫的一些虫种感染犬、猫而引起的寄生虫病，其主要特征是贫血、消化机能紊乱及营养不良。钩虫是感染犬、猫较为常见的线虫之一，有些虫种也寄生于狐狸。多发于热带和亚热带地区，在我国华东、中南、西北和华北等温暖地区广泛流行。

【虫体特征及其生活史】 犬钩口线虫虫体呈浅红色，头端稍向背侧弯曲，雄虫长 10 ~ 16 毫米，雌虫长 14 ~ 16 毫米，尾端尖锐。虫卵短椭圆形，浅褐色。新鲜虫卵内含有卵细胞，虫卵长 40 ~ 60 微米（图6-3）。

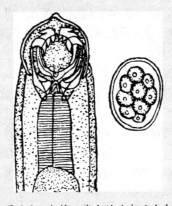

图 6-3　犬钩口线虫的头部及虫卵

狭头钩口线虫，虫体呈浅黄色，较犬钩虫小，两端尖细，口弯向背面，雄虫长 6 ~ 11 毫米，雌虫长 7 ~ 12 毫米，尾端尖细。虫卵与犬钩口线虫卵相似。

巴西钩口线虫，虫体长 6 ~ 10 毫米，虫卵大小为 80 ~ 400 微米。

三类线虫均寄生于小肠，以十二指肠较多。虫卵随粪便排出体外，在适宜的温度和湿度下，发育为感染性幼虫。感染途径有 3 个：①感染性幼虫经皮肤侵入，进入血液，经心脏、肺、呼吸道、喉头、咽部、食道和胃进入小肠内定居，此途径较为常见。②经口感染，犬、猫食入感染性幼虫，幼虫侵入食道等处黏膜进入血液循环（哺乳幼犬的一个重要感染方式是吮乳感染，源于隐匿在雌犬体组织内的虫体）。③经胎盘感染，幼虫移行至肺静脉，经体循环进入胎盘，从而使胎犬感染。

【流行特点】 本病危害 1 岁以内的幼犬、幼猫，成年犬、猫多由于年龄免疫而不发病。潮湿、阴暗的环境有利于本病的流行。

【临床症状】 幼虫侵入、移行和成虫寄生均可引起临床症状。

（1）最急性型 由胎盘或初乳感染的幼犬、幼猫，于生后 2 周左右哺乳量减少，被毛粗糙，精神沉郁，随之严重贫血、虚脱。

（2）急性型 多见于幼犬、幼猫和感染较重的成年犬、猫。表现为食欲不振或废绝，消瘦，眼结膜苍白，贫血（彩图 6-2），弓背，有异嗜癖，便秘与腹泻交替发生，便中有血，排黏液性血便或带有腐臭味的黑油便。

（3）慢性型 症状不够明显，主要表现轻度贫血，胃肠功能紊乱和营养不良。粪便中可查见钩虫卵。

（4）钩虫性皮炎 如大量幼虫从皮肤侵入，可引发皮炎，奇痒。躯干呈棘皮症和过度角化。重症犬趾间发红、瘙痒、破溃、被毛脱落，趾部肿胀，趾枕变形，口角糜烂（彩图 6-3）。

【病理变化】 剖检可见黏膜苍白，血液稀薄，小肠黏膜肿胀，肠黏膜上有出血点，肠内容物混有血液，小肠内可见大量虫体。

【鉴别诊断】

（1）犬钩虫病与犬弯杆菌病的鉴别 二者均有食欲不振，呕吐，腹泻，血便等临床症状。二者的区别在于：犬弯杆菌病的病原是犬弯杆菌。病犬嗜睡，用白金耳取粪便涂在玻片上，暗视野可见螺旋样小杆菌，革兰氏染色镜检，可见阴性弯杆菌。

（2）犬钩虫病与犬胃肠溃疡病的鉴别 二者均有体温不高、食欲不振、消瘦、呕吐等临床症状。二者的区别在于：犬胃肠溃疡呕吐多在采食后，前腹部有压痛。粪检无虫体。

（3）犬钩虫病与犬白血病的鉴别 二者均有食欲不振或废绝、呕吐、腹泻、贫血等临床症状。二者的区别在于：犬白血病的病原是犬白血病病毒。病犬体表淋巴结肿大，血检见白细胞 3 万 ~ 8 万个/毫米^3。

（4）犬钩虫病与犬尿毒症的鉴别 二者均有口腔溃疡、呕吐、腹泻、便中带血等临床症状。二者的区别在于：犬尿毒症的症状为少尿或无尿，同时出现昏迷，痉挛，周期性呼吸困难，心力衰竭等。

> **【提示】** 根据流行特点、临床症状和病原学检查来进行综合诊断。临床症状主要有：贫血，排黑色柏油状粪便，肠炎和有低蛋白血症病史。

病原检查方法主要有：粪便浮集法检查虫卵和贝尔曼法分离犬、猫栖息地土壤或垫草内的幼虫。剖检发现虫体即可确诊。

【防治措施】

（1）预防 预防本病可参考蛔虫病，由于犬钩虫幼虫可侵袭人，引起皮肤病型幼虫移行症，因此人在犬粪便污染的农田劳动时，尽量避免赤脚，必要时涂抹防护剂。

（2）治疗

① 左旋咪唑，犬按 10 毫克/千克体重，一次口服。

② 驱虫助长灵，犬按 0.2 克/千克体重，拌料饲喂。

③ 阿苯达唑，犬按 50 毫克/（千克体重·天），口服，连用 3 天。

④ 甲苯达唑，犬按 20 毫克/千克体重，口服，连用 3 天。

⑤ 丁苯咪唑，犬按 50 毫克/千克体重，口服，连用 2 ~ 4 天。

⑥ 硫苯咪唑，犬按 20 毫克/千克体重，口服，既可驱虫又可灭卵。

⑦ 45%二碘硝基酚，犬按 0.22 毫升/千克体重，皮下注射，驱虫效果达 100%。

⑧ 贫血严重的犬、猫应进行输血，输血量为 5 ~ 35 毫克/千克体重，同时给予止血药、收敛药、维生素 B_{12} 和含铁制剂等。

三 犬毛首线虫病（犬鞭虫病）

犬毛首线虫病又称犬鞭虫病，是由狐毛首线虫寄生于犬的盲肠而引起的寄生虫病。我国各地均有发生，本病主要危害幼犬，严重感染可引起死亡。其主要特征为消化吸收障碍和贫血。

【虫体特征及其生活史】 狐毛首线虫呈乳白色，虫体长45～75毫米。雌虫后部钝直；雄虫尾端卷曲。虫卵呈腰鼓状，黄褐色，两端有卵塞，壳厚、光滑，大小为70～89微米（图6-4）。

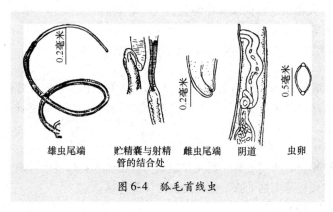

雄虫尾端　贮精囊与射精　雌虫尾端　阴道　　虫卵
　　　　　管的结合处

图6-4　狐毛首线虫

随粪便排出体外的虫卵，在外界适宜的条件下，约经3周，发育为感染性虫卵。犬吞食了感染性虫卵后，幼虫在肠中孵出，钻入小肠前部黏膜内，停留2～10天，然后进入盲肠内发育为成虫。从吃进感染性虫卵到幼虫发育成熟经11～12周。

【临床症状及病理变化】 鞭虫主要寄生于盲肠和结肠。成虫以头端钻入犬大肠黏膜内，以宿主组织和组织液为食，并分泌毒素。轻度感染时，常不显症状；重度感染时（虫体可达数百条），病犬呈现肠卡他，表现为腹泻，贫血，消瘦，粪便中混有血液和黏液，食欲不振；幼犬发育障碍甚至死亡。

【鉴别诊断】

（1）犬鞭虫病与犬钩虫病的鉴别 二者均有消瘦，贫血，粪便有黏液和血液，粪检有虫卵等临床症状。二者的区别在于：犬钩虫病的病原是钩口线虫，虫体主要寄生于十二指肠。病犬食欲不振或废绝，呕吐。粪便常呈黑色柏油状，有腐臭味。皮肤感染时，趾间红肿，奇痒。虫卵较小（60微米×40微米），无色，壳薄。

（2）犬鞭虫病与犬绦虫病的鉴别 二者均有消瘦，腹泻等临床症状。二者的区别在于：犬绦虫病的病原是绦虫。病犬有异嗜癖，呕吐，肛门及体部有瘙痒，有时出现神经症状，粪便中可发现孕节片，可见其蠕动。

（3）**犬鞭虫病与犬阿米巴病的鉴别**　二者均有腹泻，粪便中含有黏液和血液等临床症状。二者的区别在于：犬阿米巴病表现里急后重，直肠黏膜充血，并有直径为 2～3 厘米的溃疡灶。取粪便做涂片可见滋养体。如果粪液太稠，可加生理盐水稀释，加热至 37℃，可见阿米巴虫体伪足活动。

> ➡ **【提示】** 犬生前诊断除观察临床症状外，还必须进行虫卵检查；死后剖检见虫体建立诊断。

【防治措施】

（1）**预防**　搞好犬舍卫生，及时清除粪便，严重污染的场地应保持干燥，让日光晒，以杀死虫卵。

（2）**治疗**

① 甲苯达唑，犬的总剂量为 22 毫克/千克体重，口服，每天 1 次，连用 3 天。

② 硫苯咪唑，犬按 22 毫克/千克体重，口服，每天 1 次，连用 3 天。

③ 左旋咪唑，犬按 5～11 毫克/千克体重，一次内服。

④ 奥克太尔，犬按 5～10 毫克/千克体重，一次内服。

⑤ 碘化噻唑青胺，犬按 6～10 毫克/千克体重，每天 1 次，连用 5 天。

四 犬心丝虫病

犬心丝虫病是由犬心丝虫寄生于犬的右心室及肺动脉（少见于胸腔、支气管）而引起的一种寄生虫病，其主要特征为循环障碍、呼吸困难及贫血。犬、猫和其他野生肉食动物为犬心丝虫的终末宿主。人偶尔被感染。

【虫体特征及其生活史】　丝虫科的犬心丝虫为细长白色。雄虫体长 12～16 厘米，尾部短而钝，后端呈螺旋状弯曲；雌虫体长 25～30 厘米，尾端直，胎生，幼虫为微丝蚴，不带鞘（图 6-5）。

犬心丝虫以犬蚤、按蚊或库蚊作为中间宿主。成虫寄生于右心室和肺动脉，微丝蚴随血液流到全身，蚊子吸血时摄入微丝蚴，发育到感染阶段；当蚊子再次吸血时将有感染性的幼虫注入犬的体内，微丝蚴从侵入犬体到血液中再次出现微丝蚴需要 6 个月；成虫可在体内存活数年。本病的发生与蚊子的活动有关。

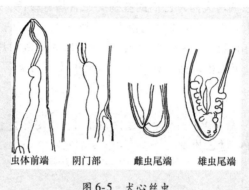

虫体前端　阴门部　雌虫尾端　雄虫尾端

图 6-5　犬心丝虫

【临床症状及病理变化】　最早出现慢性咳嗽，运动时咳嗽加剧，易疲劳，随后心悸亢进，脉细弱，心有杂音。触诊肝区疼痛，胸、腹腔积水，腹围增大，全身水肿，呼吸困难，运动后尤为明显。末期贫血，渐进性消瘦，虚脱，最终全身衰竭而死亡。有的病例发生癫痫样神经症状，右心室和腔静脉大量虫体寄生引起突然衰竭而死亡。

剖检可见心内膜炎、心脏肥大、右心室扩张和肺动脉内膜炎，严重时，可因静脉瘀血而导致腹水、肝脏肿大。大量寄生时可在右心室和肺动脉中见有大量的犬心丝虫（彩图 6-4）。

【鉴别诊断】

（1）犬心丝虫病与犬肝炎的鉴别　二者均有肝区疼痛，黄疸，无力等临床症状。二者的区别在于：患肝炎的犬排便先干后稀，粪便色浅（呈灰白绿色），肝区浊音区扩大。尿呈酱油色，后期昏睡或昏迷，血清胆红素增加。后有咳嗽，全身浮肿，心音亢进。

（2）犬心丝虫病与犬肝硬化的鉴别　二者均有肝区疼痛、黄疸、腹水等临床症状。二者的区别在于：患肝硬化的犬肝脏初期稍肿大，有压痛，逐渐变小、变硬。后期痉挛，昏睡，不出现咳嗽，全身浮肿，心音亢进。

（3）犬心丝虫病与犬结核病的鉴别　二者均有慢性咳嗽（运动时加剧）、进行性消瘦、易疲劳、腹水、黄疸、肝区疼痛、呼吸困难等临床症状。二者的区别在于：犬结核病会使体温升高，有时见有脓性或带血的鼻液。

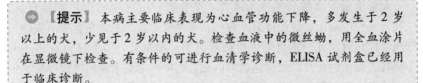

　　【提示】 本病主要临床表现为心血管功能下降，多发生于2岁以上的犬，少见于2岁以内的犬。检查血液中的微丝蚴，用全血涂片在显微镜下检查。有条件的可进行血清学诊断，ELISA试剂盒已经用于临床诊断。

【防治措施】

　　(1) 预防　有效的预防措施是药物预防。

　　① 苯乙烯吡啶枸橼酸乙胺嗪合剂，犬按6毫克/千克体重，每天1次，连续应用。

　　② 硫乙砷胺钠，犬按0.22毫升/千克体重，每天2次，连用2天，间隔6个月重复用药1次。如果某些犬不能耐受枸橼酸乙胺嗪，可用该药进行预防，一年用药2次。

　　③ 伊维菌素低剂量至少使用一个月可以达到有效的预防作用。

　　(2) 治疗　在确诊本病的同时应对病犬进行全面的检查，对于患心脏功能障碍的病犬应给予对症治疗，再分别针对寄生成虫和微丝蚴进行治疗，同时对病犬进行严格的监护，药物驱虫具有一定的危险性。

　　① 驱除成虫。硫乙砷胺钠，犬按0.22毫升/千克体重静脉注射，每天2次，连用2天（注射时严防药物漏出静脉，该药对患严重心丝虫病的犬是较危险的，可引起肝中毒和肾中毒）；菲拉松，犬按1毫克/千克体重，每天3次，连用10天；酒石酸锑钾，犬按2~4毫克/千克体重溶于生理盐水静脉注射，每天1次，连用3次。

　　② 驱除微丝蚴。左旋咪唑，犬按11毫克/千克体重，每天1次，口服，连用6~12天。治疗后第6天开始检查血液，当血液中微丝蚴转为阴性时停止用药。该药不能和有机磷酸盐或氨甲酸酯合用，也不能用于患有慢性肾病和肝病的犬。

五　犬食道虫病

　　犬食道虫病又称犬血色食道虫病、犬旋尾线虫病，是由狼旋尾线虫寄生于犬的食道或大动脉壁形成肿瘤状结节的寄生虫病。

　　【虫体特征及其生活史】　狼旋尾线虫为浅血红色，卷曲成螺旋状。雄虫长30~40毫米，尾端有4~5对特殊的小乳突；雌虫长54~80毫米，尾端钝，只有1对乳突，阴门开口于食道后端。虫卵呈长椭圆形，大小为(30~37)微米×(11~15)微米，卵壳厚，内含1个弯曲的虫胚。

犬食道虫虫卵随粪便排出体外，被食粪甲虫（中间宿主）吞食后，虫胚从虫卵中孵出，经蜕皮后发育成具有感染力的幼虫并在食粪甲虫的气管内形成包囊。此时的食粪甲虫被两栖类、爬虫类、鸟类（也有鸡）和小哺乳类等动物吞食，幼虫包囊可以在它们体内的肠系膜内继续存活，仍具有感染力。犬食入了含有感染性包囊的食粪甲虫或上述两栖类、爬虫类等动物而被感染后，幼虫钻入胃壁或肠壁中，经血液循环移行到主动脉和食道，在食道壁和主动脉壁中形成结节发育成熟。

【临床症状及病理变化】　轻度感染犬不表现临床症状，只有当食道病变发展为肉芽肿，压迫食道阻碍食物通过时，才出现吞咽困难，呕吐，流涎和咳嗽等症状，导致病犬食欲减退。若结节内有细菌感染则体温升高，个别病犬因动脉壁结节破裂，导致急性死亡。

【鉴别诊断】

（1）犬食道虫病与犬舌炎的鉴别　二者均有流涎、吞咽异常等临床症状。二者的区别在于：患舌炎的犬舌黏膜红肿，有时可见溃疡。

（2）犬食道虫病与犬食管炎的鉴别　二者均有流涎、咳嗽、吞咽困难等临床症状。二者的区别在于：患食管炎的犬多表现惊恐不安，常有分泌物反流，反流物中多有黏液和血液混杂。

（3）犬食道虫病与犬食管阻塞的鉴别　二者均有流涎、呕吐等临床症状。二者的区别在于：患食管阻塞的犬往往有呕吐动作，却吐不出，饮水或采食后刚咽下的食物又马上吐出，触诊食管可摸到阻塞物。

（4）犬食道虫病与犬因吃鸡、鱼骨发生呕吐的鉴别　二者均有呕吐，呕吐物带有血等临床症状。二者的区别在于：犬因吃鸡、鱼骨发生呕吐时，呕吐物中无虫卵，只要被吃进的骨头被吐出或进入肠道即停止呕吐。

> ➡ 【提示】　寄生于食道时，有轻度梗阻，重症时流涎、消瘦；寄生于胃壁时，呕吐物和粪便中均有虫卵；寄生于动脉壁时，血管破裂突然死亡。用X射线检查，食道上1/3处有肿瘤阴影，钡餐可见肿瘤前部食道扩张，前后肢呈骨膜增生。因虫卵比重较大，用水洗沉淀法或用饱和硝酸钠浮聚法检查粪便，可见虫卵。

【防治措施】

（1）预防

① 无害化处理病犬的粪便。

② 杀灭食道虫的中间宿主和媒介动物。

③ 避免生食中间宿主和媒介动物。

（2）治疗

① 阿苯达唑，犬按 50 毫克/千克体重，一次口服。

② 六氯对二甲苯（血防846），犬按 100～200 毫克/千克体重，连续口服 1 周。

③ 枸橼酸乙胺嗪（海群生），犬按 10 毫克/千克体重，一次口服。

六 犬类圆线虫病

犬类圆线虫病是由类圆线虫引起的一种人、畜、兽共患寄生虫病。其主要特征为：类圆线虫在犬小肠寄生过程中，先后引起皮炎、支气管肺炎、腹泻、脱水、衰竭等。

【虫体特征及其生活史】 类圆线虫为小型线虫，平时肉眼很难看见。寄生在犬小肠内的虫体仅为雌虫。虫卵小（40～50 微米），无色透明，椭圆形，内含折刀样幼虫。成虫生活在宿主十二指肠和空肠的黏膜层和黏膜下层，排出的虫卵立即孵化释出杆状蚴，杆状蚴移行到肠腔随粪便排至体外，在土壤内经数天后转化为感染性丝状蚴，和钩虫一样，经皮肤和口感染犬。幼虫进入犬体后，通过血液，经肝、心移行至肺，再经咽下行到消化道，约经 2 周发育为成虫。仔犬也可从母乳中获得感染。人也可感染类圆线虫而发病。

【临床症状】 经皮肤感染的犬，可出现湿疹型皮炎，表现为痘疹和红斑。重度感染时，幼犬食欲减退，有脓性眼屎，咳嗽，呈支气管肺炎症状，随后出现腹泻、脱水、衰弱、贫血、恶病质、昏睡等症状。咳嗽多在腹泻前 7～10 天出现。如腹泻为非出血性，则很快可以恢复，否则可引起死亡。

【鉴别诊断】

（1）犬类圆线虫病与犬冠状病毒感染的鉴别 二者均有腹泻、厌食等临床症状。二者的区别在于：犬冠状病毒感染的病原是犬冠状病毒。幼犬易患，传播迅速，持续呕吐，粪便恶臭，呈橙、黄绿或褐色，初期为软便后期呈水样，有时带血。幼犬出现粉红色粪便时，多在 24～36 小时死亡。取粪便加生理盐水稀释离心，取上清液用电镜观察，可发现犬冠状病毒粒子，形态如皇冠状。

（2）犬类圆线虫病与犬轮状病毒感染的鉴别 二者均为人、兽共患病，均有腹泻、食欲减退等临床症状。二者的区别在于：犬轮状病毒感染的病原是犬轮状病毒，幼犬多发。多在晚冬早春发病，粪便呈黄色、褐色或无色水样，恶臭。取粪便稀释液离心，取上清液，加入特异性抗体，进行免疫电镜检查，可见到病毒集聚现象。

（3）犬类圆线虫病与犬弯杆菌病的鉴别　二者均有食欲不振，腹泻等临床症状。二者的区别在于：犬弯杆菌病的病原是犬弯杆菌。病犬有血样腹泻、口渴、呕吐症状，用白金耳挑取粪便置于玻片上，暗视野镜检可见螺旋样小杆菌。

（4）犬类圆线虫病与犬钩虫病的鉴别　二者均有腹泻、皮炎等临床症状。二者的区别在于：犬钩虫病的病原是犬钩口线虫。病犬皮肤发炎，奇痒；躯干呈棘皮症和过度角化；重症犬趾间发红、瘙痒、破溃、被毛脱落，趾部肿胀，趾枕变形，口角糜烂。

> ➡ **【提示】** 实验室检查时可采用粪便直接涂片或饱和盐水浮聚法检出虫卵，虫卵无色透明，呈椭圆形，内含折刀样幼虫。

【防治措施】

（1）预防　做好犬舍卫生管理工作，注意犬体卫生，发现病犬及时治疗。

（2）治疗

① 阿苯达唑，犬按 10～15 毫克/千克体重，口服，间隔 48 小时再服1 次。

② 驱虫助长灵，犬按 0.2 克/千克体重，一次内服。

③ 噻苯达唑，犬按 50 毫克/千克体重，口服，连用 3 天，两周后再重复 1 次。

④ 左旋咪唑，犬按 5 毫克/千克体重，肌内注射，或按 8 毫克/千克体重，口服，均有良好效果。

⑤ 重症病犬应配合强心补液等对症疗法。

> ⚠ **【注意】** 类圆线虫病是一种人、畜、兽共患的寄生虫病，其防治工作非常重要。

七　猫圆线虫病

猫圆线虫病是由莫名猫圆线虫寄生于猫的细支气管和肺泡而引起的寄

生虫病。猫是唯一的终末宿主，野生小鼠和其他啮齿动物常为转运宿主。

【虫体特征及其生活史】 虫体乳白色，呈丝状。雄虫体长 7.5 毫米，雌虫体长 9.8 毫米；虫卵大小为 70~80 微米；幼虫长 360 微米。

雌虫产卵于肺泡管，卵进入邻近的肺泡形成小结节。卵在结节边缘孵出第一期幼虫，上行到气管，经喉、咽被咽下，随粪便排到体外（幼虫在外界存活 2 周左右，蜗牛和蛞蝓作为中间宿主，啮齿动物、蛙、蜥蜴和鸟类可作为转运宿主）。猫吃到含有感染性幼虫的中间宿主或转运宿主后而被感染，幼虫从胃通过腹膜和胸膜腔进入肺中，大约经 1 个月可发育成熟。成虫寿命为 4~9 个月。

【临床症状及病理变化】 中度感染时，病猫出现咳嗽、打喷嚏、厌食、呼吸急促等症状。严重感染时，剧烈咳嗽、消瘦、腹泻、厌食、呼吸困难，常发生死亡。

剖检肺表面有直径为 1~10 毫米的灰色结节，结节内含虫卵和幼虫，胸腔充满乳白色液体，含有幼虫和虫卵。

【鉴别诊断】

(1) 猫圆线虫病与猫蛔虫病的鉴别 二者均有消瘦、腹泻、厌食等临床症状。二者的区别在于：猫蛔虫病的病原是猫弓首蛔虫。病猫呕吐、腹泻或便秘与腹泻交替出现，可在呕吐物和粪便中见到完整虫体；剖检时肠道内可见大量虫体。

(2) 猫圆线虫病与猫肺毛细线虫病的鉴别 二者均有消瘦、腹泻、咳嗽、呼吸困难等临床症状。二者的区别在于：猫肺毛细线虫病的病原是猫肺毛细线虫。病猫常表现鼻炎、慢性支气管炎、气管炎、流涕、贫血、病犬流涕、咳嗽、呼吸困难、消瘦、贫血、被毛粗糙；剖检在肺内可见大量虫体。

➡ 【提示】 对可疑病例用贝尔曼法检验粪便中的幼虫，发现大量幼虫即可确诊。

【防治措施】

(1) 预防 定期驱虫，可选用左旋咪唑、苯硫咪唑等，用量与治疗量相同。

(2) 治疗

① 左旋咪唑，猫按100毫克/千克体重，口服，隔天1次，共给5~6

次药。

② 苯硫咪唑，猫按 20 毫克/千克体重，每天 1 次，连用 5 天为 1 个疗程，间隔 5 天后，再重复 1 个疗程。

八　犬眼虫病

犬眼虫病是由结膜吸吮线虫寄生于犬眼结膜囊，引起犬结膜炎和角膜炎，我国各地均有发生。虫体除感染犬外，猫、人也可感染。

【虫体特征及其生活史】　成虫呈乳白色，体表有锯齿状横纹，雄虫长 7～13 毫米，雌虫长 12～17 毫米。虫卵椭圆形，卵壳薄，大小为（54～60）微米×（34～37）微米，内含幼虫。成虫寄生于犬的眼结膜囊和瞬膜下，产生的虫卵随眼分泌物被家蝇食入，虫卵在蝇体内发育为感染性幼虫，并逐步移行至蝇的口器，并将幼虫直接传播到犬的眼内，幼虫在犬眼结膜囊内逐渐发育为成虫。

【临床症状及病理变化】　虫体在眼结膜囊内自由活动，造成犬急性眼结膜炎，表现为结膜充血，眼球湿润，羞明、流泪。以后可逐渐转变为慢性眼结膜炎，可见黏稠的眼屎，结膜和瞬膜下有滤泡肿大和出血。严重的可引起角膜混浊，角膜糜烂和溃疡，甚至角膜穿孔及失明（彩图 6-5）。在眼结膜和角膜表面有时可发现数条蛇形运动的白色线状虫体。

【鉴别诊断】

（1）犬眼虫病与犬瘟热的鉴别　二者均有眼角留有黏稠的眼屎，充血，角膜混浊，结膜炎等临床症状。二者的区别在于：犬瘟热的病原是犬瘟热病毒。病犬表出现神经症状，站立困难，共济失调，或做圆圈运动，全身呈强直性阵发痉挛或惊厥和昏迷，耐过病例常有后遗症。

（2）犬眼虫病与犬维生素 A 缺乏症的鉴别　二者均有结膜充血，角膜混浊，结膜炎，结膜炎等临床症状。二者的区别在于：犬维生素 A 缺乏症的病因是维生素 A 缺乏。病犬有夜盲症，皮肤干燥，被毛粗干，蓬乱，有时会出现皮脂溢出性皮炎，腹泻，逐渐消瘦。

　➡ **【提示】**　可仔细观察患病宠物眼睛，当虫体爬至眼球表现时容易发现乳白色的线状虫体。也可用 2% 可卡因滴到眼睑下，麻醉虫体数分钟后，虫体可随眼泪流出。

【防治措施】　用2%可卡因滴眼，按摩眼睑5～10秒，待虫体麻痹不动时，用眼科镊子摘出虫体。再用3%硼酸溶液洗眼睛，涂红霉素眼膏等。也可将犬保定后，用2%盐酸普鲁卡因在上、下眼睑的皮下各注射1毫升，再用5%左旋咪唑缓缓滴入眼内，3～5分钟后虫体麻痹，翻开眼睑用眼科球头镊子取出虫体，再用生理盐水冲洗眼睛，用药棉拭干，点氯霉素或环丙沙星眼药水。

九　旋毛虫病

旋毛虫病是一种由旋毛虫寄生引起的人、畜共患寄生虫病，至今已有150多种哺乳动物可以感染。旋毛虫成虫常寄生于猪、犬等动物的小肠而引起胃肠炎，其幼虫寄生同一宿主横纹肌内引起疼痛，发热和呼吸困难等症状。肉品中的旋毛虫幼虫在包囊的保护下对外界环境的抵抗力很强。盐渍和熏制时只能杀死病肉表面的虫体，而深层的仍可存活1年以上；高温至70℃时才能杀死包囊内的幼虫，故人、犬在食肉过程中应予以高度重视。人若摄食生的或未煮熟的患病动物肌肉，容易引起发病，甚至死亡。

【虫体特征及其生活史】　旋毛虫成虫十分细小，雄虫长1.4～1.6毫米，雌虫长3～4毫米，寄生于患病宠物小肠黏膜上，称为肠旋毛虫。幼虫在横纹肌纤维之间盘曲并形成包囊，称为肌旋毛虫，最大可达0.25～0.5毫米，眼观呈白色针尖状。当犬、猫摄食入含有旋毛虫包囊的动物肌肉后，幼虫先在小肠黏膜内发育为成虫，待雌雄成虫交配并产出胎生幼虫后，幼虫再经肠系膜淋巴进入血液循环而散布到全身，而后在横纹肌（主要为膈肌、肋间肌、舌肌和咬肌等）纤维间进一步发育形成圆形包囊。旋毛虫发育见图6-6。

【临床症状】　感染后2～7天，即当旋毛虫成虫寄生于肠黏膜的时期，患病犬、猫可出现卡他性肠炎或出血性肠炎症状，腹痛、腹泻，粪便混有黏液或大量血液，体温正常或轻度升高。感染8天后，即当旋毛虫幼虫侵入横纹肌的时期，患病犬、猫肌肉疼痛，运动障碍，叫声异常，咀嚼吞咽困难，体温明显升高（彩图6-6）。

人对旋毛虫特别敏感，感染初期表现为胃肠炎症状，如食欲减退，呕吐和腹泻等。幼虫移行至横纹肌而引起肌肉炎和血管炎，表现头面部水肿，肌肉疼痛，运动障碍，流涎，呼吸和咀嚼困难，麻痹，发热，消瘦和嗜酸性细胞数量增多，如救治不及时，就有死亡的危险。

图6-6　旋毛虫发育图

【鉴别诊断】

（1）犬旋毛虫病与犬肠炎的鉴别　二者均有腹痛，腹泻，呕吐，发热等临床症状。二者的区别在于：患犬肠炎的病例一般体温较高（40～41℃），粪便中多有黏液，里急后重。后期不出现肌痛，运动障碍症状。

（2）犬旋毛虫病与犬风湿病的鉴别　二者均有肌痛，运动障碍等临床症状。二者的区别在于：患犬风湿病的病例持续运动时则跛行（运动障碍）消失，休息后再运动又出现运动障碍。前期不出现腹痛，腹泻，呕吐，发热的症状。

（3）犬旋毛虫病与犬特发性多发性肌炎的鉴别　二者均有咀嚼无力，吞咽困难，叫声嘶哑，吠叫等临床症状。二者的区别在于：犬特发性多发性肌炎血液检查可见细胞嗜酸性谷丙转氨酶和乳酸脱氢酶的活性升高。

> **【提示】**　实验室检查时可穿刺取一小块舌肌做活组织压片检查，在镜下可见菱形包囊，内含蜷曲的幼虫。

【防治措施】

(1) 预防

① 饲喂犬的肉食品和屠宰废弃物一定要煮熟。

② 扑灭犬舍周围野鼠，防止犬捕食其他野生动物。

③ 加强食品卫生检验，人类不要食用未煮熟的患病动物肌肉及半生烧烤肉品。

(2) 治疗

① 噻苯咪，犬按 25~40 毫克/千克体重，口服，连用 5~7 天，能驱杀肠道内成虫和肌肉内幼虫。

② 阿苯达唑，犬按 300 毫克/千克体重拌入饲料内连喂 10 天，或按 15 毫克/千克体重，拌料饲喂，连喂 15~18 天，可杀灭体内所有旋毛虫。如按 200 毫克/千克体重给药，分成 3 次肌内注射可获得同样的治疗效果。

③ 驱虫助长灵，犬按 0.2~0.4 克/千克体重，拌料给药，连喂 2~4 天，驱虫率达 100%。

④ 甲苯达唑、氟苯咪唑也有较好的疗效。治疗中为防止副作用，应适当配合使用地塞米松等抗过敏药。

> ⚠ **【注意】** 旋毛虫病是一种人、畜、兽共患的寄生虫病，其防治工作突显重要。

✚ 肺毛细线虫病

肺毛细线虫病是一种由肺毛细线虫寄生于犬、猫支气管和气管、鼻腔、额窦而引起的寄生虫病。

【虫体特征及其生活史】 虫体细长，呈乳白色。雄虫体长 15~25 毫米，雌虫体长 20~40 毫米。卵为短腰鼓状，呈浅绿色，上有纹理，两端各有卵塞，大小为 (59~80) 微米 × (30~40) 微米（图 6-7）。

雌虫在细支气管和气管中产卵，卵随痰液上行到喉、咽，被咽下后随粪便排到体外，在外界适宜条件下，经 5~7 周，发育为感染性虫卵，犬、猫吞食了感染性虫卵后，在小肠中孵出幼虫，幼虫钻入黏膜，随血液移行到肺，此过程需 7~10 天，感染后 40 天幼虫发育为成虫。

【临床症状】 严重感染时，常引起鼻炎、慢性支气管炎、气管炎，病犬出现流涕、咳嗽、呼吸困难、消瘦、贫血、被毛粗糙的症状。

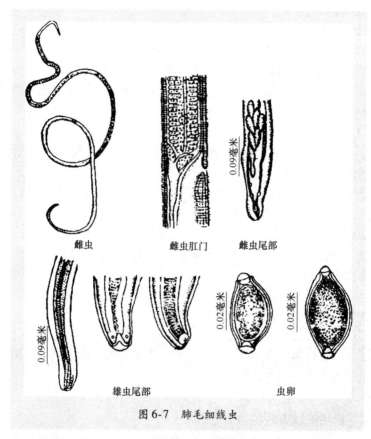

图 6-7　肺毛细线虫

【鉴别诊断】

（1）犬肺毛细线虫病与犬瘟热的鉴别　　二者均有流涕，咳嗽，呼吸困难等临床症状。二者的区别在于：犬瘟热的病原是犬瘟热病毒。病犬表出现神经症状，站立困难，共济失调，或做圆圈运动，全身呈强直性阵发痉挛，或惊厥和昏迷，耐过病例常有后遗症。

（2）犬肺毛细线虫病与犬副流感的鉴别　　二者均有流涕，咳嗽，呼吸困难等临床症状。二者的区别在于：犬副流感的病原是犬副流感病毒。病犬咳嗽激烈，扁桃体红肿。剖检，主要在扁桃体、气管、支气管出现炎症变化，肺部有少量出血。通过犬副流感病毒特异性荧光抗体，在气管、支气管上皮细胞内检出特异荧光细胞。

（3）犬肺毛细线虫病与犬传染性气管支气管炎的鉴别　　二者均有咳

嗽，流鼻液，精神委顿，食欲减少等临床症状。二者的区别在于：病犬传染性气管支气管炎的病原为气管支气管炎败血波氏杆菌。传染密度高，有阵发性干咳，运动和兴奋后，或气候变化时咳嗽加剧。如气管冲洗取样，冲洗液中中性的细胞数量增多，X射线检查，肺部纹理增强。

（4）犬肺毛细线虫病与犬诺卡氏菌病的鉴别 二者均有咳嗽，流鼻液，消瘦等临床症状。二者的区别在于：犬诺卡氏菌病的病原是犬诺卡氏菌。多因野外带刺植物刺伤皮肤感染而发病，家养犬发病较少。有腹膜炎，胸腔积水。皮肤型，则颈部、四肢、皮下有脓肿、化脓性肉芽肿。用脓汁、痰涂片镜检，可见革兰氏阳性球状菌体。

> ◎ **【提示】** 根据症状，结合粪便、鼻液虫卵检查做出诊断。注意与狐毛首线虫卵的区别，肺毛细线虫卵壳表面有明显的凹陷点。

【防治措施】

（1）预防 保持犬舍、猫舍的干燥，及时清除粪便。

（2）治疗

① 左旋咪唑，犬按5毫克/千克体重，每天1次，连用5天，停药9天后，再按上法重复治疗2次；或按4.4毫克/千克体重，皮下注射，每天1次，连用2周，2周后按8.8毫克/千克体重，皮下注射1次。

② 甲苯达唑，犬按6毫克/千克体重，每天2次，口服，连用5天。

十一 绦虫病

寄生于犬、猫的绦虫种类很多。这些绦虫成虫对犬、猫的健康危害很大，幼虫期多以其他家畜或人为中间宿主，严重危害家畜和人体健康。

【虫体特征及其生活史】

（1）犬复孔绦虫（图6-8） 主要寄生于犬、猫的小肠内，偶见于人。卵呈圆形，透明，直径35～50毫米，两层卵壳均薄，内含六钩蚴。中间宿主是犬、猫蚤和犬毛虱。孕卵节片自犬、猫的肛门逸出或随粪便排出体外。破裂后，虫卵逸出，被蚤类幼虫食入，六钩蚴在其肠内孵出，移行发育，待蚤幼虫经蛹蜕化为成虫时，发育为似囊尾蚴。一个蚤体可带多达56个似囊尾蚴，当犬、猫咬食蚤而感染犬绦虫，约经3周后发育为成虫。儿童常因与犬、猫的密切接触，误食被感染的蚤和虱遭受感染。

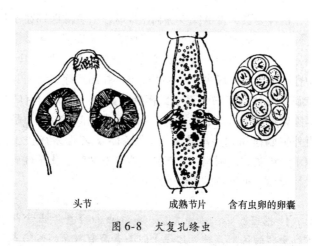

头节　　　　　　成熟节片　　含有虫卵的卵囊

图6-8　犬复孔绦虫

本病广泛分布于世界各地，无明显季节性，宿主范围非常广泛，犬和猫的感染率较高，狐和狼等野生动物也可感染；人体主要是儿童受到感染。轻度感染时不显症状，幼犬严重感染时可引起食欲不振，消化不良，腹泻或便秘，肛门瘙痒等症状。感染量特别大时还可能发生肠梗阻。犬的粪便中找到孕节后，在显微镜下可观察到具有特征性的卵囊，即可确诊。

（2）泡状带绦虫　寄生于犬、猫的小肠。虫卵近似椭圆形，大小为（38～39）毫米×（0.3～0.35）毫米，以猪、牛、羊、鹿等为中间宿主。其幼虫为细颈囊尾蚴，常寄生于猪、牛、羊的大网膜、肠系膜、肝脏、横膈膜等处，严重感染时可进入胸腔寄生于肺。

（3）豆状带绦虫　虫体节片边缘呈锯齿状，故又称锯齿带绦虫。虫卵为圆形，直径为32～37毫米。豆状带绦虫寄生于犬的小肠，偶见于猫，以家兔、野兔等啮齿动物为中间宿主。其幼虫为豆状囊尾蚴，寄生于兔的肝脏、网膜、肠系膜等处，其数目常为数个、数十个甚至达到200个，呈葡萄状。

（4）多头绦虫　寄生于犬科动物小肠中的多头绦虫有3种。

① 多头绦虫。其幼虫为脑多头蚴。多头绦虫，虫体长40～80厘米，由200～250个节片组成。虫卵为圆形，直径为20～37微米，其幼虫寄生于绵羊、山羊、黄牛、牦牛、骆驼等动物的脑内，有时也能在延脑或骨髓中发现，人也偶然感染。

② 连续多头绦虫。虫体长20～75厘米，顶突有26～32个钩，排成2

列。幼虫为连续多头蚴，常寄生于野兔、家兔、松鼠等啮齿动物的皮下、肌肉间、腹腔脏器、心肌、肺等处，形成小儿拳头大的包囊，含有数个头节。

③斯氏多头绦虫。虫体长20厘米，顶突上有2列小钩，共32个。虫卵近圆形，直径为32～36微米。其幼虫为斯氏多头蚴，寄生于羊的肌肉、皮下、胸腔与食道等处，偶见于心脏与骨骼肌。

（5）细粒棘球绦虫　虫体由1个头节和3或4个节片组成，不超过7毫米。头节不大，顶突上有28～50个钩。虫卵大小为（32～36）微米×（25～30）微米，外层有一层具有辐射状线的较厚的胚膜。

细粒棘球绦虫的幼虫为棘球蚴，寄生于多种动物和人的肝脏、肺及其他器官，引起危害严重的棘球蚴病（包虫病），终末宿主是犬、豺、狼等犬科的食肉动物，寄生于小肠，中间宿主是羊、牛和骆驼等食草动物和人（图6-9）。其主要以幼虫（棘球蚴）的形式危害间宿主，引起严重的棘球蚴病（包虫病）。随着寄生时间的延长，棘球蚴不断长大，最大的可达30～40厘米。棘球蚴可在人体内存活40年以上。终末宿主犬、狼等吞食了棘球蚴或含棘球蚴的动物尸体感染。

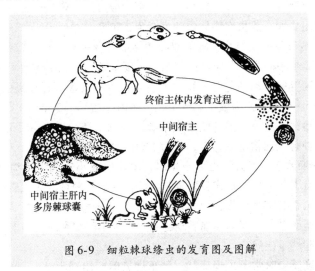

图6-9　细粒棘球绦虫的发育图及图解

细粒棘球绦虫病在畜牧业发达地区较为流行，动物和人感染棘球蚴的主要来源是野犬和牧羊犬；而牧羊犬由于吃到羊的含有棘球蚴的动物内脏，造成棘球绦虫在羊和犬之间的传播。

（6）中线绦虫　虫体长 75～100 厘米，头节上有 4 个很发达的吸盘，无顶突。卵为长圆形，大小为（40～60）微米×（35～43）微米，两层膜内含六钩蚴。

中线绦虫成虫寄生于犬、猫的小肠中，以地螨为第一中间宿主，在其体内发育为似囊尾蚴；第二中间宿主为各种啮齿类、禽类、爬虫类和两栖类动物，它们吞食了含似囊尾蚴的地螨后发育为四盘蚴，中间宿主或四盘蚴被终末宿主吞食后，在其小肠发育为成虫。

（7）曼氏迭宫绦虫　主要寄生于猫和犬的小肠中。虫体长约 100 厘米，头节呈指形，背腹面各具有一个纵行的吸槽，颈节细长，节片一般宽大于长。虫卵近椭圆形，两端稍尖，呈浅灰褐色，一端有卵盖，卵壳薄，内含许多卵黄细胞和一个胚细胞，大小为（52～68）微米×（32～43）微米。

曼氏迭宫绦虫，发育过程需要 2 个中间宿主，第一中间宿主为剑水蚤，在其体内发育为原尾蚴；第二中间宿主为蛙类、蛇类和鸟类（鱼类、鸟类甚至人可作为转运宿主），在其体内发育为裂头蚴。猫、犬及虎、豹等肉食动物为终末宿主。猫、犬等终末宿主吞食了含有裂头蚴的第二中间宿主或转运宿主后，裂头蚴在小肠内发育为成虫。一般在感染后 3 周可在粪便中检出虫卵。成虫在猫体内的寿命为 3 年半左右。

（8）宽节双叶槽绦虫　宽节双叶槽绦虫发育史与曼氏迭宫绦虫相似，也需经过 2 个中间宿主，第一中间宿主为剑水蚤，第二中间宿主为鱼。人以及犬、猫等肉食动物是终末宿主。终末宿主吃入含有裂头蚴的鱼感染，感染后经 5～6 周发育为成虫。成虫在人体内存活 5～13 年。

流行地区人或犬、猫粪便污染水源，是剑水蚤受感染一个重要原因。另外，多种野生动物可以感染，成为本病的自然疫源地。

【临床症状】　当大量虫体寄生时，虫体以其小钩和吸盘损伤宿主的肠黏膜，常引起炎症。虫体吸取营养，给宿主生长发育造成障碍；虫体分泌的毒素可引起宿主中毒；虫体聚集成团，可堵塞小肠肠腔，导致腹痛、肠扭转甚至肠破裂。当其他哺乳动物和人作为中间宿主时，多寄生于内脏器官，引起严重疾病。

犬轻度感染时常不出现症状。严重感染时，出现呕吐，慢性肠卡他，贪食，有异嗜癖，病犬渐进性消瘦，营养不良，精神不振的症状；有的呈现剧烈兴奋（类似狂犬病），病犬扑人，有的发生痉挛或四肢麻痹的症状。犬绦虫病常呈慢性经过。

【鉴别诊断】

(1) 犬绦虫病与犬钩虫病的鉴别 二者均有被毛粗乱无光泽，食欲减退，渐进性消瘦，贫血，有异嗜癖，呕吐，腹泻等临床症状。二者的区别在于：犬钩虫病的病原是犬钩口线虫。病犬排黏液带血便，或有腐臭味的黑色柏油样便；趾间发红，奇痒，趾部肿胀、破溃，或口角溃烂；粪检可见无色的椭圆形虫卵。

(2) 犬绦虫病与犬鞭虫病的鉴别 二者均有腹泻，消瘦等临床症状。二者的区别在于：犬鞭虫病的病原是犬鞭虫。病犬粪便中有鲜红或褐色血液，有恶臭味，粪检可见有黄褐色、壳厚、光滑的虫卵。

(3) 犬绦虫病与犬蛔虫病的鉴别 二者均有减食，有异嗜癖，呕吐，腹泻，有时有兴奋、痉挛、癫痫等临床症状。二者的区别在于：犬蛔虫病的病原是犬弓首蛔虫。病犬有时呕吐出或排出虫体，粪检有虫卵（呈黄褐色，圆形壳表面有凹陷，如蜂巢状）。

> **【提示】** 依据临床症状，结合粪检虫卵结果加以判定。如发现病犬肛门常夹着尚未落到地面的孕卵节片，以及粪便中夹杂短的绦虫节片，均可帮助确诊。

【防治措施】

(1) 预防

① 为了保证犬、猫的健康，一年内应进行 4 次预防性驱虫（每季度 1 次），特别是在繁殖基地，其驱虫工作应在犬交配前 3～4 周内进行。

② 不以肉类加工的废弃物（其中往往有各种绦虫蚴病），特别是未经无害处理的不正常肉及内脏食品喂犬、猫。

③ 在裂头绦虫病流行地区捕捞的鱼、虾，最好不生喂犬、猫。

④ 应用蝇毒灵、倍硫磷、溴氢菊酯等药物杀灭宠物舍内和体表的蚤和虱等中间宿主。

(2) 治疗

① 氢溴酸槟榔素，犬按 1～2 毫克/千克体重，一次内服。

② 硫氯酚，犬、猫按 200 毫克/千克体重，一次内服，对泡状带绦虫病有效。

③ 盐酸丁萘脒，犬、猫按 25～50 毫克/千克体重，一次内服。驱除细粒棘球绦虫时按 50 毫克/千克体重，一次内服，间隔 48 小时再服 1 次。

④ 吡喹酮, 犬按 5 毫克/千克体重, 猫按 2 毫克/千克体重, 一次内服。

⑤ 阿苯达唑, 犬按 10 ~ 20 毫克/千克体重, 口服, 每天 1 次, 连用 3 ~ 4 天。

十二 肝吸虫病

犬、猫肝吸虫病是一种由华支睾吸虫和猫后睾吸虫引起的人、畜共患寄生虫病。其中以华支睾吸虫更为常见, 主要寄生于犬、猫、猪等动物和人的肝胆管和胆囊中, 引起肝脏肿大和其他肝病。

【虫体特征及其生活史】 华支睾吸虫为雌雄同体, 虫体扁平, 柔软, 半透明, 前端稍长, 后端钝圆, 呈葵花子状, 体长 10 ~ 25 毫米, 宽 3 ~ 5 毫米。口吸盘略大于腹吸盘; 虫卵呈黄褐色, 卵壳厚, 形似灯泡, 内含毛蚴, 顶端有盖, 盖的两旁有肩峰样小突起, 底端有一小突起。虫卵大小为 17 ~ 29 微米。

猫后睾吸虫与华支睾吸虫形态相似, 新鲜虫体呈浅黄色, 虫体长 7 ~ 12 毫米, 宽 2 ~ 3 毫米, 虫卵大小为 (26 ~ 30) 微米 × 115 微米, 有卵盖, 卵含有毛蚴 (图 6-10)。

两种吸虫的中间宿主相同, 第一中间宿主为多种淡水螺, 第二中间宿主为多种淡水鱼和淡水虾, 华支睾吸虫的生活史包括: 成虫、虫卵、毛蚴、胞蚴、雷蚴、尾蚴、囊蚴、童虫、成虫各个阶段。成虫寄生于终末宿主的肝胆管内, 产卵随胆汁进入消化道与粪便一起被排出体外, 虫卵在水中被第一中间宿主淡水螺吞食后, 在螺的消化道内孵出毛蚴, 发育为胞蚴、雷蚴和尾蚴。成熟尾蚴逸出螺体落入水中, 侵入第二中间宿主淡水鱼或虾, 发育成囊蚴。犬、猫或人等终末宿主由于摄入含有囊蚴的生的或未煮熟的鱼、虾而感染。幼虫在十二指肠中破囊而出, 经

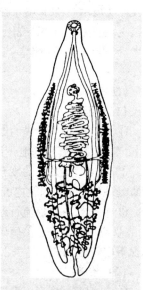

图 6-10　华支睾吸虫成虫

胆总管而进入胆管。幼虫也可以钻入十二指肠壁经血流到达胆管, 幼虫约经 1 个月发育为成虫 (图 6-11)。本病广泛流行我国大部分地区, 主要感

染人、猫、犬、猪、鼠和一些食鱼的野生动物。

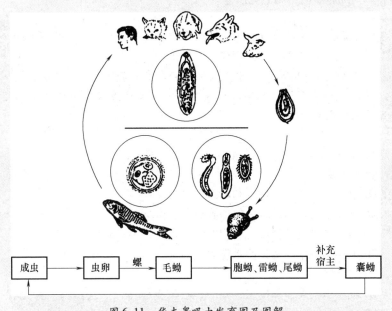

| 成虫 | → | 虫卵 | 螺 → | 毛蚴 | → | 胞蚴、雷蚴、尾蚴 | 补充宿主 → | 囊蚴 |

图 6-11　华支睾吸虫发育图及图解

【临床症状及病理变化】　少量寄生时无明显症状；严重感染时，食欲减退，消瘦，腹泻，水肿，腹水，贫血，黄疸，可视黏膜、皮肤黄染；肝区叩诊有痛感；病程多为慢性经过，常继发其他疾病而死亡。

剖检可见胆管上皮细胞脱落，结缔组织增生，管壁增厚，胆管阻塞，胆汁排出障碍，肝实质细胞发生变性、坏死。

【鉴别诊断】

（1）犬肝吸虫病与犬巴贝斯虫病的鉴别　二者均有体温高（40～41℃）、脾脏肿大、消瘦、黄疸、腹泻等临床症状。二者的区别在于：犬巴贝斯虫病的病原是犬巴贝斯虫。病犬尿呈黄褐色至暗褐色，血尿，红细胞数量减少至每立方毫米 300 万～400 万个，末梢血涂片镜检，可于红细胞内见到巴贝斯虫。

（2）犬肝吸虫病与犬埃利希氏体病的鉴别　二者均有体温高（40～41℃）、脾脏肿大、消瘦、黄疸、腹泻等临床症状。二者的区别在于：犬埃利希氏体病的病原是立克次氏体。病犬体温高，呕吐，眼流脓性分泌物，口鼻黏膜、生殖道黏膜苍白、出血，黑便，眼前房积血，可在淋巴细胞和单核细胞质内见到立克次体。

> **【提示】** 根据流行特点、临床症状和病原检查，进行综合诊断。
> ① 宠物有生食或半生食淡水鱼史。
> ② 病原检查，主要是检获粪便内虫卵，一般用水洗沉淀法。
> ③ 间接血凝试验和酶联免疫吸附试验可作为辅助诊断方法，但目前较少应用于临床。

【防治措施】

（1）预防

① 对犬、猫要定期检查和驱虫。

② 不以生的鱼、虾或鱼的内脏喂犬、猫。

③ 对犬、猫的粪便进行堆积发酵，防止其污染水塘。

④ 消灭第一中间宿主淡水螺。

（2）治疗

① 吡喹酮，犬、猫按50~60毫克/千克体重，一次给药，对犬有一定疗效。

② 六氯对二甲苯，犬、猫按50毫克/千克体重，每天3次，连服5天，总剂量不得超过25毫克，以免药物引发毒性反应。对猫应用时要注意，当出现不良反应后立即停药。

③ 丙硫苯咪唑，犬按30毫克/千克体重，口服，每天1次，连用12天。

> ⚠ **【注意】** 肝吸虫病是一种人、畜、兽共患的寄生虫病，其防治工作突显重要。

十三　并殖吸虫病

并殖吸虫病是一种由并殖科卫氏吸虫寄生在犬、猫、人和多种野生动物的肺部而引起的人、兽共患的寄生虫病。本病分布广泛，我国的东北、华北、华南、中南及西南等地区的均有发生。

【虫体特征及其生活史】 虫体肥厚，呈棕色，外形似半粒赤豆，腹面扁平，背面隆起，体表有小刺，常成双生活在肺中。虫体长7.5~16.0

毫米，宽 4～8 毫米，口吸盘位于体前端与腹吸盘大小相似，腹吸盘位于虫体中央稍前处。虫卵呈金黄色，椭圆形，大多有卵盖，卵壳厚薄不匀，卵内含 10 余个卵黄细胞及一个卵细胞。卵细胞常被卵黄细胞遮住，大小为（75～118）微米×（42～67）微米。

卫氏并殖吸虫的虫卵从终末宿主呼吸道咳出，或被宿主吞咽后经由粪便排出，在水中孵化。发育需 2 个中间宿主，第一中间宿主为淡水螺类，第二中间宿主为甲壳类动物。哺乳动物在生食带囊蚴的甲壳类动物时而感染。犬、猫、野生兽、家畜、人等均可感染。实验动物、犬感染普遍。并殖吸虫发育史见图 6-12。

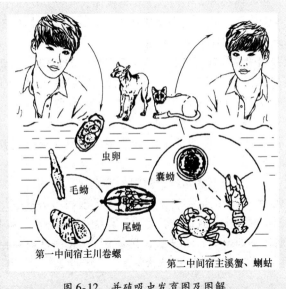

虫卵

囊蚴

毛蚴

尾蚴

第一中间宿主川卷螺

第二中间宿主溪蟹、蝲蛄

图 6-12　并殖吸虫发育图及图解

幼虫和成虫在宠物体内移行和寄生期间可造成机械性损伤，虫体的代谢物可导致免疫病理反应，移行可引起腹膜炎、胸膜炎、肌炎及胸膜出血。引起慢性细支气管炎、肺炎，血流中的虫卵引起虫卵性栓塞。虫体异位寄生在脑或脊髓时，导致神经症状，其他的肺外异位寄生可见于皮肤、肌肉、睾丸、膀胱及小肠等。

【临床症状及病理变化】　因感染部位不同而有不同表现。发生在肺泡部：咳嗽，气喘，湿啰音，胸痛，血痰；在脑部，头痛，癫痫，瘫痪等；发生在脊髓：运动障碍，下肢瘫痪等；发生在腹部：腹痛、腹泻、便血、肝脏肿大等；发生在皮肤：皮下出现游走性结节，有痒感或痛感。

【鉴别诊断】

(1) 犬并殖吸虫病与犬瘟热的鉴别 二者均有流涕，咳嗽，呼吸困难，腹泻，癫痫等临床症状。二者的区别在于：犬瘟热的病原是犬瘟热病毒。病犬表出现神经症状明显，站立困难，共济失调，或做圆圈运动，全身呈强直性阵发痉挛或惊厥和昏迷，耐过病例常有后遗症。

(2) 犬并殖吸虫病与犬副流感的鉴别 二者均有流涕，咳嗽，呼吸困难等临床症状。二者的区别在于：犬副流感的病原是犬副流感病毒。病犬咳嗽激烈，扁桃体红肿。剖检，主要扁桃体、气管、支气管出现炎症变化，肺部有少量出血。通过犬副流感病毒特异性荧光抗体检测，在气管、支气管上皮细胞内检出特异荧光细胞。

(3) 犬并殖吸虫病与犬传染性气管支气管炎的鉴别 二者均有咳嗽，流鼻液，精神委顿，食欲减少等临床症状。二者的区别在于：病犬传染性气管支气管炎的病原为气管支气管炎败血波氏杆菌。传染密度高，有阵发性干咳，运动和兴奋后，或气候变化时咳嗽加剧。如气管冲洗取样，冲洗液中中性的细胞数量增多，X 射线检查见病变肺部纹理增强。

(4) 犬并殖吸虫病与犬诺卡氏菌病的鉴别 二者均有咳嗽，流鼻液，消瘦等临床症状。二者的区别在于：犬诺卡氏菌病的病原是犬诺卡氏菌。多因野外带刺植物刺伤皮肤感染而发病，家养犬发病较少。有腹膜炎，胸腔积水。皮肤型，则颈部、四肢、皮下有脓肿、化脓性肉芽肿。用脓汁、痰涂片做镜检，可见革兰氏阳性球状菌体。

> ➡ **【提示】** 检查患病宠物的唾液、痰液及粪便中有虫卵即可确诊。也可做皮下包块活组织检查，发现虫体即可确诊。皮内试验及间接血凝试验和酶联免疫吸附试验均有助于诊断本病，X 射光检查可作为辅助诊断。

【防治措施】

(1) 预防 在本病流行地区，应禁止和杜绝以新鲜的蟹等中间宿主作为实验动物及其他动物饲料，有条件的地区也可配合进行灭螺，定期进行预防性驱虫。

（2）治疗

① 硫氯酚，犬按 50～100 毫克/千克体重，每天或隔日给药，10～20 个治疗日为 1 个疗程。

② 硝氯酚，犬按 3～4 毫克/千克体重，一次内服。

③ 阿苯达唑，犬按 50～100 毫克/千克体重，连服 14～21 天。

④ 吡喹酮，犬按 50 毫克/千克体重，一次内服。

> ⚠ **【注意】** 肺并殖吸虫病是一种人、畜、兽共患的寄生虫病，其防治工作突显重要。

十四 血吸虫病

血吸虫病是一种由日本血吸虫寄生于犬、猫门静脉血管内引起的人、畜共患寄生虫病。其主要特征为高度贫血和肝脏、脾脏肿大。血吸虫病广泛流行于我国南方诸省及长江流域，工作犬和农家犬感染率高。

【虫体特征及其生活史】 虫体呈线状，雌雄异体。雄虫长 1.2 厘米，腹面有抱雌沟，雌虫常躺在雄虫的抱雌沟内。雌虫较细长，长度为 1.5～2.6 厘米。虫卵大型，呈椭圆形，内含毛蚴，卵壳外常附有不洁的坏死物。

雌虫产出的虫卵先在肝、肠小静脉血管内沉积，随着虫卵毒素作用，虫卵由肠壁落入肠腔并随粪便排出体外。虫卵在水中孵出毛蚴，毛蚴在中间宿主钉螺体内发育成胞蚴和大量尾蚴，尾蚴离开螺体，在水中活泼运动，当遇到犬、猫、人等时，立即钻入皮肤，再通过血流到达门脉，以血液为食，发育很快。从尾蚴感染到成虫产卵需 30～40 天。血吸虫生活史（图 6-13）。

【临床症状】 犬、猫患血吸虫病的初期，主要表现为咳嗽和类似支气管肺炎的症状。感染后 5～6 周，排黏液血样稀便，里急后重，食欲减退，精神沉郁，反应迟钝，逐渐贫血，消瘦。耐过急性期，症状逐渐减轻，一年后血便消失，甚至能恢复。

【鉴别诊断】

（1）犬血吸虫病与犬瘟热的鉴别 二者均有流涕、咳嗽、呼吸困难、腹泻、癫痫等临床症状。二者的区别在于：犬瘟热的病原是犬瘟热病毒。病犬表出现神经症状明显，站立困难，共济失调，或做圆圈运动，全身呈强直性阵发痉挛或惊厥和昏迷，耐过病例常有后遗症。

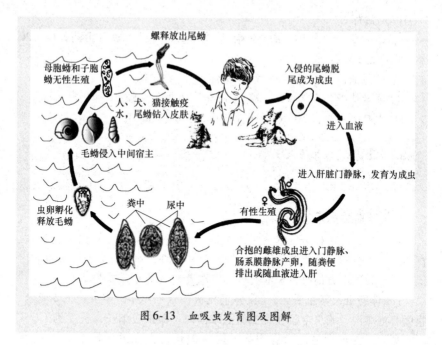

图 6-13　血吸虫发育图及图解

（2）**犬血吸虫病与犬副流感的鉴别**　二者均有流涕、咳嗽、呼吸困难等临床症状。二者的区别在于：犬副流感的病原是犬副流感病毒。病犬咳嗽激烈，扁桃体红肿。剖检主要见扁桃体、气管、支气管出现炎症变化，肺部有少量出血。通过犬副流感病毒特异性荧光抗体检测，可在气管、支气管上皮细胞内检出特异荧光细胞。

（3）**犬血吸虫病与犬传染性气管支气管炎的鉴别**　二者均有咳嗽、流鼻液、精神委顿、食欲减少等临床症状。二者的区别在于：病犬传染性气管支气管炎的病原为气管支气管炎败血波氏杆菌。传染密度高，有阵发性干咳，运动和兴奋后，或气候变化时咳嗽加剧。如气管冲洗取样，冲洗液中性的细胞数量增多，X 射线检查见病变肺部纹理增强。

（4）**犬血吸虫病与犬诺卡氏菌病的鉴别**　二者均有咳嗽、流鼻液、消瘦等临床症状。二者的区别在于：犬诺卡氏菌病的病原是犬诺卡氏菌。多因野外带刺植物刺伤皮肤感染而发病，家养犬发病较少；有腹膜炎，胸腔积水；皮肤型，则颈部、四肢、皮下有脓肿、化脓性肉芽肿；用脓汁、痰涂片镜检，可见革兰氏阳性球状菌体。

（5）**犬血吸虫病与犬并殖吸虫病的鉴别**　二者均有咳嗽、呼吸困难、

消瘦、血便等临床症状。二者的区别在于：并殖吸虫病的病原是并殖吸虫。病犬表现胸痛、血痰、癫痫、运动障碍、下肢瘫痪；尸体剖检，在肺内可发现虫体。

> ● 【提示】 剖检患病犬、猫尸体，可在肠系膜静脉和门静脉内发现虫体。实验室检查一般采用粪便毛蚴孵化法，检出毛蚴，也可采用直肠黏膜作虫卵检查。

【防治措施】

(1) 预防

① 流行区配合消灭血吸虫病的工作，做好查螺、灭螺和粪便无害化处理工作，定期检查犬粪便，发现病犬及时隔离治疗。

② 禁止犬到有钉螺的水边活动，必须通过疫水时应涂抹防护油。

(2) 治疗

① 吡喹酮，犬按30毫克/千克体重，一次内服。

② 吸虫净注射液，犬按0.1~0.2毫克/千克体重，一次肌内注射。

③ 六氯对二甲苯（血防846），犬按80毫克/千克体重，口服，10天为1个疗程。

④ 对于贫血的犬可适当输血，按5毫克/千克体重。此外注意护理，给予高蛋白、高糖、低脂肪性食物，补充铁制剂和维生素等。

> ⚠ 【注意】 血吸虫病是一种人、畜、兽共患的寄生虫病，其防治工作突显重要。

十五 肾虫病

肾虫病是由于肾膨结线虫（又名肾虫、巨大肾虫）寄生于肾或腹腔的一种人、畜共患病。临床以体重减轻，血尿，频尿，不安，腹痛为特征。

【虫体特征及其生活史】 肾膨结线虫呈鲜红色的圆柱状，雄虫长14~45厘米，宽3~4毫米；雌虫长20~103厘米，宽5~12毫米。

本病第一中间宿主是蛭蚓科的环节动物，第二中间宿主是淡水鱼，终宿主为犬、狐、貂、猫、猪等动物和人。犬、猫吃了未煮熟而有感染性的鱼类，幼虫在消化道游离出来，从十二指肠移行至肾脏，或穿过胃壁进入肝脏，然后移行至肾脏，4.5~5个月开始产卵。

【临床症状】 仅一侧肾脏受侵袭（大都在右侧肾脏），症状不太明显，在虫体发育期间，可见血尿、脓尿、尿频。寄生时间长，消瘦，贫血，腹痛，呕吐，脱水，便秘或腹泻。虫体阻塞输尿管时，肾盂积水、肾脏肿大。两侧均有肾虫寄生，会出现肾功能不全、神经症状和因尿毒症而死亡。虫体寄生在腹腔内或肝脏时，多以隐性感染，可引起腹膜炎，腹水、出血或肝脏损坏。

【鉴别诊断】

(1) 犬肾虫病与犬钩端螺旋体病的鉴别 二者均有尿液混浊，出现尿毒症、呕吐等临床症状。二者的区别在于：患犬钩端螺旋体病的病例眼结膜充血、出血，黄疸，尿臭气重，体温升高。剖检，肾脏有出血点或出血斑，无虫体。病料涂片镜检，可见"O""S""C"形状的钩端螺旋体。

(2) 犬肾虫病与犬肾炎的鉴别 二者均有消瘦，贫血，少尿、无尿等临床症状。二者的区别在于：患犬肾炎的病例肾区敏感，尿色深黄，尿中含大量肾上皮、红细胞、白细胞管型，慢性眼睑、胸前、腹下、四肢下部浮肿。

(3) 犬肾虫病与犬尿道结石症的鉴别 二者均有尿血，腹痛，尿频等临床症状。二者的区别在于：患犬尿道结石症的病例有肾结石，肾区痛，步态强拘；膀胱结石，膀胱不充满时可触诊到；尿道结石，在尿道可摸到，完全堵塞时引起膀胱破裂。

(4) 犬肾虫病与犬肾盂肾炎的鉴别 二者均有尿血，腹痛，尿频等临床症状。但二者的区别在于：犬肾盂肾炎病例体温高（40~41℃），肾区敏感，有压痛，拱腰，步态强拘。尿中无虫卵。

(5) 犬肾虫病与犬膀胱炎的鉴别 二者均有尿频，血尿，脓尿，疼痛不安等临床症状。二者的区别在于：患犬膀胱炎的病例尿有腐臭气，按压膀胱有疼感，慢性时膀胱壁增厚。

(6) 犬肾虫病与犬尿道炎的鉴别 二者均有尿频，尿中含有血液、脓液等临床症状。二者的区别在于：犬尿道炎病例血液见于尿初，尿时有疼痛，雄犬阴茎勃起，雌犬阴户不断开张。

(7) 犬肾虫病与犬子宫蓄脓症的鉴别 二者均有尿频，尿有脓、血，腹痛等临床症状。二者的区别在于：患犬子宫蓄脓症的病例阴户肿胀，流脓血分泌物，污染阴户周围被毛，腹部膨胀，可摸到腹部膨大的子宫。

➡ 【提示】 对病犬、猫的尿液进行镜检，可发现虫卵。

【防治措施】

（1）预防 防止犬食生鱼或其他水生植物。剖检见虫体或在尿中发现虫卵。及早驱虫，可取得很好的疗效。

（2）治疗

① 阿苯达唑，犬按 25 毫克/千克体重，一次内服，驱虫效果很好。

② 四咪唑（驱虫净、噻咪唑），犬按 5～7 毫克/千克体重，配成 5% 溶液，一次肌内注射，效果可达 85%，最好用药 5 次，每次间隔 7 天。

③ 左旋咪唑，犬按 5～7 毫克/千克体重，配成 5% 溶液，一次肌内注射，驱虫效果较好。

⚠ 【注意】 肾虫病是一种人、畜、兽共患的寄生虫病，其防治工作突显重要。

十六 毛滴虫病

毛滴虫病是由五鞭毛滴虫引起的一种寄生虫病，以幼犬、幼猫出现黏液性、出血性腹泻为特征。

【虫体特征及其生活史】 虫体呈卵圆形或梨形，长 6～14 微米，前有 5 根鞭毛；可在犬、猫、猴、人及啮齿类动物的结肠内繁殖，不需中间宿主；以纵分裂法繁殖，在粪便中可存活数小时至 8 天左右。

犬、猫主要从口食入虫体而感染。蝇也可传播本病。饲养的卫生条件差，更易引发本病。

【临床症状】 患病犬、猫食欲不振，慢性腹泻，消瘦，被毛粗乱，贫血，嗜睡。与其他病原（球虫、蛔虫、钩虫、鞭虫等）混合感染时，则长期持续腹泻。

【鉴别诊断】

（1）犬毛滴虫病与犬冠状病毒病的鉴别 二者均有腹泻，厌食，嗜睡等临床症状。二者的区别在于：犬冠状病毒病的病原为冠状病毒。病犬一般持续 4 天呕吐。粪便恶臭，呈橙色、黄绿色或褐色，初为软便后为水样便，有时含血液，幼犬出现粉红色粪便时，多在 24～36 小时死亡。用粪便加生理盐水稀释、离心，取上清液电镜观察，可发现犬冠状病毒粒子，形态如皇冠状，粪便检无毛滴虫。

（2）犬毛滴虫病与犬轮状病毒病的鉴别　二者均为人、畜共患病，卫生条件不好时易发病。均有腹泻，食欲减退等临床症状。二者的区别在于：犬轮状病毒病的病原为轮状病毒。多在晚冬早春发病，粪便呈黄色、褐色或无色水样，有恶臭味。粪便稀释、离心，取上清液，加入特异性抗体，进行免疫电镜检查，可见到病毒集聚现象。粪检无毛滴虫。

（3）毛滴虫病与犬弯杆菌病的鉴别　二者均有食欲不振，腹泻，嗜睡等临床症状。二者的区别在于：犬弯杆菌病的病原为弯杆菌。病犬口渴，呕吐，用白金耳挑取粪便置于玻片上，暗视野镜检，可见螺旋样小杆菌。

（4）毛滴虫病与犬肝吸虫病的鉴别　二者均有食欲减退，腹泻，消瘦等临床症状。二者的区别在于：犬肝吸虫病病例肝脏肿大，黄疸，多继发腹水，腹部膨大。粪检见黄褐色虫卵。剖检，在胆管胆囊内见半透明、扁平葵花样的虫体。

【防治措施】

（1）预防　加强饲养，增强体质，注意环境卫生，防止感染本病。

（2）治疗

① 甲硝唑，犬按 60 毫克/千克体重，口服，连服 5 天。

② 当有球虫、蛔虫、鞭虫等混合感染时，可同时使用其他驱虫药。

十七　球虫病

犬、猫球虫病一种由犬等孢球虫、二联等孢球虫、芮氏等孢球虫和猫等孢球虫寄生于犬或猫的小肠（有时也寄生于盲肠和结肠）黏膜上皮细胞内引起的寄生虫病，临床表现主要以血便，贫血，全身衰弱，脱水为特征。前两种球虫主要寄生于犬，后两种球虫主要寄生于猫。

【虫体特征及其生活史】　艾美耳科等孢属的等孢球虫的孢子化卵囊内含有 2 个孢子囊，每个孢子囊内含 4 个子孢子。各种等孢球虫的新排出卵囊（未孢子化卵囊）形态如下：

（1）犬等孢球虫　卵囊呈宽椭圆形或卵圆形，无色，大小为（35～42）微米×（27～33）微米，壁薄而光滑，无微孔。

（2）二联等孢球虫　卵囊呈宽椭圆形、亚球形或球形，大小为（10～14）微米×（10～12）微米，其他方面形态与犬等孢球虫相似。

（3）芮氏等孢球虫　卵囊呈椭圆形或卵圆形，大小为（21～28）微米×（18～23）微米，无色，壁光滑，有微孔。

（4）猫等孢球虫 卵囊呈卵圆形，大小为（32～53）微米×（26～43）微米，壁光滑，粉红色，其他形态和犬等孢球虫相似。

球虫寄生于犬、猫的小肠黏膜上皮细胞内，它以无性繁殖许多代（裂体生殖），产生许多新裂体芽孢。经过若干裂体生殖后，进行有性繁殖，形成大量大孢子和小孢子，进入肠管内，并在肠管内结合，受精后的大孢子为卵囊，随粪便排出体外。本病广泛传播于犬群中，1～6月龄的幼犬、幼猫对球虫病特别易感。在环境卫生不好和饲养密度大的犬场或猫场可严重流行。病犬、猫和带菌的成年犬、猫是本病的主要传染源。

【临床症状及病理变化】 幼犬比成年犬易感且症状明显。幼犬发病多为急性，在犬场可很快大面积流行，有时甚至是毁灭性的。病犬轻度发热，食欲减退，消化不良，腹泻，粪便稀薄混有黏液，重者排血便，粪便褐色，进行性消瘦，贫血，脱水，因全身衰竭而死亡。但经对症治疗2～3周后，临床症状消失，部分可康复。成年犬及老龄犬抵抗力强，感染球虫后，常以慢性经过。剖检整个小肠见出血性肠炎，肠黏膜肥厚。取黏膜上皮压片镜检可见有卵囊。

【鉴别诊断】

（1）犬球虫病与犬细小病毒病的鉴别 二者均有腹泻，排血便，呕吐等临床症状。二者的区别在于：犬细小病毒病的病原是犬细小病毒。病犬一般呕吐与腹泻几乎同时发生，粪便先呈黄色，有腥臭味，后为污血状，体温40℃以上，第二次升温多接近死亡，白细胞数量减少。粪便经氯仿处理并低速离心，取上清液作样品，电镜观察，可见大小不一的散在病毒粒子，在样品中加入细小病毒血清后，即产生凝集现象。

（2）犬球虫病与犬冠状病毒病的鉴别 二者均有4月龄以内幼犬多发，呕吐，腹泻，有时粪便中含血等临床症状。二者的区别在于：犬冠状病毒病的病原是犬冠状病毒。病犬粪便先黄软，后变为水样，呈橙色、绿色或褐色，有时排便呈喷射状。剖检见小肠臌气、发炎、坏死，肠内充满白色、黄绿色或果酱样液体，肠系膜呈树枝样瘀血，肠浆膜紫红，肠系膜淋巴结出血、水肿。胃出血。取粪便稀释液离心，取上清液做负染电镜检查，可见形态呈皇冠状的病毒粒子。

（3）犬球虫病与犬轮状病毒病的鉴别 二者均多发于幼犬，均有腹泻，粪便中有黏液和血液，减食等临床症状。二者的区别在于：犬轮状病毒病的病原是犬轮状病毒。病犬一般先呕吐后腹泻，粪便呈黄色、白色、褐色或无色水样，有恶臭味。剖检见病变局限于空肠、回肠，绒毛萎缩，柱状上皮细胞肿胀。粪便或柱状上皮细胞经处理后，用荧光显微镜检查，可见阳性荧光细胞。

（4）犬球虫病与犬弯杆菌病的鉴别　二者均有呕吐，腹泻，粪便中有血等临床症状。二者的区别在于：犬弯杆菌病的病原是犬弯杆菌。病犬嗜睡，用白金耳挑取粪便置于玻片上镜检，可见活泼运动的螺旋样小杆菌（弯杆菌）。如用革兰氏染色，可见阴性弯曲小杆菌。

（5）犬球虫病与犬沙门氏菌病（副伤寒）的鉴别　二者均多发于幼犬，均有厌食，呕吐，腹泻，粪便中带血，黏膜苍白，黄染等临床症状。二者的区别在于：犬弯杆菌病的病原是犬弯杆菌。病犬初期体温40～41℃，后体温下降。有的瘫痪，抽搐，呼吸困难，咳嗽。剖检见胃、肠黏膜大面积水肿、瘀血、出血，肝脏、脾脏、肾脏密布出血点和灰黄色坏死灶。急性发作时，肝脏可肿大2～3倍，脾脏肿大6～8倍，亚急性、慢性肝脂肪变性，晚期肝硬化和胆囊肿大（最大6～8倍）。用粪便，或肝脏、脾脏，或肠系膜淋巴结作细菌学检验，易获得沙门氏菌的纯培养物，用荧光抗体检测可获准确结果。

➡️ **【提示】** 根据临床症状（腹泻）和在粪便中发现大量卵囊（粪便漂集法）即可确诊。

【防治措施】

（1）预防

① 药物预防。将1～2大汤匙9.6%氨丙啉溶液混于5升水内，在雌犬产仔前10天内给犬自由饮用。

② 搞好犬舍及环境卫生，定期消毒。发现病犬应单独隔离饲养。

（2）治疗

① 氨丙啉，犬按110～220毫克/千克体重，混入食物，连用7～12天。

② 磺胺二甲氧嗪，犬按27毫克/千克体重，口服，连续用药20～25天，直至症状消失。

③ 患球虫病的犬、猫往往继发或并发其他细菌或病毒感染，应对症治疗（消炎、输液等）。

十八　弓形虫病

弓形虫病一种是由龚地弓形虫引起的人、畜共患原虫病，在人、畜和野生动物中广泛传播。猪的感染率较高，死亡率也很高。犬、猫多为隐性感染，但也有出现症状甚至死亡的病例。

【虫体特征及其生活史】 龚地弓形虫在不同发育阶段，形态各异，滋养体和包囊出现在中间宿主体内；裂殖体、配子体和卵囊只出现在终末宿主猫的体内。

滋养体（又称速殖子）主要见于急性病例。滋养体的典型形态呈橘瓣状或新月状，一端较尖，另一端钝圆，经姬氏液或瑞氏液染色后细胞质呈蓝色，细胞核为紫色。

包囊（又称组织囊）见于慢性病例的脑、眼、骨骼肌与心肌等处，是虫体在宿主体内的休眠阶段。通常呈亚球形或与宿主细胞的形状相适应。囊膜较厚而富有弹性，囊内含有数个到数千个滋养体（慢殖子），慢殖子的形态与速殖子相似，仅比前者的细胞核的位置稍偏后。

裂殖体呈长卵圆形，有许多条形的裂殖子。

配殖体呈卵圆形，有大小配殖体，均呈卵圆形。

卵囊见于猫粪便内，呈圆形或椭圆形，有两层卵壁，无色，无微孔。

弓形虫的发育过程需要2个中间宿主；在终末宿主体内进行肠内期发育，在中间宿主体内进行肠外期发育。

猫吞食了已孢子化的弓形虫卵囊或包囊和假包囊后，子孢子或慢殖子和速殖子侵入小肠绒毛的上皮细胞进行类似球虫发育的裂殖生殖和配子生殖，最后产生卵囊，随粪便排出体外。在外界适宜条件下，经2~4天，形成感染性卵囊。

弓形虫也可在猫体内进行肠外发育，即被猫吞食的子孢子、慢殖子或速殖子有一些可以进入淋巴、血液循环，被带到全身各脏器和组织中，侵入有核细胞，以内出芽增殖方式进行无性繁殖，生成包囊（内含许多滋养体，又称假包囊），包囊破裂释放出许多滋养体，每个滋养成体又能侵入新的细胞内重新进行内出芽增殖。

弓形虫可在细胞质繁殖，也能侵入细胞核内繁殖。经一段时间的繁殖之后，由于宿主产生免疫力或其他因素，使其繁殖变慢，一部分滋养体被消灭，一部分滋养体在宿主的脑和骨骼肌等处形成包囊，内含慢殖子，保存下来。犬吞食了弓形虫感染性卵囊或包囊后，子孢子或慢殖子在其体内进行肠外发育，最后形成包囊，存留在犬的一些脏器和组织中。

【临床症状】 作为中间宿主的宠物大多呈无症状的隐性或亚临床感染，引起严重症状的甚少。犬急性感染的表现有些类似犬瘟热的症状，如体温升高，精神沉郁，厌食，咳嗽和呼吸音增强甚至呼吸困难；严重者出现呕吐，出血性腹泻，眼、鼻有脓性分泌物，少数病犬出现运动失调、后肢麻痹现象；妊娠雌犬所产仔犬常见排稀便，呼吸困难和运动失调，但多见流产或产死胎；病犬大腿内侧、腹部等处可见瘀血斑，死前体温下降。

猫的症状包括发热，黄疸，呼吸急促，咳嗽，贫血，运动失调，后肢麻痹，肠梗阻等，也有出现脑炎症状和早产或流产的病例。

【鉴别诊断】

(1) 犬弓形虫病与犬瘟热的鉴别　二者均有发热，厌食，沉郁，咳嗽，眼、鼻有分泌物，呕吐，病初白细胞数量减少等临床症状。二者的区别在于：犬瘟热的病原是犬瘟热病毒。病犬病程中表现双相热，眼结膜潮红、充血，有时角膜发炎甚至发生溃疡。在病程的第三阶段常发生头部震颤，脊柱抖动和四爪抖动，采取病料经处理后镜检，可见红色包涵体。

(2) 犬弓形虫病与犬传染性气管支气管炎的鉴别　二者均有发热，减食，沉郁，咳嗽等临床症状。二者的区别在于：犬传染性气管支气管炎的病原是犬传染性气管支气管败血波氏杆菌。病犬在病初时体温不高，只有当混合感染时体温才升高，单独感染症状较轻。X射线检查，可见纹理增强。剖检无弓形虫。

(3) 犬弓形虫病与犬疱疹病毒感染的鉴别　二者均有发热，食欲不好，咳嗽，流鼻液，呼吸困难，有时出现运动失调，雌犬流产等临床症状。二者的区别在于：犬疱疹病毒感染的病原是犬疱疹病毒，1周龄以内的幼犬得病，死亡率在80%以上。雌犬阴道黏膜有散发性瘀血和出血，流产和产死胎。雄犬包皮浆性分泌增多，但4~5天即自行恢复。剖检见各实质脏器表面散在直径约2~3毫米的灰白色坏死灶和小出血点，最常见的特征是在变性细胞的核内，于核膜处出现嗜酸性球形小体。用已知犬疱病毒免疫血清进行中和试验，即可出现明确结果。

(4) 犬弓形虫病与犬副流感的鉴别　二者均有发热，鼻流液，咳嗽，减食，精神委顿等临床症状。二者的区别在于：犬副流感的病原是犬副流感病毒。病犬剧烈咳嗽，扁桃体红肿。剖检见肺部有少量出血点（无白色结节），感染后的第1~6天在鼻液、气管、支气管及周围淋巴结可检出犬副流感病毒。

(5) 犬弓形虫病与犬传染性肝炎的鉴别　二者均有发热，厌食，鼻有分泌物，有出血性腹泻，白细胞数量减少，有时呕吐等临床症状。二者的区别在于：犬传染性肝炎的病原是犬传染性肝炎病毒。在病犬剑状软骨处触压，肝区有疼感，结膜潮红，角膜浑浊（"肝炎性蓝眼"），扁桃体肿大，有蛋白尿。如有出血，常出血不止，凝血时间延长。剖检见皮下水肿，腹腔有积液，常含有血液，暴露空气中易凝固。胆囊壁增厚，黏膜有纤维蛋白沉着（具有特征性），肝脏稍肿大，呈浅棕色或血红色，易碎。肝细胞及窦状隙内皮细胞核内有包涵体，其间有透明带，将感染病料制成反应原接种于皮内，如有红肿、热痛者，即为阳性。

　　（6）犬弓形虫病与犬感冒的鉴别　二者均有发热，沉郁，厌食，咳嗽，流鼻液等临床症状。二者的区别在于：犬感冒无传染性。病犬多因骤寒，洗澡，睡于空调、风扇下发病，不出现消瘦，呕吐，运动失调，出血性腹泻等症状。

> ➡ **【提示】** 对可疑病畜或尸体的组织或体液涂片、压片或切片，观察有无弓形虫。也可用血清学诊断，如间接荧光抗体试验、间接血细胞凝集试验、补体结合反应试验、酶联免疫吸附试验等。还可采用动物接种法，小鼠、天竺鼠和家兔等实验动物都对弓形虫高度敏感性。

　　进行尸检常可对弓形虫病做确切诊断。在急性病例中以器官和组织出现坏死、出血和水肿为主要特征；慢性病例，器官组织细胞出现炎性反应。

　　【防治措施】　治疗弓形虫病的特效药为磺胺加抗菌增效剂。如磺胺嘧啶加甲氧苄啶。磺胺嘧啶，按 70 毫克/千克体重，甲氧苄啶，按 14 毫克/千克体重，每天 2 次，连用 3～4 天；用磺胺二甲嘧啶，按 100 毫克/千克体重，分 4 次投服；或用长效磺胺，按 60 毫克/千克体重，肌内注射，效果也很好。此外，也可选用复方新诺明、磺胺-6-甲氧嘧啶等磺胺类药物。

> ⚠ **【注意】** 弓形虫病是一种人、畜、兽共患的寄生虫病，其防治工作突显重要。

十九　犬巴贝斯虫病

犬巴贝斯虫病是一种由巴贝斯虫引起的经硬蜱传播的血液寄生虫

病。本病多发于有蜱的地区，在蜱的活跃期（春、秋两季）疫情严重。对各种犬均有危害，以猎犬、军犬等经常在灌木、山区运动的犬较为严重。纯种犬和引进犬易发本病，地方土犬和杂交犬对本病有较强的抵抗力。

【虫体特征及其生活史】 引起犬巴贝斯虫病的病原主要有 3 种，即犬巴贝斯虫、吉氏巴贝斯虫和韦氏巴贝斯虫。

巴贝斯虫是通过中间宿主蜱感染的。蜱在叮咬患巴贝斯虫病的犬后，巴贝斯虫就随血液红细胞进入蜱的消化道，在蜱消化道内虫体从红细胞内逸出，侵入蜱肠上皮细胞进行多数分裂，形成大量细长的虫体，进入蜱的成熟卵内发育。当具有巴贝斯虫感染力的蜱叮咬犬时，虫体便随蜱的唾液进入犬体，从而使犬感染。

【临床症状】

（1）犬巴贝斯虫病 急性病例体温高达 40℃ 以上，精神沉郁，食欲废绝，黄疸性贫血，呕吐，腹泻，粪便内往往混有血液，尿呈黄褐色，严重的会突然虚脱。慢性病例持续发热，轻度黄疸及贫血，肝脏、脾脏肿大，排胆红素尿。

（2）吉氏巴贝斯虫病 常呈慢性经过，一般病初发热，持续 3～5 天，随后出现 5～10 天的体温正常期，呈不规则回归热型。精神沉郁，不愿活动或活动时四肢无力。高度贫血，结膜苍白，一般不出现黄疸。食欲减少或废绝，明显消瘦。触诊为脾脏肿大，肾脏（双侧或单侧）肿大且疼痛。尿呈黄色至暗褐色。

（3）韦氏巴贝斯虫病 常引起耳、背和其他部位皮肤广泛性出血。

【鉴别诊断】

（1）犬巴贝斯虫病与犬钩端螺旋体病的鉴别 二者均有体温高（40℃以上），黄疸，呕吐，尿呈黄褐色，精神沉郁，厌食等临床症状。二者的区别在于：犬钩端螺旋体病的病原是犬钩端螺旋体。病犬体表淋巴结肿大，排便血，口内发出尿臭的气味。取病料（高热期血液，无热期尿、脑脊液，死后肝脏、肾脏），制片镜检，可见"S""C""O"状的钩端螺旋体。

（2）犬巴贝斯虫病与犬立克次体病的鉴别 二者均由蜱传播，均有体温升高，精神沉郁，食欲下降，结膜充血，黄疸，呕吐，贫血等临床症状。二者的区别在于：犬立克次体病的病原是犬立克次体。病犬眼结膜流黏液性脓性分泌物，鼻、口、生殖道黏膜苍白、出血。眼前房积

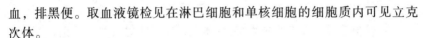

血，排黑便。取血液镜检见在淋巴细胞和单核细胞的细胞质内可见立克次体。

（3）犬巴贝斯虫病与犬肝吸虫病的鉴别　二者均有减食，消瘦，黄疸，腹泻等临床症状。二者的区别在于：犬肝吸虫病的病原是华支睾吸虫。粪检可见形如灯泡、黄褐色、壳厚、有盖的虫卵。剖检可在胆囊、胆管见到虫体。

（4）犬巴贝斯虫病与犬白血病的鉴别　二者均有体温升高，沉郁，食欲减退，呕吐，腹泻，贫血，脾脏肿大等临床症状。二者的区别在于：犬白血病的病原是犬白血病病毒。病犬体表淋巴结肿大。血检见白细胞数量增至 3 万 ~8 万个/毫米^3。

> ● **【提示】**　实验室检查，红细胞数量仅为 300 万 ~400 万个/毫米^3，低至 70 万 ~200 万个/毫米^3，血红蛋白降至每 100 毫升 1.5 ~4 克。末梢血液涂片做姬姆萨染色，可于红细胞内发现巴贝斯虫。剖检见脾脏比正常肿大 2 ~10 倍。

【防治措施】

（1）预防

① 主要做好防蜱、灭蜱工作，有效切断中间传播环节。既可以肌内注射伊维菌素类药物，也可以通过外用药来杀蜱。

② 发生巴贝斯虫病的犬做到早发现、早治疗，对其他健康犬可用台盼蓝、阿卡普林、三氮脒（贝尼尔）等药物进行预防注射。

③ 发现病例后，可应用治疗剂量对其他健康犬进行药物预防。

（2）治疗

① 台盼蓝（锥蓝），按 5 毫升/千克体重，用生理盐水加热溶解配成 1% 溶液，用棉纱布滤过，蒸气灭菌 30 分钟后静脉注射。使用该药一定要注意副作用，防止药液漏入皮下，药液要现用现配，注射时药液温度应保持在 30℃，缓慢注射。一旦出现异常，要立即停止注射，用抗组胺药物（苯海拉明等）缓解异常症状。

② 硫酸喹林脲（阿卡普林），犬按 0.5 毫克/千克体重，皮下注射或肌内注射，对早期急性病犬疗效明显，但有不同程度的不良反应，不良反应明显时剂量可降至 0.25 ~0.3 毫克/千克体重。

③ 贝尼尔（三氮脒、血虫净），犬按 3.5 毫克/千克体重，配成 1% 溶

第六章

液，皮下注射或肌内注射。

④ 咪唑苯脲，犬按 5 毫克/千克体重，皮下注射或肌内注射，间隔 1 天再注射 1 次。

⑤ 对症治疗。针对严重贫血情况进行大量输血，同时肌内注射 0.2 毫克维生素 B_1，每天 2 次，或口服人造血浆 10 毫升，每天 3 次。使用广谱抗生素防止继发或并发感染。出现严重脱水及衰竭时，要及时输液以维持正常代谢需要，并注意纠正代谢性酸中毒。如出现黄疸性肝损伤时，要使用保肝药物和能量合剂。

第七章
宠物内科疾病的鉴别诊断与防治

一 口炎

口炎是指口腔黏膜及其深部组织的炎症。按炎症的性质分为卡他性口炎、水疱性口炎、溃疡性口炎、霉菌性口炎和坏疽性口炎，按发病原因可分为原发性口炎和继发性口炎。

【病因】

(1) 原发性口炎 主要包括物理、化学刺激和感染。物理因素主要包括牙结石、钉子、铁丝、骨头、鱼刺等直接损伤口腔黏膜继发感染；化学因素主要指误食生石灰、强酸、强碱，或经口腔投喂强腐蚀性药物；感染因素主要指某些细菌和真菌感染。

(2) 继发性口炎 继发于传染病，如犬瘟热、犬传染性肝炎、猫传染性鼻气管炎、猫杯状病毒感染、冠状病毒感染，猫白血病、猫免疫缺陷病、钩端螺旋体感染等；继发于内分泌疾病，如糖尿病、甲状旁腺机能减退、肾病等；继发于代谢病，如某些微量元素、B族维生素缺乏；继发于免疫系统疾病，如系统性红斑狼疮、接触性皮炎、猫嗜酸性肉芽肿等。

【临床症状】 犬、猫患原发性口炎时通常有食欲，但只能采食液体或较软的食物，不加咀嚼即行吞咽；大量流涎；口腔黏膜红、肿、热、痛（彩图7-1），抗拒检查；有的在吃食时，突然尖声嚎叫，痛苦不堪；出气常带有难闻的口臭；下颌淋巴结肿大；有时轻度发热。

【鉴别诊断】

(1) 犬口炎与犬口蹄疫的鉴别 二者均有流涎、口腔黏膜、舌面有糜烂或溃疡、吃食咀嚼困难等临床症状。二者的区别在于：犬口蹄疫的病原为犬口蹄疫病毒。病犬体温高，初有豆大水疱，破裂后才有糜烂或溃疡，同时趾间也出现肿胀、水疱、溃疡，用水疱浆液或磨研水疱皮稀释10～100倍接种于初生4～6天的乳鼠，20～30小时后发病死亡。

（2）犬口炎与犬食物中毒的鉴别　二者均有流涎、厌食等临床症状。二者的区别在于：食物中毒的犬常伴有抽搐、挣扎或躺卧不动，口腔黏膜及舌、齿龈无肿胀、溃疡。

（3）犬口炎与犬口腔异物的鉴别　二者均有流涎、不吃食等临床症状。二者的区别在于：犬口腔有异物的病例张开口腔可见有异物（骨或鱼刺）。

（4）犬口炎与犬咽炎的鉴别　二者均有流涎、厌食等临床症状。二者的区别在于：犬咽炎病例表现头颈伸直，牵头运动，吞咽时常有摇头动作。

（5）犬口炎与犬食道梗阻的鉴别　二者均有流涎、不吃食等临床症状。二者的区别在于：患犬食道梗阻的病例，当完全阻塞时，食道有梗阻，导管不能伸入胃，有时可在咽至胸前食道摸到梗阻；当不完全梗阻时，导管有时可通过，有时却遇梗阻；能喝水和吃流食，固体饲料难以吞咽。

【治疗措施】　治疗原则为确定并消除病因，控制炎症，对症治疗，加强护理。

1）消除病因。首先应找出病因，并尽可能加以排除，必要时在全身麻醉后进行，如拔除口腔黏膜上的异物，修整锐齿等。

2）继发性口炎应积极治疗原发病。细菌性口炎，选用有效的抗生素治疗。霉菌性口炎，选用酮康唑、灰黄霉素或抗癣特片。坏疽性口炎，应全身应用抗生素。

3）对症治疗。一般可用生理盐水、2%～3%硼酸溶液冲洗口腔，每天2～3次；口腔黏膜或舌面发生溃疡时，在冲洗口腔后，用1%碘甘油或1%甲紫涂布创面，每天1～2次。

4）加强护理。

二　咽炎

咽炎是咽黏膜及其深层组织的炎症，临床上以吞咽困难、咽部肿胀及敏感为特征。

【病因】

（1）原发性咽炎　犬、猫比较少见，多因物理性或化学性刺激引起。如犬、猫吞食骨头、鱼刺等异物刺伤，饮食热水烫伤，吞食冰冻食物，刺激性强烈的药物等刺激。

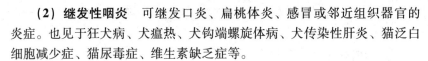

（2）继发性咽炎　可继发口炎、扁桃体炎、感冒或邻近组织器官的炎症。也见于狂犬病、犬瘟热、犬钩端螺旋体病、犬传染性肝炎、猫泛白细胞减少症、猫尿毒症、维生素缺乏症等。

【临床症状】

初期食欲下降，流涎，呕吐，空口吞咽，有时吐出白色泡沫状黏稠物，咽部黏膜充血、肿胀，下颌淋巴结肿大。疼痛严重时拒绝饮水。咽部触诊，敏感性增加，人工诱咳呈阳性。有的犬、猫因出现全身症状而表现乏力，拒食，咳嗽和体温升高的症状。

【鉴别诊断】

（1）犬咽炎与犬食物中毒的鉴别　二者均有流涎、厌食等临床症状。二者的区别在于：食物中毒的犬常伴有抽搐、挣扎或躺卧不动等症状。

（2）犬咽炎与犬口腔异物的鉴别　二者均有流涎、不吃食等临床症状。二者的区别在于：口腔有异物的病例张开口腔可见有异物（骨或鱼刺）。

（3）犬咽炎与犬口炎的鉴别　二者均有流涎、厌食等临床症状。二者的区别在于：患犬口炎的病例表现为口腔黏膜红、肿、热、痛，抗拒检查；有的在吃食时，突然尖声嚎叫，痛苦不堪；出气常带有难闻的口臭。

（4）犬咽炎与犬食道梗阻的鉴别　二者均有流涎、不吃食等临床症状。二者的区别在于：食道梗阻的病例，当完全阻塞时，食道有梗阻，导管不能伸入胃，有时可在咽至胸前食道摸到梗阻；当不完全梗阻时，导管有时可通过，有时却遇梗阻；能喝水和吃流食，固体饲料难以吞咽。

> ➲ **【提示】**　根据病史调查和吞咽障碍，咽部肿胀及触压敏感等临床症状可以确诊。

【治疗措施】　治疗原则为加强护理，对症治疗。

1）可给予病犬流质易吞咽食物，加强管理。

2）可使用抗生素、止吐药和止痛药，对症治疗。

① 洗涤咽腔，可用0.1%高锰酸钾溶液、3%明矾溶液、2%硼酸溶液等清洗咽腔，然后涂布碘甘油或鞣酸甘油等。

② 氨苄西林，犬按20～30毫克/千克体重，口服，每天2～3次；或按10～20毫克/千克体重，皮下注射、肌内注射或静脉滴注，每天2～3次。

③ 速诺（阿莫西林克拉维酸钾混悬剂），犬、猫按 0.1 毫升/千克体重，皮下注射或肌内注射，每天 1 次。

④ 头孢氨苄，犬按 22 毫克/千克体重，口服，每天 3 次，连用 3 ~ 5 天。

⑤ 复方新诺明，犬按 15 ~ 30 毫克/千克体重，口服，每天 3 次。

三　食道梗阻

食道梗阻是指食道突然被食团或异物所梗阻的状态。临床上以突然发病和吞咽困难为特征。犬的食道梗阻分为完全梗阻和不完全梗阻，多发生于食管的胸腔入口处、心底部和进入食道裂孔处。

【病因】　混在食物中的饲料块或鱼刺及外形不规则的骨片等在食道中滞留，误咽小的石子、球状物、玩具等小物体，采食过急或采食时突然受惊等均可致病。

鱼钩等刺状物偶然吞下，虽然异物本身不能造成梗阻，但由于异物刺入黏膜引起局部肌肉强直和组织水肿而出现梗阻状态。偶见呕吐时胃内异物滞留食道。

【临床症状】　完全梗阻的病犬表现拒食，不安，头颈伸直，大量流涎，有哽咽或呕吐动作，即使采食也立即全部吐出，有时吐血或带泡沫的黏液，常用后肢搔抓颈部，发生阵咳、窒息甚至头部水肿。

不完全梗阻的病犬吐出固体食物，可吃流食，饮水。如呕吐物吸入气管，刺激上呼吸道则出现咳嗽。锐利异物造成食道壁裂伤。梗阻时间长的，因压迫食道壁发生坏死或穿孔时，呈急性症状，病犬高热，伴发局限性纵隔窦炎、胸膜炎、脓胸、脓气胸等，多导致死亡。

【鉴别诊断】

(1) 犬食道梗阻与犬口腔炎的鉴别　二者均有流涎、厌食等临床症状。二者的区别在于：患犬口腔炎的病例缺少频繁吞咽动作，口温高，拒绝检查，口腔黏膜红肿或舌面、齿龈有糜烂和溃疡。

(2) 犬食道梗阻与犬咽炎的鉴别　二者均有流涎、吞咽困难等临床症状。二者的区别在于：患犬咽炎的病例体温升高，触诊咽部有躲避摆头等敏感表现，下颌淋巴结肿大。

(3) 犬食道梗阻与犬食物中毒的鉴别　二者均有流涎、厌食等临床症状。二者的区别在于：犬食物中毒的病例精神委顿，群发或突发，常伴有腹痛、腹泻及神经症状，如共济失调，卧地不动，后期抽搐。导管可无阻挡伸进胃内。

（4）**犬食道梗阻与犬唾液腺炎的鉴别**　二者均有拒食、流涎、吞咽困难等临床症状。二者的区别在于：患犬唾液腺炎的病例触诊腺体肿大，有坚实感；两侧肿大，头颈伸直，一侧发病，头向一侧歪斜。

（5）**犬食道梗阻与犬扁桃体炎的鉴别**　二者均有流涎、吞咽困难等临床症状。二者的区别在于：患犬扁桃体炎的病例体温升高，下颌淋巴结肿大。

（6）**犬食道梗阻与犬食管炎的鉴别**　二者均有流涎、吞咽困难等临床症状。二者的区别在于：患犬急性食管炎的病例因胃液逆流而发出异常呼噜声，触诊食管呈索状肿。

（7）**犬食道梗阻与犬食道狭窄的鉴别**　二者均有吞咽困难、流涎、食物反流等临床症状。二者的区别在于：犬食道狭窄的病例食欲减退，消瘦，X射线检查可发现食管狭窄及狭窄前方有空气。

（8）**犬食道梗阻与犬食管憩室的鉴别**　二者均有吞咽困难、流涎等临床症状。二者的区别在于：患犬食管憩室的病例咀嚼困难，口不能闭合，舌脱出口腔外，咽部触诊无肌肉收缩反应。

> ●　**【提示】**　根据病史和特征性临床症状（多为进食时突发吞咽困难，流涎、哽阻或呕吐等），以及胃管插至梗阻部位不能前进等容易做出诊断。有条件的可以做X射线检查或食道内窥镜检查以确定异物的位置、性质及食道损伤程度。

【治疗措施】　治疗原则以去除异物，消炎，输液治疗，加强营养和护理为主。

1）可尝试用内窥镜异物钳取出异物，或用导管将异物推向胃中。

2）全身麻醉，通过手术取出异物。

3）药物治疗。

①阿扑吗啡，犬按0.04毫克/千克体重，静脉滴注，或按0.08毫克/千克体重，皮下注射或肌内注射。

②氨苄西林，犬按20～30毫克/千克体重，口服，每天2～3次，或按10～20毫克/千克体重，皮下注射、肌内注射或静脉滴注，每天2～3次。

③速诺（阿莫西林克拉维酸钾混悬剂），犬、猫按0.1毫克/千克体

重，皮下注射或肌内注射，每天 1 次。

④ 头孢噻肟钠，犬按 20 ~ 40 毫克/千克体重，皮下注射、肌内注射或静脉滴注，每天 3 ~ 4 次。

⑤ 输液疗法。25% 葡萄糖、ATP 和辅酶、复合维生素等。

四 胃炎

【病因】

（1）急性胃炎　由于摄取刺激性物质而引起胃黏膜的急性炎症，以呕吐、胃压痛及脱水为特征。犬的急性胃炎发病率较高，为分原发性胃炎和继发性胃炎。

1）原发性急性胃炎，见于摄入不消化和腐败变质的饲料、污水，食物过冷或过热，牙齿疾病等；投服有刺激性的药物；误食磷、砷、铅、铝、硫酸等化学药物等，刺激胃肠黏膜而引起本病。此外，饲喂鸡蛋、牛乳、鱼肉等也可引起变态反应性胃炎。

2）继发性急性胃炎，常继发于犬瘟热、犬细小病毒病、犬传染性肝炎等急性传染病以及细菌性肾炎、急性尿毒症、食物中毒等。

（2）慢性胃炎　慢性胃炎是胃黏膜的慢性炎症，以引起胃蠕动和消化障碍为主要特征，多发于老龄犬、猫。

慢性胃炎的病因尚未完全明确。中枢神经机能失调，影响胃的功能，可能与本病有关。引发急性胃炎的因素有长期刺激，胃酸缺乏，营养不足，内分泌机能障碍等。

【临床症状】

（1）急性胃炎　患病犬、猫病初呕吐食糜、泡沫状黏液或胃液，呕吐物中常含有血液、脓汁或絮状液，食欲不振或废绝，体温升高，饮欲增强，大量饮水后，可加重呕吐。患病犬、猫起初便秘，继发肠炎时则发生腹泻；舌苔呈黄白色，口臭；触诊腹壁紧张，前肢向前伸展；随病情加重，眼球凹陷，皮肤弹性降低；幼犬可迅速脱水，引起严重的电解质失调。

（2）慢性胃炎　一般呈慢性经过。患病犬、猫主要表现为与采食无关的间歇性呕吐，呕吐物常混有少量鲜血。患病犬、猫常有逆呕动作，食欲不振，逐渐消瘦，被毛粗糙、无光，轻度贫血，最后发展为恶病质状态，导致死亡。

【鉴别诊断】

（1）犬胃炎与犬胃肠炎的鉴别　二者均有频繁呕吐，有时含血，食欲废绝，大量饮水后不久即吐出，腹壁紧张有压痛，体温升高等临床症状。二者的区别在于：患犬胃肠炎的病例频频呕吐，呕吐发生不久即剧烈腹泻，腹痛，里急后重，腹壁紧张有压痛；有渴感，饮水后即呕吐，呕吐物为白色或棕黄色黏液，有时带血液。

（2）犬胃炎与犬急性出血性肠炎的鉴别　二者均有先呕吐，呕吐物中常含血液，后腹泻，食欲废绝，发热等临床症状。二者的区别在于：患犬胃肠炎的病例突然发病，发生呕吐 2～3 小时后出现严重的出血性腹泻，排恶臭、果酱样或胶冻样粪便，烦躁，沉郁，嗜睡。

（3）犬胃炎与犬胃内异物的鉴别　二者均有采食后呕吐，呕吐物有时带血，触诊肋后部（胃部）有痛感，有时有慢性间歇性呕吐，饮水后即呕吐等临床症状。二者的区别在于：犬胃内异物病例有食异物史，病犬疼痛不安，经常变换躺卧位置，呻吟，有时大口吐血。胃镜检查可见胃内有异物。

（4）犬胃炎与犬胃肿瘤的鉴别　二者均有呕吐且呕吐物中带血，触诊胃部疼痛，腹痛等临床症状。二者的区别在于：患犬胃肿瘤的病例排血便，进行性消瘦，X 射线检查可见肿瘤。

> ⮕ **【提示】**　根据病史、临床症状可初步建立诊断。单纯性胃炎，特别是急性胃炎，一般经对症治疗多可奏效，可作为治疗性诊断。内窥镜检查胃黏膜的变化，当出现充血、肿胀、表面附有黏液或黏膜皱缩、增厚等症状时即可确诊。胃液检查见胃酸减少或缺乏，胃液中含有上皮细胞、白细胞、黏液及细菌是慢性胃炎的特点。

【治疗措施】

（1）急性胃炎　治疗原则为去除病因，消炎止痛，保护胃黏膜，抑制呕吐，纠正水和电解质紊乱。

① 去除病因，给予富有营养的流食或短时禁食。

② 阿扑吗啡，犬按 0.04 毫克/千克体重，静脉滴注，或按 0.08 毫克/千克体重，皮下注射或肌内注射。

③ 硫酸铜，犬按 0.1～0.5 毫克/次，口服；猫按 0.05～0.1 毫克/次，口服。

④ 后期给予油类泻剂　液状石蜡或植物油 10～20 毫升，口服，排除胃内残留的有毒物质。

⑤ 甲氧氯普胺，犬按 0.2 ~ 0.5 毫克/千克体重，口服或皮下注射，每天 3 ~ 4 次，或按 0.01 ~ 0.08 毫克/（千克·小时），静脉滴注；猫按 0.1 ~ 0.2 毫克/千克体重，口服，每天 3 次，或按 0.01 毫克/（千克·小时），静脉滴注。

⑥ 奥美拉唑，犬按 0.5 ~ 1.5 毫克/千克体重，口服、皮下注射或静脉注射，每天 1 次，最长持续 8 周；猫按 0.75 ~ 1 毫克/千克体重，口服，每天 1 次。

⑦ 纠正水和电解质紊乱　可用复方氯化钠溶液或 5% 糖盐水、维生素 C、维生素 B_1、维生素 B_6 等混合静脉滴注。

（2）慢性胃炎　治疗原则以消除病因，消炎，加强营养和护理为主。

① 加强护理，饲喂要有规律，饲喂的食物应以易消化的流质或半流质食物为主。

② 乳酸，按 0.2 ~ 1 毫升/次，配成 1% ~ 2% 溶液，口服，每天 3 次。

③ 稀盐酸，犬按 0.1 ~ 0.5 毫升/次，配成 0.2% 溶液，每天 3 次。

④ 奥美拉唑，犬按 0.5 ~ 1.5 毫克/千克体重，口服、皮下注射或静脉注射，每天 1 次，最长持续 8 周；猫按 0.75 ~ 1 毫克/千克体重，口服，每天 1 次。

⑤ 乳酶生，犬按 0.3 ~ 0.5 克/次，口服，每天 3 次。

⑥ 胃蛋白酶，犬按 80 ~ 800 单位/次，口服；猫按 80 ~ 240 单位/次，口服。

五　胃扩张

胃扩张是由于胃的分泌物、食物或气体积聚使胃发生扩张而引起的一种腹痛性疾病，以发病急、腹部膨胀和腹痛为主要特征。

【病因】　因食入大量干燥难以消化或易发酵的食物，继而剧烈运动，饮用大量冷水，使食物和气体积聚于胃内；有异嗜癖，分娩，呕吐，全身麻醉，腹部手术，脊髓损伤，胃的恶性肿瘤等作用于胃壁及自主神经，抑制胃的运动和分泌功能；胃扭转、肠梗阻、便秘等机械性阻塞，都可引起胃扩张。

【临床症状】　患犬腹部胀满，因腹痛而嚎叫不安，干呕、呕吐，流涎，可视黏膜潮红，呼吸困难，脉搏增数。触诊腹前部增大、变硬（彩图 7-2）。叩诊有鼓音。病后期，因脱水、自体中毒而使病情恶化。若不及时治疗，常会在短时间内死亡。

【鉴别诊断】

(1) 犬胃扩张与犬胃扭转的鉴别　二者均有拒食、呕吐、流涎、可视黏膜发绀等临床症状。二者的区别在于：患犬胃扭转的病例行动拘谨，躺卧或呆立，胃管插入困难。

(2) 犬胃扩张与犬小肠内异物的鉴别　二者均有拒食、呕吐、腹部膨胀、腹痛等临床症状。二者的区别在于：患犬小肠内异物的病例腹部触诊敏感，能触摸到异物，若为尖锐异物，粪便中有血液。

(3) 犬胃扩张与犬巨结肠症的鉴别　二者均有拒食、呕吐等临床症状。二者的区别在于：患犬巨结肠症的病例便秘，腹部膨胀呈桶状，触诊可触摸到充实的大肠，频频排便，仅见排少量带血黏液粪便，有时排褐色水样粪便。

(4) 犬胃扩张与犬急性腹膜炎的鉴别　二者均有拒食、呕吐、腹痛等临床症状。二者的区别在于：患犬急性腹膜炎的病例腹肌收缩，腹壁紧张，腹部触诊敏感，行动拘谨，体温升高，腹部对称性膨大，叩诊有水平浊音，浊音区上方为鼓音。

(5) 犬胃扩张与犬胃肿瘤的鉴别　二者均有拒食、呕吐、腹痛等临床症状。二者的区别在于：患犬胃肿瘤的病例呕吐带血，贫血，粪便带血。

> 【提示】　根据病史和体征及腹部触诊即可做出胃扩张的初步诊断。X射线检查有助于确定胃内容物的性质。胃扭转和急性胃扩张的临床症状相同，难以确切鉴别。若能将胃管插入胃内，就可排除胃扭转。但有时无并发症的急性胃扩张病例，也不能插入胃管，确诊需依赖手术及X射线检查。

【治疗措施】　治疗原则以减压、制酵、镇静解痉为主。

(1) 减压，排出胃内气体　胃管排气法，以胃管插入胃内，排除胃内气体；或用细套管针或注射针头经腹壁刺入胃内，排除胃内气体。

(2) 制酵　胃内气体排净后，可通过胃管或注射针头注入制酵剂，防止气体再生。灌注乳酸、醋酸、松节油等制酵剂。

(3) 药物治疗

① 羟吗啡酮，犬按0.05～0.1毫克/千克体重，静脉滴注，或按0.1～0.2毫克/千克体重，皮下注射或肌内注射；猫按0.02毫克/千克体重，静脉滴注。

② 哌替啶，犬按 3~10 毫克/千克体重，肌内注射，或遵照医嘱。

③ 氯丙嗪，犬按 3 毫克/千克体重，口服，每天 2 次，或按 1~2 毫克/千克体重，肌内注射，每天 1 次。

采取上述措施，症状仍得不到好转时，应及时进行剖腹术和胃切开术，排除胃内气体及其内容物。症状缓解后，应禁食 24 小时，以后几天内给予流食，逐渐变为正常食物。控制饮水和活动。

六 胃扭转

胃扭转是胃幽门部从右侧转向左侧，导致食物后送机能障碍的疾病。本病多发生于大型犬，雄犬比雌犬多发。

【病因】 致使胃脾韧带伸长、扭转的因素有饱食后训练、打滚、跑、跳跃以及旋转等，均可引起犬的胃扭转。

【临床症状】 发病急，突然发生腹痛，不安，卧地滚转；腹部膨满、腹部叩诊有鼓音或金属音；腹部触诊敏感；病犬呼吸困难，脉搏频数微弱；如不及时抢救，会很快死亡。

【鉴别诊断】

(1) 犬胃扭转与犬胃扩张的鉴别 二者均有拒食、呕吐、流涎、可视黏膜发绀等临床症状。二者的区别在于：患犬胃扩张的病例剧烈腹痛，不安，嚎叫，行动小心，腹部膨胀，叩诊有鼓音，听诊有金属音，食管探诊能放出大量气体。

(2) 犬胃扭转与犬小肠内异物的鉴别 二者均有拒食、呕吐、腹痛等临床症状。二者的区别在于：犬小肠内异物的病例腹部触诊敏感，能触摸到异物，若为尖锐异物，粪便中有血液。

(3) 犬胃扭转与犬巨结肠症的鉴别 二者均有拒食、呕吐等临床症状。二者的区别在于：患犬巨结肠症的病例便秘，腹部膨胀呈桶状，触诊可触摸到充实的大肠，频频排便，仅见排少量带血黏液的粪便，有时排褐色水样粪便。

(4) 犬胃扭转与犬急性腹膜炎的鉴别 二者均有拒食、呕吐、腹痛等临床症状。二者的区别在于：患犬急性腹膜炎的病例腹肌收缩，腹壁紧张，腹部触诊敏感，行动拘谨，体温升高，腹部对称性膨大，叩诊有水平浊音，浊音区上方为鼓音。

(5) 犬胃扭转与犬胃肿瘤的鉴别 二者均有拒食、呕吐、腹痛等临床症状。二者的区别在于：患犬胃肿瘤的病例呕吐带血，贫血，粪便带血。

> **【提示】** 主要通过临床症状、X射线或胃管插管来确诊。由于胃扭转时，胃贲门和幽门闭塞，发生急性胃扩张，腹部叩诊有鼓音，X射线诊断，在普通片上胃中有大量气体，明显膨胀，小肠受胃的推压后向后侧移位，后段肠管没有明显充气现象，胃插管不能进入胃内，表明胃发生阻塞性扭转；插管后有异味气体排出，为幽门阻塞性扭转，但这应与单纯性胃扩张进行区别。

【治疗措施】

① 剖腹探查及整复。确诊为胃扭转时，首先应开腹进行探查，结果则更明确。首先将胃内气体排出，用注射针头或用连接吸引装置的穿刺针穿刺，排出胃内气体后进行整复。如果胃内容物多而洗不出来，或胃内有肿块存在，可进行胃切开术，消除全部内容物，切除肿块。

② 整复后给予蛋白酶0.2毫克、乳酶生1克、干酵母4克，口服，每天2~3次，同时给予维生素B_1、维生素B_6、维生素C等。

③ 手术后，给予抗生素或磺胺类药物进行消炎抗菌，有助于术后愈合；必要时为维持水和电解质平衡，静脉注射50%葡萄糖盐水。术后停喂24~48小时，停喂期间从静脉补充营养，以后可喂饲少量牛奶、肉汁流食等易消化的食物，喂饲量要逐渐增加，直至达到正常饲喂。

七 胃肠内异物

犬、猫误食难以消化的异物并滞留于胃肠内，多见于小型品种的犬及幼犬、幼猫。

【病因】 犬误食煤块、石头、骨头、毛团、木块、线手套、尼龙袜、破布、塑料、金属物等；或在训练时及幼犬嬉戏时误咽训练物、果核、小的球类、小的玩具等。营养不良，维生素、矿物质缺乏，寄生虫病、胰腺疾病及有异嗜癖的犬均可发生本病。

【临床症状】 病犬病初食欲不振，采食后出现呕吐，精神沉郁，痛苦不安、呻吟，经常改变躺卧地点和位置。患病时间长的，则消瘦、体重减轻。触诊腹部敏感。尖锐异物可引起胃肠黏膜损伤，呕血，排血便，易发生胃穿孔。

【鉴别诊断】

(1) 犬胃肠内异物与犬肠套叠的鉴别 二者均有拒食、呕吐、腹泻、排带血粪便、脱水等临床症状。二者的区别在于：患犬肠套叠的病例触诊腹部可摸到坚实而有弹性、似香肠样的套叠，X射线检查可确诊。

（2）犬胃肠内异物与犬肠绞窄的鉴别　二者均有精神沉郁、拒食、呕吐、腹泻、脱水等临床症状。二者的区别在于：患犬肠绞窄的病例腹痛加剧，肌肉震颤，呻吟嚎叫，可视黏膜发绀。

（3）犬胃肠内异物与犬胃肠溃疡的鉴别　二者均有呕吐，有时呕吐物中带血，采食后多呕吐，肋部有压痛等临床症状。二者的区别在于：患犬胃肠溃疡的病例慢性呕吐，有时触摸剑状软骨时表现呕吐。呕吐物中常见粉红、咖啡或紫红色血，可大口吐血。排带血或黑色粪便。如胃肠穿孔，则可引起腹膜炎、休克或死亡。胃镜或X射线检查，可见到胃黏膜溃疡和糜烂，其周围水肿充血。

（4）犬胃肠内异物与犬食管线虫病的鉴别　犬食管线虫寄生于胃时表现呕吐。二者的区别在于：患犬食管线虫病的病例呕吐物中常有虫体排出，粪检也可见虫卵。

（5）犬胃肠内异物与犬胃炎的鉴别　二者均有采食后呕吐，有时呕吐物中带血，触诊肋部（胃部）有痛感，有时（慢性）间歇性呕吐，饮水后即呕吐等临床症状。二者的区别在于：患犬胃炎的病例呕吐物中除含有食物、泡沫、黏液、胃液及血液外，还可出现脓液或絮状物。病犬不安，前肢前伸，舌苔黄白，口臭。胃镜可见胃黏膜充血、肿胀及较多黏液。

（6）犬胃肠内异物与犬胃肠炎的鉴别　二者均有呕吐，饮大量水后即吐，按压腹壁紧张敏感等临床症状。二者的区别在于：患犬胃肠炎的病例体温较高（40～41℃），除频频呕吐外，还剧烈腹泻，粪便中有黏液和血液，肠音初期增加，后期消失，里急后重，尿少，脱水。

（7）犬胃肠内异物与犬肠便秘的鉴别　二者均有腹痛，不排便或排少量便，间或呕吐等临床症状。二者的区别在于：患犬肠便秘的病例食欲废绝，粪便呈煤焦油状，逐渐停止排便，吠叫，按压腹部敏感，可摸到阻塞物。

（8）犬胃肠内异物与犬急性胰腺炎的鉴别　二者均有精神沉郁、拒食、呕吐、腹痛、触诊腹部敏感等临床症状。二者的区别在于：患犬急性胰腺炎的病例腹部剧痛，休克明显，血清淀粉酶、血清尿素氮增高。

（9）犬胃肠内异物与犬出血性胃肠炎综合征的鉴别　二者均有呕吐带血，粪便带血，触诊腹部敏感等临床症状。二者的区别在于：患犬出血性胃肠炎综合征的病例体温升高至39.5～40.8℃。血检红细胞压积升高，白细胞数量增加。

> **【提示】** 胃内有异物，采食后间歇性呕吐，有时有血，严重时消瘦，触诊肋部敏感。肠有异物，如不完全阻塞，有慢性腹泻或便秘；如完全阻塞，则沉郁，不安，喝水或吃食后即呕吐，肠积聚大量水，易引起败血性休克。有的碎骨或鱼刺结成粪团和大骨块阻塞在直肠，测温时可触及。用 X 射线检查或内窥镜检查可以确诊。肠用超声波检查。

【治疗措施】 治疗原则以去除病因、消炎、加强营养和护理为主。

① 手术治疗，行胃切开术取出异物。

② 硫酸锌，犬按 0.2～0.4 克/次，配成 1% 溶液，口服。

③ 阿扑吗啡，犬按 0.04 毫克/千克体重，静脉滴注，或按 0.08 毫克/千克体重皮下注射或肌内注射。

④ 阿莫西林，犬按 10～20 毫克/千克体重，口服，每天 2～3 次，连用 5 天，或按 5 毫克/千克体重皮下注射或肌内注射或静脉滴注，每天 2～3 次，连用 5 天。

⑤ 速诺（阿莫西林克拉维酸钾混悬剂），犬、猫按 0.1 毫升/千克体重，皮下注射或肌内注射，每天 1 次。

⑥ 经手术治疗的病犬，术后 3 天应静脉输液补充电解质和营养，禁食。3 天后可饲喂易于消化的流食或半流食。

八 胃肠溃疡

胃肠溃疡是由多种原因引起的胃肠黏膜糜烂和溃疡，分为卡他性溃疡和消化性溃疡。主要临床特征为慢性顽固性呕吐，腹部压痛，吐血、便血和贫血。

【病因】 可能与饲养管理不良、环境突变和季节变化等应激因素有关。急、慢性胃肠炎均可继发卡他性溃疡。胃局部血液循环障碍，局部黏膜被胃酸和胃蛋白酶自体消化而形成慢性溃疡。常服刺激性的药物，如阿司匹林、皮质激素类（保泰松）、吲哚美辛及含砷、铅等成分的药剂，易引起黏膜损伤，形成溃疡。多发于慢性尿毒症和肝脏疾病。当胃肠部受寄生虫侵袭导致局部炎症时，也可演变成溃疡。

【临床症状】 慢性呕吐，呕吐物中有时带有粉红色、红色、紫红色、咖啡色或黑色物，食欲不振，食后常发生呕吐，饮水次数较多。腹部压诊有明显的痛感，尤其是剑状软骨附近更明显，有时按捏后即引起呕吐，有的张口可闻到恶臭气味。胃和十二指肠溃疡，多排煤焦油样稀便，有恶臭味，严重时呕吐大量鲜血，甚至排鲜红色粪液。如为胃肠穿孔，可引起腹膜炎并休克死亡。

【鉴别诊断】

（1）**犬胃肠溃疡与犬食入鸡、鱼骨引发呕吐的鉴别**　二者均有呕吐物带血，有时粪便呈黑色等临床症状。二者的区别在于：犬食入鸡、鱼骨引发呕吐病史明确，食入鸡、鱼骨后突然呕吐，不呈慢性呕吐。骨头被吐出或进入肠道后即停止呕吐。

（2）**犬胃肠溃疡与犬食管线虫病的鉴别**　二者均有呕吐等临床症状。二者的区别在于：患犬食管线虫病的病例有时呕吐物中可检出成虫，粪检有虫卵，食管有轻度梗阻。

（3）**犬胃肠溃疡与犬胃内异物的鉴别**　二者均有呕吐，胃部触诊敏感，排血便等临床症状。二者的区别在于：患犬胃内异物的病例经常改变躺卧位置，呻吟，有时在肋下部可摸到胃内异物，X射线检查可确诊。

（4）**犬胃肠溃疡与犬胰腺炎的鉴别**　二者均有食欲不振，呕吐，腹部有压痛等临床症状。二者的区别在于：当患犬胰腺炎的病例呈急性发生时，伴有剧烈腹泻或血性腹泻，血压下降，饮水后立即呕吐。呈慢性发生时，食欲异常亢进，排便多，且便中含有大量脂肪和蛋白质，恶臭，多饮多尿。胰腺萎缩，食欲亢进的同时出现进行性消瘦，粪便呈浅灰黄色或黏土色。

（5）**犬胃肠溃疡与犬肠套叠的鉴别**　二者均有呕吐、排血便、触诊腹部疼痛等临床症状。二者的区别在于：患犬肠套叠的病例表现为顽固性呕吐，止呕药物无效，触诊可摸到有香肠样肿块。

（6）**犬胃肠溃疡与犬胃肿瘤的鉴别**　二者均有呕吐、排血便、胃部触诊疼痛、腹痛等临床症状。二者的区别在于：患犬胃肿瘤病的病例贫血，消瘦，内窥镜检查可确诊。

> ➡ **【提示】**　患病犬、猫慢性、顽固性呕吐，并多在食后呕吐。呕吐物呈咖啡色、褐黑色或血色，腹部有压痛，粪便呈黑色。若胃肠穿孔，可引起腹膜炎并休克死亡。用X射线或胃镜检查，可以见到溃疡而确诊。

【治疗措施】　治疗原则以对症治疗，保护胃黏膜，消炎，增加营养，加强护理为主。

(1) 抑制胃酸

① 氢氧化铝，犬按 2 片/次，口服，每天 2 ~ 3 次。

② 氧化镁，犬按 0.2 ~ 1 克/次，口服。

(2) 消炎止痛

① 奥美拉唑，犬按 0.5 ~ 1 毫克/千克体重，口服、皮下注射或静脉注射，每天 1 次，最长持续 8 周；猫按 0.75 ~ 1 毫克/千克体重，口服，每天 1 次。

② 甲氧氯普胺，犬按 0.2 ~ 0.7 毫克/千克体重，口服或皮下注射，每天 3 ~ 4 次，或按 0.01 ~ 0.08 毫克/(千克·小时)，静脉滴注；猫按 0.1 ~ 0.2 毫克/千克体重，口服，每天 3 次，或按 0.01 毫克/(千克·小时)，静脉滴注，作为连续灌注。

(3) 止血

① 卡巴克洛，犬按 1 ~ 2 毫升/次，肌内注射，每天 2 次，或按 2.5 ~ 5 毫克/次，口服，每天 2 次。

② 酚磺乙胺，犬按 2 ~ 4 毫升/次，肌内注射或静脉滴注；猫按 1 ~ 2 毫升/次，肌内注射或静脉滴注。

(4) 手术治疗　对药物治疗无效的病犬，应行外科手术切除溃疡病灶。

(5) 加强护理，合理饮食　应给予易消化的食物，少食多餐。

九　胃肠炎

胃肠炎是胃肠黏膜的表层组织炎症导致胃肠的器质性损伤和功能紊乱的疾病。临床上以消化紊乱，腹痛，腹泻，呕吐，发热和毒血症为特征。

【病因】　摄食腐败变质的食物或饮用污水，营养不良，过度疲劳，抵抗力下降，受凉，细菌毒素刺激胃肠黏膜，异物的机械刺激损伤胃肠黏膜，滥用抗生素扰乱肠道菌群的平衡，服用或误食刺激性药物（如阿司匹林等）都可引发胃肠炎。犬瘟热、犬细小病毒病、犬钩端螺旋体病、钩虫病、鞭虫病、球虫病等传染病和寄生虫病，变态反应和全身性疾病（如尿毒症、肝病、脓毒血症、应激等）也可引发胃肠炎。

【临床症状】

(1) 胃肠炎　病初主要表现消化不良，逐渐加重，食欲废绝，频繁呕吐，饮欲亢进，大量饮水后又呕吐。粪便中含有黏液和血液，里急后重，腹壁紧张，按压敏感、疼痛。体温升高（40~41℃），心跳加快，可视黏膜潮红或发绀。眼球下陷，皮肤弹力减退，尿量减少，四肢末梢发凉。

（2）**肠炎** 腹泻，粪便恶臭带血，呈墨绿色或黑色，里急后重。肠音初亢进，后期减弱或消失。严重时出现脱水，消瘦，贫血，眼球下陷，电解质平衡紊乱和酸中毒。

（3）**结肠炎** 持续性腹泻，呈喷射状，粪便稀薄如水，有难闻的气味，里急后重，体温正常或升高，后期消瘦，贫血。

【鉴别诊断】

（1）**犬胃肠炎与犬大肠杆菌病的鉴别** 二者均有突然发病，精神沉郁，呕吐，剧烈腹泻，排水样粪便、恶臭，体温40℃以上等临床症状。二者的区别在于：患犬大肠杆菌病的病例粪便呈黄白色或灰白色，多为群发，幼犬发病率高。

（2）**犬胃肠炎与犬胃炎的鉴别** 二者均有频繁呕吐，呕吐物有时带血，食欲废绝，大量饮水后不久即吐出，腹壁紧张、有压痛，体温升高等临床症状。二者的区别在于：患犬胃炎的病例舌呈黄白色，可视黏膜发绀，不安，前肢前伸，腹部压痛的部位在剑状软骨附近，继发肠炎时才出现腹泻，体温不如胃肠炎高。

（3）**犬胃肠炎与犬阿米巴病的鉴别** 二者均有腹泻，粪便中有黏液、血液，持续腹泻、腹痛，里急后重等临床症状。二者的区别在于：患犬阿米巴病的病例有传染性，病犬体温不高，食欲不废绝，不发生呕吐，粪便直接涂片镜检，可见滋养体。

（4）**犬胃肠炎与犬球虫病的鉴别** 二者均有精神沉郁，消化不良，腹泻，排出的水样粪便带血，体温升高等临床症状。二者的区别在于：患犬球虫病的病例进行性消瘦，贫血，无呕吐表现，剖检可见小肠黏膜层有白色结节，结节内充满球虫卵囊，在粪便中可检出球虫卵囊。

（5）**犬胃肠炎与急性出血性胃肠炎的鉴别** 二者均突发呕吐，呕吐物含血液，2~3小时后出现腹泻，粪便恶臭，体温升高等临床症状。二者的区别在于：患犬急性出血性胃肠炎的病例腹痛不安，粪便呈果酱样或胶冻样，精神沉郁，嗜睡，多数病例于数小时内因循环衰竭休克而死亡。

（6）**犬胃肠炎与犬胰腺炎的鉴别** 二者均有呕吐，腹泻，腹痛，腹部敏感、有压痛等临床症状。二者的区别在于：患犬胰腺炎的病例体温一般不高，慢性食欲亢进，多食多排便，多饮多尿，粪便中脂肪、蛋白质含量多且有恶臭味。粪检中可见脂肪和蛋白质。

（7）犬胃肠炎与犬鞭虫病的鉴别　二者均有腹泻，粪便中带血，里急后重等临床症状。二者的区别在于：犬鞭虫病呈群发，粪检可见腰鼓状虫卵。

（8）犬胃肠炎与犬小带虫病的鉴别　二者均有腹泻，粪便中带血，里急后重等临床症状。二者的区别在于：患犬小带虫病的病例长期结肠炎，粪便镜检可见左右摆动的滋养体和胞囊。

（9）犬胃肠炎与犬冠状病毒感染、犬细小病毒病、新生幼犬疱疹性病毒感染的鉴别诊断　见第四章有关内容。

> ⊙ **【提示】** 胃肠同时发炎，频频呕吐，剧烈腹泻，粪便中混有黏液、血液，体温升高（40～41℃），腹壁紧张、有压痛，里急后重。单纯性肠炎，腹泻，粪便中带血，有恶臭味，里急后重，肠音初强后弱。结肠炎持续腹泻，粪便稀如水，呈喷射状。里急后重，后期消瘦贫血。

【治疗措施】　治疗原则为加强护理，消除病因，抑菌消炎，清理胃肠，保护胃肠黏膜，防止酸中毒。

① 控制饮水，避免每次大量饮水，宜少饮勤饮。

② 将补液盐 3～5 克溶于水 20 毫升，口服，或用电解多维，6 月龄以下每次 15～20 毫升，12 小时内饮完。如有食欲，发病后应禁食 24 小时，禁食后不要喂固体食物，只给流食，如牛奶、糖盐米汤（每 100 毫升米汤加 1 克食盐和 10 克多维葡萄糖）、青菜汤等。

③ 抑菌。小檗碱，犬按 0.1～0.5 克/次或磺胺脒 0.5～1 克/次，口服，每天 3 次；庆大霉素，犬按 4 万～8 万单位，特效抗病灵按 0.1～0.3 毫升/千克体重，皮下注射，每 12 小时 1 次。如已不呕吐，可用硅碳银 3～5 片（5 月龄以下 2～4 片、诺氟沙星 1～3 丸），用蜂蜜调成舔剂，抹于舌根处，每 12 小时 1 次。

④ 止吐消炎。爱茂尔 1～2 毫升，甲氧氯普胺 0.5～1 毫升，氢溴酸、山莨菪碱各 1 毫升，皮下注射，必要时 8～12 小时注射 1 次。呕吐剧烈时加地西泮 1～2 毫升。

⑤ 纠正体液失衡，用乳酸林格氏液或 5% 葡萄糖氯化钠注射液，加樟

脑磺酸钠、维生素 C，静脉注射。

⑥ 体温高时，用地塞米松磷酸钠 2 ~ 5 毫克，配合抗生素，皮下注射。

✚ 出血性胃肠炎综合征

出血性胃肠炎综合征是犬的一种原因不明的疾病，以突然呕吐和严重血样腹泻为特征。

【病因】　本病与细菌内毒素引起的内毒素性休克、变应性反应或过敏性反应相类似。有人提出与免疫性结肠炎的发病机理相似，还有人认为梭状芽孢杆菌与本病的发生有关，但目前均无定论。本病多见于 2 ~ 3 岁的青年犬，无品种和性别差异。但小型玩赏犬、小型雪纳瑞犬和北京犬发病较多。

【临床症状】　腹泻前 2 ~ 3 小时，突然呕吐，呕吐物中常混有血液，排恶臭、果酱样或胶冻样粪便。病犬精神沉郁、嗜睡，毛细血管充盈时间延长，发热，腹痛，烦躁不安。

【鉴别诊断】

（1）犬出血性胃肠炎综合征与犬胃肠炎的鉴别　二者均有突然先呕吐，呕吐物中混有血液，持续腹泻，粪便恶臭，腹痛，里急后重等临床症状。二者的区别在于：患犬胃肠炎的病例体温较高（40 ~ 41℃），粪便中含有黏液和血液。如为肠炎，则肠音先亢进后消失，如为结肠炎，粪便稀如水，排便时为喷射状。

（2）犬出血性胃肠炎综合征与犬急性胃炎的鉴别　二者均有先呕吐，呕吐物中常混有血液，后腹泻（继发肠炎时），不吃食，发热等临床症状。二者的区别在于：患犬急性胃炎的病例呕吐物中常有泡沫、黏液、脓液、絮状物，不继发肠炎时不腹泻。

（3）犬出血性胃肠炎综合征与犬细小病毒病的鉴别　二者均有先呕吐，后腹泻，不吃食，发热（40 ~ 41℃），粪便呈果酱样等临床症状。二者的区别在于：患犬细小病毒病的病例有传染性，呕吐后期才出现血便。腹泻，粪便初黄软、腥臭、有血污，呈高粱糊样或呈番茄酱样。在病中体温突然升高，即将死亡。粪便用氯仿处理后，用离心的上清液做电镜观察，可见大小不等、散在的病毒粒子，加入细小病毒血清即出现病毒凝集现象。

（4）犬出血性胃肠炎综合征与犬冠状病毒病的鉴别　二者均有先呕

吐，后腹泻，粪便恶臭呈果酱样，厌食，嗜睡等临床症状。二者的区别在于：患犬冠状病毒病的病例有传染性，多发于 2～4 月龄的幼犬，粪便先呈白色、黄绿、褐色，有时呈喷射状。将粪便稀释离心，取上清液电镜观察，可见皇冠状的病毒颗粒。

（5）犬出血性胃肠炎综合征与犬轮病毒病的鉴别 二者均有先呕吐，后腹泻，粪便恶臭，精神沉郁等临床症状。二者的区别在于：患犬轮病毒病的病例有传染性，一般多发于晚冬早春，还可传染给人。粪便呈黄色、褐色或无色水样。用特异性荧光抗体检查，可检出阳性荧光的细胞。

（6）犬出血性胃肠炎综合征与犬蛋白漏出性胃肠炎的鉴别 二者均有呕吐、腹泻、减食等临床症状。二者的区别在于：患犬蛋白漏出性胃肠炎的病例四肢和腹下发凉，浮肿、胸积水、腹积水（呈乳糜状），体重减轻，消瘦，后期多因缺钙而痉挛，血蛋白低。

【治疗措施】 治疗原则以止血，止吐，消炎为主。

① 全血或血浆，按 2 毫克/千克体重，静脉滴注。

② 羟乙基淀粉，犬按 10～20 毫升/（千克·天），静脉滴注；猫按 10～15 毫升/千克体重，静脉滴注。

③ 甲氧氯普胺，犬按 0.2～0.5 毫克/千克体重，口服或皮下注射，每天 3～4 次，或按 0.01～0.08 毫克/（千克·小时），静脉滴注；猫按 0.1～0.2 毫克/千克体重，口服，每天 3 次，或按 0.01 毫克/（千克·小时），静脉滴注，作为连续灌注。

④ 酚磺乙胺，犬按 2～4 毫升/次，肌内注射或静脉滴注；猫按 1～2 毫升/次，肌内注射或静脉滴注。

⑤ 卡巴克洛，按 1～2 毫升/次，肌内注射，每天 2 次；或按 2.5～5 毫克/次，口服，每天 2 次。

> ➋ 【提示】 腹泻前 2～3 小时突然呕吐，呕吐物中含有血液。排恶臭的果酱样或胶冻样粪便，腹痛，烦躁，沉郁，嗜睡，红细胞压积 60%～80%。

十一 肠便秘

肠便秘是指肠道内容物和粪团滞积于肠道的某部分（主要在结肠和部分直肠），逐渐地变干变硬，使肠道扩张直至完全阻塞。若便秘时间过长，肠道内容物中的蛋白质异常发酵及其分解产物被吸收，可引起自身中毒，导致全身性变化。本病多发于老龄犬、猫。

【病因】　长期饲喂干食物，限制摄取流食；食入过量的骨头、骨粉或磷酸钙盐，使肠道内形成一种不易移动的灰浆块等；摄食过少，对肠道的机械或化学刺激不足；促进排便的肌肉弛缓无力等，均可引起本病。

本病也常继发于排便疼痛的疾病，如直肠内异物、肛门囊炎、肛门囊肿、肛门周围形成瘘管、肛门狭窄、肛门痉挛；有机械性通过障碍的疾病，如前列腺肥大、骨盆腔肿瘤、骨盆骨折恢复后的骨盆狭窄、结肠和直肠的肿瘤、会阴疝等；支配排便的神经异常，如脊髓炎和脊椎骨折压迫脊髓所致的后躯麻痹、老龄犬、猫迷走神经紧张性减退及巨大结肠症等；内分泌紊乱所致的甲状旁腺功能亢进和甲状腺功能减退而引起结肠平滑肌功能减退。

此外，全身衰弱和高度脱水也可诱发本病。

【临床症状】　病犬食欲不振或废绝，间或呕吐，尾巴伸直，步态紧张。脉搏加快，可视黏膜发绀。轻症犬反复努责，排出少量秘结便（彩图7-3），重症犬排出少量混有血液或黏液的液体。肛门发红和水肿。触诊后腹上部有压痛，肠音减弱或消失。直肠指诊能触到硬的粪块（彩图7-4）。

【鉴别诊断】

（1）犬肠便秘与犬肠内异物的鉴别　二者均有腹痛，不排便或排少量便，间或呕吐等临床症状。二者的区别在于：患犬肠内异物的病例，当肠道异物完全阻塞时，如阻塞在幽门至十二指肠，则频频呕吐，不安，喝水或吃食后即呕吐；如阻塞在空肠至回肠，则呕吐减少，腹部膨大。用X射线或超声波可测知异物。

（2）犬肠便秘与犬肠套叠的鉴别　二者均有食欲不振，不排便，腹部按捏有疼感等临床症状。二者的区别在于：患犬肠套叠病例用手摸捏肠管未发现粪块，仅有套叠处似粪便疙瘩（套叠长度不等），但捏之有痛感，不能变形。不出现排便姿势。

> ➡ 【提示】　根据排便困难的病史和触诊摸到大肠内成串的干硬粪块，按压时有疼痛表现及肛门指检，不难确诊。

【治疗措施】　治疗原则以灌肠排出粪便，消炎为主。

① 硫酸镁，犬按10~20克/次，配成6%~8%溶液，口服；猫按2~

5克/次，配成6%~8%溶液，口服。

②开塞露，犬按5~20毫升/次，肛门灌肠；猫按5~10毫升/次，肛门灌肠。

③软皂，配成3%溶液，灌肠。

④氨苄西林，犬按20~30毫克/千克体重，口服，每天2~3次，或按10~20毫克/千克体重皮下注射、肌内注射或静脉滴注，每天2~3次。

⑤阿莫西林，犬按10~20毫克/千克体重，口服，每天2~3次，连用5天；或按5~10毫克/千克体重，皮下注射、肌内注射或静脉滴注，每天2~3次，连用5天。

⑥速诺（阿莫西林克拉维酸钾混悬剂），犬、猫按0.1毫升/千克体重，皮下注射或肌内注射，每天1次。

十二 肠套叠

肠套叠是指一段肠管及其附着的肠系膜套入到邻近一段肠腔内的肠变位。犬的肠套叠较多见，尤其幼犬的发病率较高，多见于小肠下部套入结肠。因盲肠和结肠的肠系膜短，有时也发生盲肠套入结肠、十二指肠套入胃内的情况。

【病因】 主要由于过度活动和肠道的痉挛性蠕动所致，常见于犬细小病毒感染、犬瘟热、感冒、肠炎以及寄生虫寄生等的刺激；食入大量食物或冷水时，肠内气体增加，刺激局部肠道产生剧烈蠕动，引起近端肠道套入远端肠道；幼犬断乳后采食新的食物引起吸收不良等；反复剧烈呕吐、肠肿瘤和肠道局部增厚变形，也能引起肠套叠。

【临床症状】 急性型表现为高位性肠梗阻症状，几天内即可死亡。慢性型可持续数周不等。患肠套叠的犬主要表现为食欲不振，饮欲亢进，顽固性呕吐，黏液性血便，里急后重，腹痛，脱水等。腹部触诊有紧张感，右下腹部可触摸到坚实而有弹性似香肠样的套叠肠段，粗细为肠管的2倍左右，套入长度不等。按套入层次分为三级：一级套叠如空肠套入空肠或回肠，回肠套入盲肠；二级套叠为空肠套入空肠再套入回肠；三级套叠为空肠套入空肠，又套入回肠，再套入盲肠。X射线检查可见2倍肠管粗细的圆筒样软组织阴影。剖检时可见空肠下段套入回肠，一段空肠套入另一段空肠，套叠部分瘀血、肿胀，呈香肠样（彩图7-5）。

【鉴别诊断】

(1) 犬肠套叠与犬肠内异物的鉴别 二者均有频频呕吐、腹痛（异物在幽门至十二指肠）等临床症状。二者的区别在于：患犬肠内异物的病例，当肠道异物未完全阻塞时，以慢性腹泻或便秘为主；完全阻塞时，异物在空肠至回肠，则因肠内积聚大量水分而腹部膨大。使用 X 射线或内窥镜检查可以确诊，肠内超声波也可检出。

（2）犬肠套叠与犬肠便秘的鉴别　二者均有食欲废绝、呕吐、触诊腹部疼痛、排便少或不排便等临床症状。二者的区别在于：肠便秘多发生于老龄犬（幼犬极少发生）。腹部触诊，可摸到干硬而较大的粪块（不是指粗的韧硬肠段），努责时腹痛、嚎叫。

（3）犬肠套叠与犬胰腺炎的鉴别　二者均有食欲不振，呕吐，排稀便，触诊腹部有疼痛等临床症状。二者的区别在于：患犬胰腺炎的病例不绝食，慢性食欲亢进，排便多，多饮多尿。

> **【提示】**　患病犬、猫顽固性呕吐，不排便且便中含血黏液，摸捏腹部有粗而稍韧硬的套叠肠段（长短不一的疙瘩），捏之有疼感而不能变形。

【治疗措施】　治疗原则以手术整复，补充体液，加强护理为主。

① 在肠套叠初期，可通过腹壁触诊整复。若无效，应尽快剖腹手术整复。若套叠时间过长，肠壁发生粘连形成坏死，应切除病变肠段。

② 充分补充体液，改善微循环。

③ 氢化可的松，犬按 6~10 毫克/千克体重，静脉滴注。

④ 氨苄西林，犬按 20~30 毫克/千克体重，口服，每天 2~3 次，或按 10~20 毫克/千克体重，皮下注射、肌内注射或静脉滴注，每天 1~3 次。

⑤ 阿莫西林，犬按 10~20 毫克/千克体重，口服，每天 2~3 次，连用 5 天或按 5~10 毫克/千克体重，皮下注射、肌内注射或静脉滴注，每天 2~3 次，连用 5 天。

⑥ 速诺（阿莫西林克拉维酸钾混悬剂），犬、猫按 0.1 毫升/千克体重，皮下注射或肌内注射，每天 1 次。

十三　肝炎

【病因】

（1）急性肝炎　急性肝炎是指肝脏实质细胞出现不同程度的急性弥

漫性变性、坏死和炎性细胞浸润的肝脏疾病。临床上以黄疸、急性消化不良和出现神经症状为特征。急性肝炎的发病原因主要有以下几个方面：

1）中毒。各种有毒物质和化学药品，如铜、砷、汞、氯仿、鞣酸、四氯化碳、黄曲霉等，均可引起中毒性肝炎。

2）病毒、细菌及寄生虫感染。如传染肝炎病毒、疱疹病毒、结核杆菌、化脓杆菌、梭状菌、真菌、巴贝斯虫等，这些病原体侵入肝脏或其毒素作用而致病。

3）药物过敏。反复给予氯丙嗪、睾酮、氟烷、氯噻嗪等可引起急性肝炎。

此外，食物中蛋氨酸或胆碱缺乏时，也可造成肝坏死。

（2）慢性肝炎　慢性肝炎是由各种致病因素引起的肝脏慢性炎症性疾病，可分为慢性持续性肝炎和慢性活动性肝炎。

引起慢性肝炎的病因很多，确切原因尚不完全清楚。多数慢性肝炎是由急性肝炎转化而来。各种代谢性疾病、营养及内分泌障碍也可继发本病。

【临床症状】

（1）急性肝炎　病犬食欲不振或废绝，全身无力，眼结膜黄染，常有微热。粪便呈灰白色，恶臭，不成形。明显消瘦。肝区触诊有疼痛反应，腹壁紧张。尿呈豆油色。若肝细胞损害严重，则血氨升高，表现肌肉震颤、痉挛、过度兴奋、肌肉无力、感觉迟钝，起立困难及昏睡。肝细胞弥漫性损害时，有出血倾向。重症犬可因弥漫性血管内凝血而致死。

（2）慢性肝炎　病犬主要表现为长期的消化功能障碍，并伴有全身症状。精神萎靡不振、倦怠、呆滞、行走无力，皮毛枯焦、逐渐消瘦。最为突出的是消化系统症状，病犬食欲不振，腹泻、便秘或腹泻与便秘交替发生，粪便色浅、偶有呕吐。有的出现轻度黄疸，触诊肝脏和脾脏，呈中度肿大，有压痛。

【鉴别诊断】

（1）犬肝炎与犬传染性肝炎的鉴别　二者均有食欲不振、口渴、呕吐、腹泻、肝区有压痛等临床症状。二者的区别在于：患犬传染性肝炎的病例有传染性，体温曲线呈马鞍形，初期高热（40℃），持续2～4天降低，而后又升高，白细胞数量减少。有的齿龈出血，流鼻血，结膜发炎，恢复期角膜呈蓝白色（又称肝炎性蓝眼），黄染较轻。荧光抗体和酶染色可提供早期诊断。

（2）犬肝炎与犬肝硬化的鉴别　二者均有食欲不振、消瘦、便秘、腹泻、肝区有压痛、黄疸、倦怠、昏睡等临床症状。二者的区别在于：患犬肝硬化的病例早期肝区有压痛，以后痛感变小，最后常有肝昏迷，有腹水时腹围膨大。

（3）犬肝炎与犬黄疸的鉴别　二者均有可见黏膜皮肤黄染，粪便色浅等临床症状。二者的区别在于：患犬黄疸的病例为溶血性黄疸时，血清总胆红素多为 5 毫克/升以下；为阻塞性黄疸时，皮肤有瘙痒。

（4）犬肝炎与犬胰腺炎的鉴别　二者均有食欲不振、呕吐、腹泻、腹壁紧张，触诊压痛，粪便色浅、有恶臭味等临床症状。二者的区别在于：患犬胰腺炎的病例为急性出血型时，压痛部位偏后（肋后），粪便带血。慢性时饮食多，粪尿多，粪便含大量脂肪和蛋白。

（5）犬肝炎与犬黄曲霉毒素中毒的鉴别　二者均有食欲不振、黄染、肝脏肿大、按压痛、腹水等临床症状。二者的区别在于：患犬黄曲霉毒素中毒的病例因食入含有黄曲霉素的食物而发病，尿呈橙黄色，凝血时间延长，病料经提取、浓缩、薄层分离后，在紫外线光下能发出紫色、蓝紫色或黄绿色荧光。

> **【提示】**临床上，根据黄疸，消化紊乱，粪便干稀不定、有恶臭味、色淡，肝区触诊和叩诊的变化，以及按一般消化不良治疗效果不明显等，可初步诊断为急性肝炎。如果肝功能和尿液检验结果有相应变化，则可确诊。

【治疗措施】

（1）急性肝炎　治疗原则为消除病因，促进肝细胞再生，以恢复肝功能。

① 首先使犬安静休息，给予碳水化合物为主的易消化食物，逐渐增加蛋白性食物。补液可将 5%～25% 葡萄糖 10～100 毫升、林格氏液 50～200 毫升、复合氨基酸 20～100 毫升混合，静脉注射。但出现神经症状的犬，不能给予氨基酸制剂。

② 复合维生素，犬按 0.1～1.0 克，口服；维生素 B_1，犬按 3～10 毫克，口服；维生素 C，犬按 50～100 毫克，口服，对恢复肝细胞的功能有一定效果，连用效果更佳。

③ 对患脂肪肝的犬，泛酸 15～80 毫克/次，肌内注射，每天 1～2 次。

④ 对肝内胆汁停滞的犬，给予利胆药。对进行性黄疸和转氨酶活性

升高的犬，可用糖皮质激素。地塞米松 1~5 毫克，肌内注射或静脉注射；强力宁 20~40 毫升，静脉注射，每天 1~2 次。

（2）慢性肝炎

① 应注意保肝，避免饲喂脂肪含量高的食物，给予富含蛋白质、高碳水化合物和多种维生素的食物。

② 选用三磷腺苷、辅酶 A 等能量合剂口服或肌内注射，对处于各期的肝功能恢复有一定作用。

③ 给予利胆药物，可用 10% 去氢胆酸钠 2~5 毫升，隔日静脉注射，或用去氧胆酸片 10~40 毫克，口服，每天 3 次。

④ 对于活动性肝炎，主要是进行细胞的抗炎症治疗及抑制炎症向间质蔓延，可用地塞米松 2~5 毫克、氨基酸制剂 5~50 毫升、维生素 D 10~20 毫克/千克体重，加入 25% 葡萄糖液或生理盐水，静脉滴注。

十四 肝硬化

肝硬化是一种常见的慢性疾病，是由一种或多种致病因素长期或反复损害肝脏所致。本病是因肝细胞呈弥漫性变性、坏死和再生，同时结缔组织弥漫性增生，肝小叶结构被破坏和重建，导致肝脏变硬。

【病因】 引起肝硬化的病因多而复杂，主要由感染、中毒及代谢性障碍所致。如长期的肝蛭、心丝虫等寄生虫感染，病毒性肝炎、肠道感染等感染性疾病；长期的胆囊排泄不畅、胆液淤积、营养障碍和脂肪肝等；铜、砷、磷、汞、氯仿、单宁酸、四氯化碳、煤焦油、棉籽酚等化学毒素及黄曲霉素中毒，慢性酒精中毒等均可继发肝硬化。

【临床症状】 本病进展缓慢，初期症状不明显。急性肝炎和重症肝炎继发的肝硬化发展较快。根据病性可分为活动型和非活动型肝硬化。

患非活动型肝硬化的病例被毛粗糙，精神沉郁，食欲不振，不耐运动，消瘦，倦怠，反复腹泻或便秘，轻度黄疸等，且缺少特异性症状。腹水多的病犬腹围膨大，心源性肝硬化有明显腹水和肝脏肿大。

活动型肝硬化病例精神沉郁，食欲废绝，体温升高。肝脏稍肿大，早期有压痛，以后变小，肝脏变硬。可见黄疸，腹水，步态不稳，出血性素质。后期出现痉挛、昏睡的神经症状，以至肝昏迷而死亡。

【鉴别诊断】

（1）犬肝硬化与犬肝炎的鉴别 二者均有食欲不振、消瘦、腹泻与便秘，肝区有压痛，黄疸，倦怠等临床症状。二者的区别在于：患犬肝炎的病例呈急性时，体温升高或正常，排灰绿色且带有恶臭味的软便。尿如豆油，腹壁紧张，肝区压痛，肌肉震颤，感觉迟钝，昏睡。慢性时，粪便色浅，肝脏肿大，有压痛。

(2) 犬肝硬化与犬传染性肝炎的鉴别　二者均有食欲不振、腹泻、沉郁、轻度黄疸等临床症状。二者的区别在于：犬传染性肝炎病例有传染性，体温较高（40～41℃），持续几天后下降，后又上升，流鼻液，流泪，口渴，齿龈、口腔出血。恢复期有角膜翳（称"蓝眼病"）。剖检见肝脏不肿大，或中等程度肿大，呈浅棕色或血红色。表面为颗粒状，小叶界线明显，易碎。脾脏充血、肿胀，肝细胞和窦状隙内皮细胞可见核内有包涵体，脾小体核崩解，出血和小血管坏死，在膨大的网状细胞内，可见核内有包涵体。

(3) 犬肝硬化与犬黄曲霉毒素中毒的鉴别　二者均有食欲不振、黄疸、肝脏肿大、腹水等临床症状。二者的区别在于：犬黄曲霉毒素中毒的病例因吃了含有黄曲霉素的食物，或吃了黄曲霉毒素中毒动物的肝脏而发病。尿呈橙黄色，凝血时间延长，有出血性肠炎。剖检见胆管增生，胆汁色素在肝门积累。

(4) 犬肝硬化与犬组织胞浆菌病的鉴别　二者均有精神沉郁、食欲不振、腹泻、消瘦、腹水等临床症状。二者的区别在于：患组织胞浆菌病的病例表现为不规则发热，咳嗽，贫血，用抗凝血的白细胞层肝脏、脾脏穿刺液涂片，用姬姆萨或瑞氏染色，镜检可见单个细胞内有几个至几十个卵圆形的直径为1～3微米的菌体。

> **【提示】**　早期临床症状不明显，诊断比较困难。疑是肝硬化必须做肝功能试验，早期血浆球蛋白数量增高，晚期白蛋白数量降低，腹腔穿刺流出大量透明黄色液体，其中含有上皮细胞、红细胞和白细胞。

【治疗措施】　治疗原则以消除病因，护肝解毒，加强护理为主。
① 谷氨酸钠，犬按1～2克/次，静脉滴注。
② 苦黄注射液，犬按30～40毫升/天。
③ 三磷酸腺苷，犬按10～20毫克/次，生理盐水稀释，常与辅酶A合用，肌内注射或静脉滴注。
④ 肌醇，犬按0.5克/次口服。

⑤ 维生素 C，犬按 100 ~ 500 毫克/次，口服、肌内注射或静脉滴注。

⑥ 复合维生素，犬按片剂 1 ~ 2 片/次，口服，每天 3 次；针剂，按 5 ~ 2 毫升/次，肌内注射。猫按片剂 0.5 ~ 1 片/次，口服，每天 3 次；针剂，按 0.5 ~ 1 毫升/次，肌内注射。

⑦ 加强护理，给予富含蛋白质、高碳水化合物和多种维生素的食物。

十五 脂肪肝

脂肪肝是脂质蓄积于肝细胞而造成肝脏肿大的疾病。

【病因】 长期大量给予低蛋白和高脂肪、高碳水化合物的食物，运动不足、饥饿以及抗脂肪肝物质不足时，可发生脂肪肝。急性或慢性肝炎、感染性疾病、寄生虫病、肝内缺氧（贫血、循环不全）、糖尿病、甲状腺功能减退症、肾上腺皮质功能亢进症、脑下垂体功能亢进症、慢性胰腺炎及各种慢性代谢性疾病等，组织内的脂肪被动员到肝脏也可造成脂肪肝。

【临床症状】 病犬食欲减退，呕吐，腹胀，软便或便秘交替出现，粪便恶臭。肝脏明显肿大，无压痛。

【鉴别诊断】

(1) 犬脂肪肝与犬肝炎的鉴别 二者均有食欲不振、呕吐、腹泻与便秘交替出现、倦怠等临床症状。二者的区别在于：患犬肝炎的病例，急性时，体温升高或正常，排灰绿色、恶臭的软便。尿如豆油状，腹壁紧张，肝区压痛，肌肉震颤，感觉迟钝，昏睡；慢性时，粪便色浅，肝脏肿大，有压痛。

(2) 犬脂肪肝与犬肝硬化的鉴别 二者均有食欲不振、便秘、腹泻、倦怠、昏睡等临床症状。二者的区别在于：患犬肝硬化的病例早期肝区有压痛，以后变小，最后常有肝昏迷，有腹水时腹围膨大。

(3) 犬脂肪肝与犬胰腺炎的鉴别 二者均有食欲不振、呕吐、腹泻、粪便恶臭等临床症状。二者的区别在于：患犬胰腺炎的病例，急性时，出血型压痛部位偏后（肋后），粪便中带血。慢性时，饮食多，粪尿多，粪便中含大量脂肪和蛋白。

> ➲ 【提示】 本病确诊断较困难，肝脏活检做脂肪染色（HE 染色识别脂肪肝），可以确诊。肝组织触片，用苏丹黑 B 染色，患肝脂蓄积症的犬、猫呈弥漫性脂质蓄积。

超声波检查，肝脏肿大，回声增强，门脉和肝静脉明显扩张。

【治疗措施】

(1) 食物疗法 给予高蛋白和含丰富维生素的食物。

(2) 药物疗法 给予促进肝细胞内脂质分解或排泄的药物。

① 辅酶 A，犬按 100～300 单位/次，静脉滴注。

② 肌苷，犬按 100～400 毫克/次肌内注射。

③ 琉丙酰甘氨酸，犬按 50～200 毫克皮下注射或静脉注射，连日或隔日 1 次。

④ 泛酸钙，犬按 15～150 毫克，口服，每天 3 次。

⑤ 蛋氨酸，犬按 0.1～0.8 克，静脉注射。

⑥ 血清谷—丙转氨酶活性升高时，给予氨基酸制剂 50～100 毫升，静脉注射，每天 1～3 次。

⑦ 维生素 B$_1$，犬按 100 毫克/次，肌内注射。

⑧ 血清乳酸脱氢酶活性升高或疑似肝排泄障碍时，可用利胆剂。

十六 肝破裂

肝破裂是指各种致病因素作用于肝脏而引起破裂的一种急性疾病。

【病因】 直接外力或间接外力是引起肝破裂的主要原因，如交通事故和腹部碰撞硬物或某些疾病。有时肝实质、肝被膜同时破裂，造成腹腔内大出血。有时仅肝实质破裂，则出血在肝被膜下形成血肿。

【临床症状】 腹痛明显，呕吐，呼吸困难，呈胸式呼吸。出血较多的，可视黏膜苍白，心跳加快，脉搏快而弱。肝区触诊敏感，腹围增大，浊音区增大。

【鉴别诊断】 犬肝破裂与犬脾破裂的鉴别，二者均有外伤史，并均有腹痛，腹围增大，呕吐，呼吸困难，胸式呼吸，可视黏膜苍白，心跳加快，脉搏快而弱等临床症状。二者的区别在于：肝破裂时，肝区触诊敏感；脾破裂时，腹部触诊敏感。

➡ 【提示】 根据肝硬化病史、肝区外伤及临床症状，结合 X 射线检查，可以确诊。

【治疗措施】 治疗原则以补液，输血，止血，消炎为主。

1）补充体液，防止出血性休克。

① 全血或血浆，犬按 2 毫升/千克体重，静脉滴注。

② 缩合葡萄糖，犬按 100 ~ 500 毫升/次，静脉滴注；猫按 40 ~ 50 毫升/次，静脉滴注。

③ 卡巴克洛，犬按 1 ~ 2 毫升/次，肌内注射，每天 2 次；猫按 2.5 ~ 5 毫克/次，口服，每天 2 次。

④ 酚磺乙胺，犬按 2 ~ 4 毫升/次，肌内注射或静脉滴注；猫按 1 ~ 2 毫升/次，肌内注射或静脉滴注。

⑤ 氨苄西林，犬按 20 ~ 30 毫克/千克体重，口服，每天 2 ~ 3 次，或按 10 ~ 20 毫克/千克体重，皮下注射、肌内注射或静脉滴注。每天 2 ~ 3 次。

⑥ 速诺（阿莫西林克拉维酸钾混悬剂），犬、猫按 0.1 毫升/千克体重，皮下注射或肌内注射，每天 1 次。

2）确诊肝发生破裂时，应尽早进行肝脏修补术。

十七 脾破裂

脾破裂是指由各种致病因素作用于脾脏而引起破裂的一种急性疾病。

【病因】 原发性脾破裂，直接外力或间接外力是引起脾破裂的主要原因，如交通事故和腹部受钝器打击，腹部碰撞硬物或某些疾病。继发性脾破裂，常见于肝硬化、慢性淋巴细胞性白血病等，这些疾病可引起脾脏功能亢进，出现脾脏肿大而继发本病。腹腔穿刺操作不当，误伤脾脏，也会造成破裂。有时脾实质、脾被膜同时破裂，造成腹腔内大出血，有时仅脾实质破裂，则出血在脾脏被膜下形成血肿。

【临床症状】 病犬精神沉郁，食欲不振或拒食，腹痛，呕吐。呼吸困难，呈胸式呼吸。出血较多者，可视黏膜苍白，心跳加快，脉搏快而弱。腹部触诊敏感，急性大出血呈进行性腹围增大，腹部穿刺可抽出凝固的血液。腹腔叩诊，浊音区增大，且有移动性浊音，听诊肠音减弱。

【鉴别诊断】 犬脾破裂与犬肝破裂的鉴别，二者均有外伤史，并均有腹痛，腹围增大，呕吐，呼吸困难，胸式呼吸，可视黏膜苍白，心跳加快，脉搏弱、快等临床症状。二者的区别在于：脾破裂，腹部触诊敏感；肝破裂，肝区触诊敏感。

➡ 【提示】 左腹肋部外伤、肝硬化病史及临床症状，结合 X 射线检查，可以确诊。

【治疗措施】 治疗原则以补液，输血，止血，消炎为主。

1）补充体液，防止出血性休克。

① 全血或血浆，犬按2毫升/千克体重，静脉滴注。

② 缩合葡萄糖，犬按100～500毫升/次，静脉滴注；猫按40～50毫升/次，静脉滴注。

③ 卡巴克洛，犬按1～2毫升/次，肌内注射，每天2次；猫按2.5～5毫克/次，口服，每天2次。

④ 止血敏（酚磺乙胺），犬按2～4毫升/次，肌内注射或静脉滴注；猫按1～2毫升/次，肌内注射或静脉滴注。

⑤ 氨苄西林，犬按20～30毫克/千克体重，口服，每天2～3次，或按10～20毫克/千克体重，皮下注射、肌内注射或静脉滴注，每天2～3次。

⑥ 速诺（阿莫西林克拉维酸钾混悬剂），犬、猫按0.1毫升/千克体重，皮下注射或肌内注射，每天1次。

2）确诊脾脏发生破裂时，则应尽早急救，行脾切除术。

十八 胰腺炎

【病因】

（1）急性胰腺炎 急性胰腺炎是一种以胰腺水肿、出血、坏死为主要病理过程的一种急性炎症。临床上以突发性前腹部剧痛、休克和腹膜炎为特征。

引起急性胰腺炎的病因较为复杂，一般认为有以下原因。

1）感染。因病毒、细菌和寄生虫感染而发生胰腺炎，如犬传染性肝炎、犬钩端螺旋体病及大胆管蛔虫感染等。

2）胆管疾病。胆总管Vater氏壶腹部梗阻，可引起胆汁逆流入胰管，并使未激活的胰蛋白酶原激活为胰蛋白酶进入胰腺组织，引起自身消化。胆石嵌顿，肿瘤压迫，局部水肿常造成胆总管Vater氏管阻塞。

3）胰管阻塞。因胰管阻塞使胰管压力增高，胰腺泡破裂，胰酶逸出而发生胰腺炎。常见于胰管痉挛，十二指肠炎等。

4）其他原因。饲喂高脂肪食物时可诱发急性胰腺炎。此外，高脂症、甲状腺功能减退、糖尿病、中毒病等病，因损害胰腺而发生急性胰腺炎。

（2）慢性胰腺炎 慢性胰腺炎是指胰腺反复发作性或持续性炎症变化，临床上以腹痛反复发作、排脂肪便、高血糖及糖尿病为主要特征。

引起慢性胰腺炎的病因目前尚不很清楚，一般认为与下列因素有关。

1）感染。胰腺附近的某些器官如胆囊、胆管的感染可经淋巴转移至胰腺，急性局限性胰腺炎久治未痊愈者以及幽门、十二指肠感染等，往往发展为慢性胰腺炎。

2）胰血管病变。由于胰动脉硬化、血栓形成等。

3）慢性胰管梗阻。由胰管口括约肌痉挛及胰管狭窄等所致。

【临床症状】

（1）急性胰腺炎 水肿型胰腺炎，病犬精神差，食欲不振或废绝，进食后腹部疼痛；呕吐和腹泻，有时粪便中带血；触诊敏感、腹壁有压痛、弓背收腹。出血性坏死性胰腺炎表现为精神高度沉郁，昏睡，血压、体温降低，呕吐、剧烈腹泻乃至血性腹泻，腹壁紧张，腹部压痛剧烈；食欲废绝；随着病情的发展，意识丧失、全身痉挛，进而发生休克。

（2）慢性胰腺炎 病犬精神不振，反复腹痛，剧烈疼痛时伴有呕吐。食欲异常亢进，但生长发育停滞，消瘦，皮毛无光泽。消化不良，粪便量多，其中含有大量脂肪和蛋白，恶臭，呈灰白色或黄色。当病变进一步发展到胃、十二指肠、胆总管或胰岛时，可引发消化道阻塞，出现高血糖及糖尿。

【鉴别诊断】

（1）犬胰腺炎与犬肝炎的鉴别 二者均有食欲不振，呕吐，腹泻，腹壁紧张，触诊有压痛，粪便色浅、恶臭，消瘦等临床症状。二者的区别在于：患犬肝炎的病例有黄疸，肝区触诊有压痛，急性者还有肌肉震颤，肌无力，感觉迟钝。慢性者倦怠，呆滞，粪便色浅，灰白绿色。尿中胆红素呈阳性，血清胆红素增加。

（2）犬胰腺炎与犬肠套叠的鉴别 二者均有食欲不振、呕吐、排黏液性粪便、触诊腹部有疼感等临床症状。二者的区别在于：患犬肠套叠病例病后不久即拒食，一般少排便或仅排含血黏液，按捏腹部可摸到肠管稍粗，而具有韧性的疙瘩，捏之有疼痛，不能变形。

（3）犬胰腺炎与犬胃肠炎的鉴别 二者均有呕吐，腹泻，腹部敏感、有压痛等临床症状。二者的区别在于：患犬肠套叠的病例体温高（40～41℃），拒食，粪便中含有黏液血液，里急后重，可视贴膜潮红或发绀。

（4）犬胰腺炎与犬胃肠溃疡的鉴别 二者均有食欲不振、呕吐、腹部有压痛等临床症状。二者的区别在于：患犬胃肠溃疡的病例在食后常发生呕吐，呕吐物中常有咖啡色、褐色或红黑色的血液，排便也多为黑色或带有血液，胃镜或X射线检查，可见到溃疡。

（5）犬胰腺炎与犬藻菌病（毛霉菌病消化道感染时）**的鉴别** 二者均有呕吐、腹泻、按压腹部有疼感等临床症状。二者的区别在于：犬藻菌病由真菌所引起，能从消化道、呼吸道、皮肤感染，皮下结节逐渐变成脓肿。镜检，在脓液中可查到菌体。

（6）犬胰腺炎与犬弯杆菌病的鉴别 二者均有嗜睡、食欲不振、呕吐、血样腹泻、多饮等临床症状。二者的区别在于：犬弯杆菌病有传染性，4月龄以下幼犬多发，镜检粪便，可见活泼运动的螺旋样小杆菌（弯杆菌）。

（7）犬胰腺炎与犬轮状病毒病的鉴别 二者均有食欲减退、呕吐、腹泻、粪便恶臭等临床症状。二者的区别在于：犬轮状病毒病有传染性，多发于晚冬早春，一般先吐后泻，腹部无压痛。取粪液，经离心处理后，取上清液加入特异性抗体，免疫电镜观察可见到病毒集聚现象。

（8）犬胰腺炎与犬冠状病毒病的鉴别 二者均有嗜睡、呕吐、腹泻、粪便恶臭等临床症状。二者的区别在于：犬冠状病毒病有传染性且传播迅速，2~4月龄幼犬发病最多。一般是先呕吐，持续4天直至腹泻第1天才减少，粪便呈橙色或绿色、果酱色，粪液离心，取上清液负染电镜观察，可见病毒粒子形态如皇冠状。

> ● **【提示】** 胰腺炎的临床症状是非特异性的，要做出确切诊断，必须结合实验室检查和X射线检查。

（1）急性胰腺炎 呕吐，腹泻，腹前部有压痛，血压下降，血清淀粉酶比正常值增高2倍（正常值>800万国际单位），白细胞数量可达5万个/毫米^3，用X射线检查右上部郁密度增加，腹水中含有淀粉酶。

（2）慢性胰腺炎 食欲异常亢进，多食，多饮，粪便量多（粪便中含大量脂肪和蛋白，恶臭），尿多，前腹部有压痛，粪便镜检有脂肪颗粒和肌纤维。胰蛋白酶试验结果呈阴性。

【治疗措施】

（1）急性胰腺炎 治疗原则是抑制胰腺分泌、消炎止痛、纠正水盐代谢紊乱。

1）抑制胰腺分泌。应禁止饲喂和饮水4天，避免刺激胰液分泌。

① 硫酸阿托品，犬按0.02~0.04毫克/千克体重，皮下注射或遵照医嘱。

② 抑肽酶，犬按 1 万 ~ 5 万单位，在腹腔缝合前注入。

2）消炎止痛。

① 氨苄西林，犬按 20 ~ 30 毫克/千克体重，口服，每天 2 ~ 3 次，或按 10 ~ 20 毫克/千克体重皮下注射、肌内注射或静脉滴注，每天 2 ~ 3 次。

② 速诺（阿莫西林克拉维酸钾混悬剂），犬、猫按 0.1 毫升/千克体重，皮下注射或肌内注射，每天 1 次。

③ 头孢西丁钠，犬按 15 ~ 30 毫克/千克体重，皮下注射、肌内注射或静脉滴注，每天 3 ~ 4 次；猫按 22 毫克/千克体重，静脉滴注，每天 3 ~ 4 次。

④ 地塞米松，犬按 1 ~ 4 毫克/千克体重，缓慢静脉滴注。

3）纠正水盐代谢紊乱，可选用 5% ~ 10% 葡萄糖和生理盐水，或复方氯化钠注射液，配合 B 族维生素和维生素 C 等进行静脉滴注。

4）手术疗法。一旦发生胰腺坏死，要尽快施行胰腺切除术。

（2）慢性胰腺炎 治疗原则以抑制胰腺分泌、消炎止痛、加强护理为主。

本病在急性发作时，治疗可参照急性胰腺炎的治疗。

① 维生素 A，犬按 100 ~ 500 单位，口服或肌内注射，每天 1 次，连用 10 ~ 30 天；猫按 30 ~ 100 单位，口服，每天 1 次。

② 维生素 D_3，犬按 1500 ~ 3000 单位/千克体重，肌内注射。

③ 维生素 K，犬按 0.5 ~ 1.5 毫克/千克体重，口服或皮下注射，每天 2 ~ 3 次，连用 7 ~ 14 天。之后，按 1 毫克/（千克体重·天），口服，4 ~ 6 周；猫按 5 毫克，口服，每天 1 次，或按 10 毫克，口服，每周 2 次，或按 5 ~ 20 毫克，皮下注射，每天 2 次（针对凝血紊乱）。

④ 维生素 B_{12}，犬按 0.5 ~ 1 毫克，肌内注射，每天 1 次，连用 7 天；猫按 0.1 ~ 0.2 毫克，皮下注射，每周 1 次。

⑤ 对患病的犬、猫，给予低脂肪、易消化的食物，并做到少食多餐。

⑥ 对于反复发作、病情不断恶化、胆总管梗阻，引起黄疸者，应及时采取手术疗法。

十九 腹膜炎

腹膜炎是指因各种致病因素的作用而引起的腹膜炎症，临床上以腹部剧烈疼痛和腹腔积有炎性渗出物为特征。

【病因】 急性腹膜炎多因腹膜受到损伤、内脏穿孔和破裂等引起，如各种腹腔手术、腹腔穿刺、去势等，常因消毒不严格而感染细菌引起腹膜炎；腹腔某些脏器穿孔，如消化道穿孔，膀胱穿孔，子宫穿孔时及肝脏、脾脏、胆囊及胆管破裂或穿孔时常引起急性腹膜炎；某些传染病和寄生虫病往往可继发腹膜炎。此外，治疗过程中因误在腹腔内注射某些有刺激性的药物，如钙制剂、各种消毒剂，以及磺胺类药物等常可引起腹膜炎。

慢性腹膜炎多因急性腹膜炎转变而来，并逐步转为慢性弥漫性腹膜炎。

【临床症状】 急性腹膜炎时，病犬精神高度沉郁，不愿走动，食欲废绝，体温升高，心跳加快，心律不齐，脉搏快而弱。呼吸急促，出现明显的胸式呼吸。剧烈的腹痛，痛苦呻吟，低头收腹，拱背蜷缩，反射性呕吐，排便迟缓。腹腔积水时，下腹向两侧对称性膨大。触诊病犬躲避或抵抗，腹壁紧张，压痛明显。听诊肠音初期增强，后期减弱。叩诊有水浊音，浊音区上方呈鼓音。腹膜炎时腹腔内大量炎性渗出，纤维蛋白沉着，肠管粘连，出现腹水。

慢性腹膜炎病情发展较缓慢，症状较轻，体温一般正常或轻度升高，由于肠管常发生粘连，而使肠蠕动减弱，进而表现出消化不良和疼痛，有时伴有腹水和水肿。

【鉴别诊断】

(1) 犬腹膜炎与犬腹水症的鉴别 二者均有食欲减退，呕吐，腹围膨大，叩诊有水平浊音，并有波动感等临床症状。二者的区别在于：患犬腹水症的病例体温不高，体质消瘦。触摸腹壁无痛感，穿刺有大量腹水流出，无絮状物。

(2) 犬腹膜炎与犬黄曲霉毒素中毒的鉴别 二者均有精神沉郁、食欲不振、腹水等临床症状。二者的区别在于：患犬腹水症的病例因吃了含有黄曲霉毒素的食物，或吃了中毒动物的肝脏而发病，有黄疸，尿呈橙黄色。凝血时间延长，肝脏肿大。剖检见胆管增生，胆汁色素在肝门区积累。

【治疗措施】 治疗原则是消除病因，应用抗生素，消炎抗菌，控制渗出。

① 腹腔积液者，要进行腹腔穿刺放液后，再注入抗生素。可在腹腔内注入20万单位青霉素、20万单位链霉素，0.25%普鲁长因溶液10毫升和5%葡萄糖溶液5毫升。

② 氨苄西林，犬按 20~30 毫克/千克体重，口服，每天 2~3 次，或按 10~20 毫克/千克体重，皮下注射、肌内注射或静脉滴注，每天 2~3 次。

③ 速诺（阿莫西林克拉维酸钾混悬剂），犬、猫按 0.1 毫升/千克体重，皮下注射或肌内注射，每天 1 次。

④ 纠正脱水，维持电解质平衡，改善微循环，可静脉滴注复方氯化钠溶液、5%~10% 葡萄糖和等渗盐水，同时补给维生素 B、维生素 C 等。

> **【提示】** 急性腹膜炎腹痛剧烈，拱背卷腹。触诊疼痛，体温升高（42℃或以上），沉郁，食欲不振，呕吐。胸式呼吸，渗出液多时腹围膨大，穿刺流出含有絮状物的渗出液，镜检有红细胞和白细胞。慢性腹膜炎症状轻微。如肠管与腹膜粘连，则出现规律性的腹痛，有时并发腹水。

二十 腹水症

腹水症是指腹腔内积聚大量的渗出液，是一种慢性炎症疾病。

【病因】

1）肝硬化、肝肿瘤、慢性肝炎等，可使门静脉瘀血，造成腹水。

2）充血性心力衰竭、心脏丝虫病、心瓣膜病等，造成腹水。

3）低蛋白血症，可引起稀血性腹水。

4）营养不良、慢性寄生虫病、肾脏疾病造成腹水。

5）腹膜炎渗出造成腹水。

【临床症状】 腹围膨大，腹部呈梨形下垂，腹水充满时腹部呈圆桶状，触诊腹部有波动，叩诊有水平浊音，水平面随体躯变动而改变。进行性消瘦，脊柱及肋骨均显露，食欲减退，呼吸增数，行走艰难，易疲劳，当腹水充满太多时因膈前移太多而呼吸困难，心跳增速，穿刺腹腔有大量腹水流出。

【鉴别诊断】

（1）犬腹水症与犬腹膜炎的鉴别 二者均有消瘦、腹围膨大、叩诊有水平浊音、穿刺流出液体等临床症状。二者的区别在于：患犬腹膜炎的病例体温高，腹壁敏感，穿刺流出的液体常含有絮状物、红细胞和白细胞。

（2）犬腹水症与犬肝硬化的鉴别 二者均有腹围膨大、叩诊有水平浊音、穿刺流出液体等临床症状。二者的区别在于：患犬肝硬化的病例触诊肝区有压痛。

（3）犬腹水症与犬子宫蓄脓的鉴别 二者均有腹围增大等临床症状。二者的区别在于：患犬子宫蓄脓的病例阴门排出难闻的脓汁，烦渴，呕吐，触诊腹部疼痛，多尿，触摸子宫肥大。

（4）犬腹水症与犬膀胱破裂的鉴别 二者均有腹围增大等临床症状。二者的区别在于：患犬膀胱破裂的病例无尿，步态拘谨，腹痛，血尿，腹腔穿刺流出液有尿味，镜检可见膀胱上皮、尿路上皮细胞。

> ➡ **【提示】** 患病犬、猫腹围膨大，初为梨形，腹水太多时呈圆桶形，触诊有波动，穿刺流出大量液体。

【治疗措施】 治疗原则以治疗原发病，对症治疗，加强护理为主。

① 有大量腹水时，可穿刺放液，穿刺部位可选腹壁最低点，但不可一次放液量过大，否则可引起虚脱，一般不超过 40 毫升/千克体重。

② 苄氟噻嗪，犬按 5～10 毫克/次，口服，每天 2 次；猫按 2.5～5 毫克/次，口服，每天 2 次。

③ 贡撒利，犬按 0.25～1 毫升/次，肌内注射。

④ 氢氯噻嗪，犬按 2～4 毫克/千克体重，口服，每天 1～2 次。

⑤ 用 10% 氯化钙静脉注射，加强腹水的吸收和排出。为防低血钾，可静脉注射 10% 氯化钾溶液。

⑥ 对于低蛋白血症者，可静脉滴入白蛋白。

⑦ 加强护理，给予高蛋白、低钠的食物，限制饮水。

二十一 黄疸

黄疸是由于胆色素代谢障碍，血清胆红素浓度增高，使巩膜、黏膜和其他组织染成黄色的一种病理状态。黄疸是各种肝胆疾病及溶血性贫血的一个症状。临床上把黄疸分为溶血性黄疸、肝细胞性黄疸及阻塞性黄疸。

【病因】

（1）溶血性黄疸 凡能引起红细胞大量破坏而产生溶血现象的疾病，都能引发溶血性黄疸。此时，血清总胆红素多为 5 毫克/100 毫升以下，主要是间接胆红素升高，尿胆原增加，但检测尿中胆红素呈阴性。

（2）肝细胞性黄疸 各种肝炎、肝硬化、钩端螺旋体病、败血症等，因肝细胞受损，其摄取、结合和排泄胆红素的能力发生障碍，故胆红素不能全部结合，以致有相当量的非结合胆红素滞留在血液中。同时，因肝细胞损害及肝小叶结构的破坏，使结合胆红素也不能正常地排入细小胆管，从而反流入肝淋巴液及血液中而发生黄疸。此时，直接及间接胆红素都升高。检测尿中胆红素呈阳性。

（3）阻塞性黄疸 根据阻塞部位，可分为肝外阻塞性黄疸和肝内胆汁淤滞性黄疸。

肝外阻塞性黄疸是由机械性胆管阻塞及胆管狭窄所致。见于胆结石、胆管寄生虫、肿瘤以及十二指肠炎症、胰腺炎等邻近器官的炎症引起胆管壁的炎症等。其发生原理是阻塞上端，胆管内压力不断提高，胆管逐渐扩大，最后使肝内小管淤滞胆汁或破裂，胆汁直接或由淋巴管流入体循环，结果血中结合胆红素增高而发生黄疸。

肝内胆汁淤滞性黄疸见于淤胆型肝炎、药物性肝炎、妊娠中毒症及部分病毒性肝炎时，由于胆盐形成不足，水分向细小胆管的渗入减少，胆汁浓缩形成胆栓，而引起胆汁淤滞。

发生阻塞性黄疸时，血清直接和间接胆红素均升高。完全阻塞时，尿胆素原缺乏，粪便色浅。

【临床症状】 可视黏膜及皮肤黄染，阻塞性黄疸时皮肤瘙痒。血清胆红素升高，出现胆红素尿。大便有异常臭味。同时出现相应疾病的临床症状。

【鉴别诊断】 鉴别诊断见表7-1的内容。

表7-1　黄疸的鉴别诊断

检查项目	溶血性黄疸	肝性黄疸		阻塞性黄疸
		肝细胞性黄疸	肝内胆汁淤积	
血清总胆红素	轻度升高	轻度至中度升高	轻度至中度升高	多高度升高
直接/间接	降低	中度增加	中度增加	轻度至中度增加
血清酶活性	轻度升高	明显升高	轻度至中度升高	有时增高
GPT、GOT、ALP	（GOT）	初期升高至正常	中度升高	进行性明显升高

（续）

检查项目	溶血性黄疸	肝性黄疸		阻塞性黄疸
		肝细胞性黄疸	肝内胆汁淤积	
血清胆固醇	—	减少	中度升高	中度升高
BSP 试验	大致正常	轻度至中度阳性	中度阳性	强阳性
血清胶质反应	阴性	阳性	阳性，偶有阴性	偶有阴性
尿胆素原	阴性	阳性	阳性	完全阻塞的阴性
尿胆红素	阴性	阴性	阳性	强阳性
大便颜色	色深	色浅至色深	色浅	色浅至灰白色
瘙痒	—	+ ~ ±	+ ~ ±	+ ~ ++
贫血	+ ~ +++	+ ~ ±	+ ~ ±	—

【治疗措施】 因黄疸是各种疾病的一个症状，主要在于治疗原发病。对症治疗主要是清热解毒，利尿除湿。可用 10% 葡萄糖溶液同时加入维生素 C，大量输液，另外，大剂量应用 B 族维生素，给予三磷腺苷、辅酶 A 等能量制剂。肝外阻塞者，可口服消疸胺 2 ~ 4 克，每天 3 次。

二十二 感冒

本病是以上呼吸道黏膜炎症为主要症状的急性全身性疾病，多发生于气候多变的季节，幼犬发病率高。

【病因】 饲养管理不当、营养不良、长途运输、过度疲劳、突然受寒冷刺激等因素可导致本病的发生。当机体抵抗力降低、上呼吸道黏膜防御机能减退及对犬饲养管理不当时，呼吸道内的常在菌大量繁殖，亦可导致本病的发生。

【临床症状】 病犬突然发病，精神沉郁，食欲减退，结膜潮红，羞明，流泪，体温升高，流水样鼻液，常发生咳嗽。呼吸加快，胸部听诊肺泡呼吸音增强，心跳加快。

【鉴别诊断】

（1）犬感冒与犬鼻炎的鉴别 二者均有流鼻液、打喷嚏、眼结膜充血、流泪等临床症状。二者的区别在于：患犬鼻炎的病例鼻黏膜潮红、肿胀，单侧或两侧流鼻液。由浆液性、黏液性至脓性甚至血样。鼻黏膜糜烂时，可因呼吸道狭窄而张口呼吸。体温不升高。

（2）犬感冒与犬鼻窦炎的鉴别　二者均有咳嗽、流鼻液、眼结膜充血、流泪等临床症状。二者的区别在于：患犬鼻窦炎的病例多为单侧流鼻液，并且呼出的气体有臭味。低头、甩头，咳嗽时大量流鼻液。鼻旁窦部有肿痛，体温不高，减食或不食。

（3）犬感冒与犬瘟热的鉴别　二者均有体温升高、精神沉郁、减食或不食、打喷嚏、咳嗽、流清水样鼻液等临床症状。二者的区别在于：患犬瘟热的病例有传染性，体温较高（40~41℃），呈双相热，初病时白细胞数量减少。发病2周后出现头部震颤、脊椎抽搐和四爪抖动。在荧光显微镜下检查，细胞质内有苹果色荧光，细胞核呈黑色。

（4）犬感冒与犬副流感的鉴别　二者均有突然发病、体温升高、咳嗽、流鼻液等临床症状。二者的区别在于：患犬副流感的病例有传染性，剧烈咳嗽，扁桃体红肿，少数病犬仅现后躯麻痹和出血性肠炎。应用犬副流感病毒特异性荧光抗体检测，可在支气管上皮细胞检出特异荧光细胞。

（5）犬感冒与犬传染性气管支气管炎的鉴别　二者均有体温升高、咳嗽、流鼻液、沉郁、食欲不振等临床症状。二者的区别在于：患犬传染性气管支气管炎的病例有传染性，运动或兴奋时咳嗽加剧。肺音粗粝，有啰音，持续咳嗽可引起呕吐和腹泻。

（6）犬感冒与犬弓形虫病的鉴别　二者均有发热、沉郁、厌食、咳嗽、流鼻液等临床症状。二者的区别在于：患犬弓形虫病的病例有传染性，结膜苍白。严重时有出血性腹泻，消瘦，呕吐，运动失调红细胞、白细胞数量均减少。病料接种于小鼠，可分离出弓形虫。

（7）犬感冒与犬呼肠孤病毒感染的鉴别　二者均有体温升高、精神沉郁、减食、咳嗽、流鼻液、结膜炎等临床症状。二者的区别在于：被犬呼肠孤病毒感染的病例有传染性。病初即持续性咳嗽，常并发气管炎和肺炎，半数腹泻。发病10天后，血清中的血凝抑制抗体和中和抗体的效价，比病初高4倍以上。

（8）犬感冒与犬支气管炎的鉴别　二者均有咳嗽、流鼻液等临床症状。二者的区别在于：患犬支气管炎的病例剧烈短咳、干咳。肺音粗粝，有啰音。喉管、气管诱咳呈阴性。

（9）犬感冒与犬肺炎的鉴别　二者均有体温升高、精神沉郁、食欲不振、咳嗽等临床症状。二者的区别在于：患犬肺炎的病例肺部听诊有啰音，叩诊有浊音、半浊音。X射线检查，肺部阴影增加。

> ◉ **【提示】** 本病的诊断依据是受寒冷作用后突然发病，呈现体温升高，咳嗽及流鼻液等上呼吸道轻度炎症等症状。必要时进行治疗性诊断，应用解热剂可迅速治愈，即可诊断为感冒。

【治疗措施】 治疗以解热镇痛，防止继发感染为原则。

① 复方氨基比林，小型犬按 1~2 毫升/次，大型犬按 5~10 毫升/次，皮下注射或肌内注射，每天 2 次，连用 2 天。

② 阿尼利定，小型犬按 0.3~0.5 毫升/次，大型犬按 5~10 毫升/次，皮下注射或肌内注射，每天 2 次，连用 2 天。

③ 阿司匹林，犬按 0.2~1 克/次，口服。

④ 柴胡注射液，犬按 2 毫升/次，肌内注射，每天 2 次。

⑤ 板蓝根冲剂或感冒清热冲剂，犬按每次 1 袋，口服。

⑥ 氨苄西林，犬按 20~30 毫克/千克体重，口服，每天 2~3 次，或按 10~20 毫克/千克体重，皮下注射、肌内注射或静脉滴注，每天 2~3 次。

二十三 鼻炎

鼻炎即鼻黏膜的炎症，按病程分为急性鼻炎和慢性鼻炎，按病因分为原发性鼻炎和继发性鼻炎，以原发性浆液性鼻炎多见。

【病因】

(1) 原发性鼻炎 主要由于鼻黏膜受寒冷、化学、机械性因素刺激所致。

1) 寒冷刺激。寒冷刺激引起的原发性鼻炎占很大比例。由于季节变换、气温骤降，耐寒能力差、抵抗力不强，鼻黏膜在寒冷刺激下发生充血、渗出，鼻腔内条件性病原菌趁势繁殖而引起黏膜炎症。

2) 化学因素。包括挥发性化工原料（如二氧化硫、氯化氢等泄漏）；饲养场产生的有害气体（如氨、硫化氢），以及某些环境污染物等直接刺激鼻黏膜引起炎症；战争中化学毒气也可致病。

3) 机械因素。包括粗暴的鼻腔检查，吸入粉尘、植物芒刺、昆虫、花粉及霉菌孢子，鼻部外伤等直接刺激鼻黏膜引起炎症。

(2) 继发性鼻炎

1) 继发于某些传染病，如犬瘟热、副流感、腺病毒感染，猫泛白细胞减少症，猫大肠杆菌、β—溶血性链球菌感染，犬、猫支气管败血博氏杆菌、出血败血性巴氏杆菌感染。

2）继发于犬鼻螨、肺棘螨等寄生虫感染。

3）某些过敏性疾病，如药物过敏、环境因素过敏等。

4）邻近器官炎症蔓延，如咽喉炎、副鼻窦炎及齿槽骨膜炎、呕吐所致鼻腔污染等可波及鼻黏膜发生炎症。

【临床症状】

(1) 急性鼻炎 病初鼻黏膜潮红、肿胀，因黏膜发痒而引起喷嚏，患病犬、猫摇头后退、以前爪抓搔鼻部。随着炎症的发展，自一侧或两侧鼻孔流出鼻液，初为水样透明浆液性鼻液，后变为黏液性或黏液脓性鼻液，若混有血液，则表现血性鼻液。急性期患病犬、猫出现呼吸急促、张口呼吸及吸气性鼻呼吸杂音等呼吸困难症状。伴有结膜炎时，尚可见羞明，流泪，有眼屎。下颌淋巴结明显肿胀时，可引起吞咽困难。常并发扁桃体炎和咽喉炎。

(2) 慢性鼻炎 病情发展缓慢，临床症状时轻时重，长期流黏液脓性鼻液，鼻腔黏膜有糜烂和溃疡。如伴有副鼻窦炎则引起骨质坏死和组织崩解，鼻液有腐败气味并混有血丝。

【鉴别诊断】

(1) 犬鼻炎与犬副鼻窦炎的鉴别 二者均有鼻流大量黏液、呼吸困难、呼出臭气、结膜炎等临床症状。二者的区别在于：患犬副鼻窦炎的病例鼻旁窦处有疼痛和肿胀。

(2) 犬鼻炎与犬瘟热的鉴别 二者均有鼻流浆液性、黏液性鼻液，打喷嚏，结膜炎等临床症状。二者的区别在于：患犬瘟热的病例有传染性，体温较高（40～41℃），呈双相热，初病时白细胞数量减少。发病2周后出现头部震颤、脊椎抽搐和四爪抖动。在荧光显微镜下检查，细胞质内有苹果色荧光，细胞核呈黑色。

(3) 犬鼻炎与犬感冒的鉴别 二者均有流鼻液、打喷嚏、眼结膜充血、流泪等临床症状。二者的区别在于：犬感冒病例多在气候骤变或在空调、电风扇下睡眠后而突然发病，体温稍高，减食或不食，咳嗽。

> ➲ 【提示】 单纯流鼻液的鼻炎，可根据鼻黏膜充血、肿胀、流浆液至脓性鼻液，喷嚏，吸气性鼻呼吸杂音等症状和体温、脉搏等全身症状变化不明显确立诊断。但需首先排除可疑的传染病，并注意区别其是原发性还是继发性。

【治疗措施】 治疗以消除病因，控制炎症为原则。

① 用 2%~3% 硼酸溶液，或 1% 高锰酸钾溶液冲洗鼻腔，滴入消炎药水（氯霉素眼药水）或涂抹药膏（红霉素软膏）。

② 庆大霉素 1 万~8 万单位，利多卡因 20~40 毫克，地塞米松 2~4 毫克，注射用水 20 毫升，混合滴鼻。每天多次，连用 3~5 天。

③ 氨苄西林，犬按 20~30 毫克/千克体重，口服，每天 2~3 次，或按 10~20 毫克/千克体重，皮下注射、肌内注射或静脉滴注，每天 2~3 次。

④ 速诺（阿莫西林克拉维酸钾混悬剂），犬、猫按 0.1 毫升/千克体重，皮下注射或肌内注射，每天 1 次。

⑤ 头孢唑林钠，犬按 15~30 毫克/千克体重，肌内注射或静脉滴注，每天 3~4 次。

⑥ 1% 复方碘甘油，滴鼻，每天多次，连用 10 天（真菌性鼻炎）。

二十四 鼻出血

鼻出血是指鼻腔或鼻旁窦黏膜血管破裂、出血并从鼻孔流出的一种症状。

【病因】 原发性鼻出血多见于外伤、异物、寄生虫等损伤鼻黏膜所致；继发性鼻出血常由出血性素质疾病引起，如慢性鼻窦炎、鼻炎引起的鼻黏膜溃疡、钩端螺旋体病等感染性疾病、肿瘤、息肉以及香豆素类毒鼠药中毒等。

【临床症状】 临床症状表现为单侧或双侧鼻孔内流出血液，一般为鲜血，呈滴状或线状流出，不含气泡或含有几个大气泡。继发性鼻出血一般多持续流出棕色鼻液。当出现大出血并持续不止时，患病犬、猫可出现严重的贫血症状，表现为可视黏膜苍白，脉搏弱而快。如治疗不及时，可因严重失血而死亡。

【鉴别诊断】

（1）犬鼻出血与犬鼻炎的鉴别 二者均有流鼻血等临床症状。二者的区别在于：患犬鼻炎的病例鼻黏膜潮红、肿胀，鼻液中混有血液。

（2）犬鼻出血与犬腭裂的鉴别 二者均有流鼻血等临床症状。二者的区别在于：患犬腭裂的病例张口可见腭裂，有时鼻液中混有食物。

（3）犬鼻出血与犬肺脏出血的鉴别 二者均有流鼻血，鼻孔周围有血痂，黏膜苍白等临床症状。二者的区别在于：患犬肺脏出血的病例血液因咯而出，并含有泡沫。

> **【提示】** 如果是鼻出血鼻孔流血无气泡，如流出鼻血的血红蛋白减少，呈棕色，可能是肿瘤破裂，用鼻液涂片，可见肿瘤细胞，如继发于其他病后，涂片中可发现病原体。

【治疗措施】 治疗以保持安静，止血为原则。

① 额头、鼻梁冷敷数分钟到半小时。

② 酚磺乙胺，犬按 2~4 毫升/次，猫按 1~2 毫升/次，肌内注射或静脉滴注。

③ 维生素 K_3，犬按 10~30 毫克/次，猫按 5~10 毫克/次，肌内注射。

④ 卡巴克洛，犬按 1~2 毫升/次，肌内注射，每天 2 次，或按 2.5~5 毫克/次，口服，每天 2 次。

⑤ 维生素 C，犬按 100~500 毫克/次，口服、肌内注射或静脉滴注，每天 2 次。

⑥ 氯丙嗪，犬按 3 毫克/千克体重，口服，每天 2 次，或按 1~2 毫克/千克体重，肌内注射，每天 1 次，或按 0.5~1 毫克/千克体重，静脉滴注，每天 1 次。

二十五 喉炎

喉炎是喉黏膜及黏膜下层组织的炎症。喉头由软骨、韧带、黏膜及肌肉组成，可关闭呼吸系统，防止异物进入气管，调节声带发音，抵抗进入呼吸道的空气。因此，喉疾病的初期症状主要表现病犬叫声异常。喉炎是呼吸系统或全身疾病的一个症状。

【病因】 侵害呼吸系统的病毒、细菌及外伤，骨、针、别针的刺伤，温热或化学物质的刺激，浅表呼吸及咳嗽时激烈的空气流动刺激等，均可引起本病的发生。

【临床症状】 病犬叫声嘶哑或完全叫不出，吸气时可听到刺耳的呼吸音且用力呼吸。病犬运动后可视黏膜发绀，吃食或饮水时下咽困难。初期表现干而痛的短咳，随着渗出物的增多，咳嗽声长而带湿性。并发气管炎和肺炎时，体温升高。喉部触诊，敏感性增高，病犬摇头伸颈。喉头严重肿胀而高度狭窄时，喉部听诊有喉头狭窄音。慢性喉炎，咳嗽音粗哑。

【鉴别诊断】

（1）犬喉炎与犬感冒的鉴别 二者均有咳嗽、喉部敏感等临床症状。二者的区别在于：患犬感冒的病例病初体温即升高，流鼻液，肺部听诊呼吸音增强，喉部不肿痛。

（2）犬喉炎与犬支气管炎的鉴别 二者均有咳嗽、流鼻液等临床症状。二者的区别在于：患犬支气管炎的病例听诊时呼吸音增强，有干啰音或湿啰音，喉部不肿痛，诱咳呈阴性。

（3）犬喉炎与犬支气管炎的鉴别 二者均有咳嗽等临床症状。二者的区别在于：患犬支气管炎的病例食欲不振，体温升高（40℃以上），弛张热，呼吸困难，不流鼻液，喉部敏感。

> ➡ **【提示】** 病初痛咳、干咳，叫声嘶哑，后变为湿咳。喉部敏感，触诊即咳，并有肿痛。只有在并发肺炎、支气管炎时体温升高。

【治疗措施】 治疗以消除致病因素，消炎、化痰、止咳为原则。

① 可待因，犬按 15 ~ 60 毫克/次，口服或皮下注射，每天 3 次；猫按 5 ~ 30 毫克/次口服或皮下注射，每天 3 次。

② 氯化铵，犬按 0.2 ~ 1 克/次，口服，每天 2 ~ 3 次。

③ 痰咳净，犬按 0.2 克/次，口服，每天 2 ~ 3 次。

④ 复方甘草片，犬按 1 ~ 2 片/次，口服，每天 3 次。

⑤ 喷托维林，犬按 25 毫克/次，口服，每天 2 ~ 3 次；猫按 5 ~ 10 毫克/次，口服，每天 2 ~ 3 次。

⑥ 2% 普鲁卡因 2 毫升，氨苄西林 0.5 克，地塞米松 5 毫克，注射用水 2 毫升，喉部封闭注射。

⑦ 氨苄西林，犬按 20 ~ 30 毫克/千克体重，口服，每天 2 ~ 3 次，或按 10 ~ 20 毫克/千克体重，皮下注射、肌内注射或静脉滴注，每天 2 ~ 3 次。

二十六 支气管炎

支气管炎是指气管、支气管黏膜及其周围组织的急性或慢性非特异性炎症。临床上以咳嗽、气喘、胸部听诊有啰音为特征，多反复急性发作于寒冷季节。

【病因】 原发性支气管炎主要是受到寒冷刺激和机械、化学因素的作用；继发性支气管炎多为病原体感染所致。

化学性刺激包括吸入烟、刺激性气体、尘埃、霉菌孢子、强硫酸等。

机械性因素有过度勒紧项圈、食道内异物及肿瘤、肺肿瘤或心脏异常扩张等超负荷压迫支气管使支气管内分泌物排泄不畅等，均可刺激呼吸道黏膜而引起支气管炎症。

【临床症状】 急性支气管炎主要表现剧烈的短而干性的咳嗽，随渗出物增加而变为湿咳。人工诱咳呈阳性。两侧鼻孔流浆液性、黏性乃至脓性鼻液。肺部听诊支气管呼吸音粗粝。发病 2~3 天后可听到湿啰音。并发于传染病的支气管炎，体温升高，出现严重的全身症状。

慢性支气管炎多呈顽固性湿咳，有的持续干咳。体温多正常。肺呼吸音多无明显异常，有时能听到湿啰音和捻发音。如果支气管黏膜结缔组织增生变厚，支气管腔狭窄，则发生呼吸困难。

【鉴别诊断】

(1) 犬支气管炎与犬感冒的鉴别 二者均有体温升高、咳嗽、流鼻液等临床症状。二者的区别在于：患犬感冒的病例喉气管按捏时不发咳，眼结膜充血，流泪，肺部听诊无干啰音或湿啰音。

(2) 犬支气管炎与犬喉炎的鉴别 二者均有咳嗽、流鼻液等临床症状。二者的区别在于：患犬喉炎的病例喉部按捏敏感发咳并有肿胀热痛。

(3) 犬支气管炎与犬呼肠孤病毒感染的鉴别 二者均在冬、春两季多发，均有体温升高，初病即咳，流黏性鼻液等临床症状。二者的区别在于：被犬呼肠孤病毒感染的病例有传染性，精神沉郁，食欲下降，还有脓性结膜炎，有半数腹泻病犬。

(4) 犬支气管炎与犬传染性气管支气管炎的鉴别 二者均有体温升高、咳嗽、运动后加剧、流鼻液等临床症状。二者的区别在于：患犬传染性气管支气管炎的病例有传染性，精神沉郁，食欲不振，也可出现呕吐和腹泻。

(5) 犬支气管炎与犬副流感的鉴别 二者均有体温升高，咳嗽，流浆液性、黏液性、脓性鼻液等临床症状。二者的区别在于：患犬副流感的病例有传染性，传播迅速。精神沉郁，食欲减少。扁桃体红肿。应用犬流感病毒特异性荧光抗体，在气管支气管上皮细胞中，可检出特异性荧光细胞。

(6) 犬支气管炎与犬瘟热的鉴别 二者均有体温升高，咳嗽，流浆液性、黏液性、脓性鼻液等临床症状。二者的区别在于：患犬瘟热的病例有传染性，双相热，体温较高（39.5～40℃），眼有结膜炎、角膜炎且有黏性脓性分泌物，使上下眼睑粘连。减食进而拒食。出现头部震颤，脊椎扭动，四爪颤动。

> **【提示】**
>
> 　1）急性支气管炎。体温升高或正常。初期有干咳、短咳、痛咳，后期有长咳、湿咳。流浆性、黏性、脓性鼻液。呼吸音增强。听诊有干啰音或湿啰音。
>
> 　2）慢性支气管炎。持续咳嗽，早晚接触冷空气、运动、采食后即出现咳嗽。鼻液少而黏稠。X射线检查见肺部有较粗纹理的支气管阴影。

【治疗措施】　治疗以去除病因，平喘、止咳、化痰、抗菌消炎、抗过敏、补液、强心为原则。

①氨茶碱，犬按15～20毫克/千克体重，口服，每天2～3次，或按50～100毫克/次，肌内注射或静脉滴注。

②可待因，犬按15～60毫克/次，口服或皮下注射，每天3次；猫按5～30毫克/次，口服或皮下注射，每天3次。

③氯化铵，犬按0.2～1克/次，口服，每天2～3次。

④复方甘草片，犬按1～2片/次，口服，每天3次。

⑤青霉素、链霉素，犬按各80万单位/次，肌内注射，每天2次。

⑥速诺（阿莫西林克拉维酸钾混悬剂），犬、猫按0.1毫升/千克体重，皮下注射或肌内注射，每天1次。

⑦头孢唑林钠，犬按15～30毫克/千克体重，肌内注射或静脉滴注，每天3～4次。

二十七　肺炎

肺炎是小叶性肺炎（是支气管细支气管和肺小叶的炎症，也称卡他性肺炎）和大叶性肺炎（纤维素肺炎甚至一侧肺或全肺的炎症）的统称。临床上小叶性肺炎以弛张热，叩诊有灶状浊音，听诊有捻发音为特征；大叶性肺炎以高热稽留，胸部叩诊有大片浊音，流铁锈色鼻液为特征。

【病因】

1）受寒，营养不良，管理不当，过度劳役导致机体抵抗力降低，肺部常在菌、吸入的细菌、病毒得以大量繁殖而引发本病。

2）感冒、犬瘟热、犬疱疹病毒病、弓形虫病、寄生虫病、真菌病均可继发本病。

3）机体发生变态反应、过敏反应也可继发本病。

【临床症状】

(1) 小叶性肺炎　初期精神沉郁，减食或拒食，体温升高（40℃以上），呈弛张热，心跳加快，湿性痛咳。听诊呼吸音粗糙，有湿啰音和捻发音，叩诊有局部浊音（肺尖叶或心叶下部）。严重时，呼吸急促和呼吸困难，表现为张口呼吸，颊部也随呼吸而扇动，两肋用力扇动，可视黏膜发绀。如持续张口呼吸、两肋扇动，一般预后不良。胸部有压痛。

(2) 大叶性肺炎　精神沉郁，减食或绝食，体温升高40℃以上，呈稽留热，心跳每分钟140～190次。眼结膜潮红及发绀，呼吸急促，进行性呼吸困难，流铁锈色鼻液，胸部叩诊浊音半浊音消失，其他部位可同时听到干啰音、湿啰音。

【鉴别诊断】

(1) 犬肺炎与犬支气管炎的鉴别　二者均有痛咳，流鼻液等临床症状。二者的区别在于：患犬支气管炎的病例体温升高或正常，流浆性、黏性、脓性鼻液，全身症状轻微，食欲无异常。

(2) 犬肺炎与犬传染性气管支气管炎的鉴别　二者均有体温升高、精神沉郁、食欲不振、咳嗽、流鼻液、听诊肺部有啰等临床症状。二者的区别在于：患犬传染性气管支气管炎的病例有传染性。咳嗽较剧烈，流脓性鼻液（不出现铁锈色鼻液）。持续咳嗽，也能引起呕吐和腹泻。X射线检查见纹理增强。

(3) 犬肺炎与犬副流感的鉴别　二者均有体温升高，精神委顿，食欲不振，流鼻液，咳嗽等临床症状。二者的区别在于：患犬副流感的病例有传染性，发病急，传播快，咳嗽剧烈，鼻液由浆液性、黏液性转为脓性。应用犬副流感病毒特异荧光抗体，在气管支气管上皮细胞中检出特异荧光细胞。

(4) 犬肺炎与犬呼肠孤病毒感染的鉴别　二者均有体温升高、咳嗽、食欲减退或废绝、精神沉郁等临床症状。二者的区别在于：患犬呼肠孤病毒感染的病例有传染性。病初即发生持续性咳嗽，一天后即流清水样鼻液。并发脓性结膜炎，半数犬腹泻。发病1周后，血清中的血凝抑制抗体迅速上升（高的可达1:5120），可持续40天以上。

(5) 犬肺炎与犬感冒的鉴别　二者均有体温升高，精神沉郁，食欲

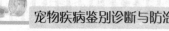
不振，咳嗽等临床症状。二者的区别在于：患犬感冒的病例多因受凉而发病，打喷嚏，眼结膜充血，流泪，按捏喉部气管，敏感、咳嗽。

（6）犬肺炎与犬胸膜炎的鉴别　二者均有温高、呼吸困难、痛咳、胸部有压痛等临床症状。二者的区别在于：患犬胸膜炎的病例两肘外展，多数烦躁不安，犬爱坐而少横卧。听诊，有捻发音；叩诊胸部，有疼感且有水平浊音；胸壁穿刺，有黄色或红黄色液体流出。

（7）犬肺炎与犬胸腔积水的鉴别　二者均有呼吸困难，胸部叩诊有浊音或半浊音等临床症状。二者的区别在于：患犬胸腔积水的病例体温不高，胸部叩诊有水平浊音，水平线随体位变动而变更。胸壁穿刺，流出大量液体。

> ◎ **【提示】** 根据流鼻液，咳嗽，呼吸困难体温升高，肺部听叩诊变化及X射线检查结果，不难确诊，但特异性原因则需对渗出物和黏液等进行实验室检查方能确定。病毒性肺炎，通常是白细胞数量减少，霉菌性肺炎一般呈慢性经过，用常规抗生素治疗效果较差或完全无效。在近期进行全身麻醉或有严重呕吐或有强行灌服药物病史的宠物，则可怀疑有吸入性肺炎。

【治疗措施】

1）小叶性肺炎主要以消炎、止咳、化痰、制止渗出为治疗原则。

① 阿米卡星，犬按 5～15 毫克/千克体重皮下注射或肌内注射，每天 1～3 次；猫按 10 毫克/千克体重，皮下注射或肌内注射，每天 3 次。

② 速诺（阿莫西林克拉维酸钾混悬剂），犬、猫按 0.1 毫升/千克体重，皮下注射或肌内注射，每天 1 次。

③ 头孢唑林钠，犬按 15～30 毫克/千克体重，肌内注射或静脉滴注，每天 3～4 次。

④ 盐酸洛美沙星，犬按 3～5 毫克/千克体重，口服或肌内注射，每天 2 次。

⑤ 氯化铵，犬按 0.2～1 克/次，口服，每天 2～3 次。

⑥ 复方甘草片，犬按 1～2 片/次，口服，每天 3 次。

2）大叶性肺炎以消炎、止咳、化痰、制止渗出为治疗原则。

① 青霉素、链霉素，犬按各 80 万单位/次，肌内注射，每天 2 次

② 速诺（阿莫西林克拉维酸钾混悬剂），犬、猫按 0.1 毫升/千克体

重，皮下注射或肌内注射，每天 1 次。

③ 硫酸卡那霉素，犬按 10 ~ 15 毫克/千克体重，口服。每天 2 次，或按 5 ~ 7 毫克/千克体重，肌内注射，每天 2 次，肾功能差者慎用。

④ 复方新诺明，抗菌时，按 15 毫克/千克体重，口服或皮下注射，每天 2 次。

⑤ 阿奇霉素，犬按 5 ~ 10 毫克/千克体重，口服，每天 1 ~ 2 次；猫按 7 ~ 15 毫克/千克体重口服，每天 2 次，连用 5 ~ 7 天。

⑥ 两性霉素 B，犬按 0.25 ~ 0.5 毫克/千克体重，溶于 0.5 ~ 1 升 5% 葡萄糖溶液，静脉滴注，超过 6 ~ 8 小时，隔天滴注 1 次，总剂量 8 ~ 10 毫克/千克体重。猫按 0.2 毫克/千克体重，静脉滴注，隔天滴注 1 次，总剂量 5 ~ 8 毫克/千克体重。

⑦ 供氧，对于呼吸困难、严重缺氧的患病犬、猫，应予以吸氧。

二十八 肺水肿

肺水肿是肺毛细血管内血液量异常增加，血液的液体成分渗漏到肺泡、支气管及肺间质内的一种非炎症性疾病。临床上以极度呼吸困难、流泡沫样鼻液为特征。

【病因】 肺毛细血管管压升高，见于各种原因所致的左心功能不全、肺静脉栓塞性疾病、输血及输液过量等。

血液胶体渗透压降低（低蛋白血症），见于肝病时蛋白合成能力降低、肾小球肾炎及淀粉样变性的蛋白丢失、蛋白漏出性肠炎、消化吸收不良综合征等。

肺泡毛细血管通透性改变，见于吸入毒物、外源性循环毒、内源性循环毒、弥漫性血管内凝血、免疫反应、过敏、休克等。

【临床症状】 突然发病，弱而湿的咳嗽，头颈伸长、鼻翼扇动甚至张口呼吸、高度混合性呼吸困难，呼吸数明显增多（60 ~ 80 次/分）。

患病犬、猫惊恐不安，常呈犬坐姿势，结膜潮红或发绀，体温升高，眼球凸出，静脉怒张，两侧鼻孔流出大量浅黄色泡沫状鼻液。胸部听诊有广泛的水泡音。

发生心功能障碍时，患病犬、猫呈休克状态。

【鉴别诊断】

(1) 犬肺水肿与犬肺炎的鉴别 二者均有呼吸困难、张口呼吸、听诊有湿啰音等临床症状。二者的区别在于：患犬肺炎的病例，不论是大叶性肺炎还是小叶性肺炎，体温均在40℃以下。小叶性有咳嗽，大叶性流铁锈色鼻液。

（2）犬肺水肿与犬弓形虫病的鉴别　二者均有呼吸困难、鼻流分泌物等临床症状。二者的区别在于：患犬弓形虫病的病例有传染性，体温高，结膜苍白，消瘦，呕吐，有出血性腹泻，运动失调，红细胞、白细胞数量减少。病料接种，小鼠可分离出弓形虫。

（3）犬肺水肿与犬念珠状链杆菌病的鉴别　二者均有呼吸困难、鼻流泡沫样液体等临床症状。二者的区别在于：患犬念珠状链杆菌病的病例有传染性，被鼠咬后发病，体温高（40℃以上），多经数小时后死亡。死后才从口、鼻流出带血的泡沫液体（不是生前排白色或浅黄色细小泡沫液体）。将脾脏、肝脏病变部涂片，用姬姆萨染色，可见少数单个或成双的杆菌。

（4）犬肺水肿与犬肺气肿的鉴别　二者均有呼吸困难、呼吸用力、结膜发绀等临床症状。二者的区别在于：患犬肺气肿的病例肺音界扩大。胸部叩诊有过清音。X射线检查见肺部野透明，膈肌后移。

> ⟳ **【提示】** 根据病史调查，突发高度呼吸困难等临床症状，配合X射线检查，可以确诊。

【治疗措施】　治疗原则是，消除病因，使病犬保持安静，减轻心脏负担，缓解肺循环障碍，制止渗出，缓解呼吸困难。

① 苯巴比妥，犬按 1～2 毫克/千克体重，口服或肌内注射，每天 2～3 次；猫按 1 毫克/千克体重，口服或肌内注射，每天 2 次。

② 羟吗啡酮，犬按 0.05～0.1 毫克/千克体重，静脉滴注，或按 0.1～0.2 毫克/千克体重，肌内注射或皮下注射；猫按 0.02 毫克/千克体重，静脉滴注。

③ 供氧。对于呼吸困难、严重缺氧的患病宠物，应予以吸氧。

④ 氨茶碱，犬按 10～15 毫克/千克体重，口服、肌内注射或静脉滴注，每天 2～3 次。

⑤ 地高辛，犬按 0.005～0.01 毫克/千克体重，口服，每天 2 次；猫按 0.005～0.008 毫克/千克体重，口服，隔天 1 次。

⑥ 泼尼松，犬按 0.5～2 毫克/千克体重，口服或肌内注射，每天 2 次。

二十九　肺气肿

肺气肿是肺泡气肿和间质性气肿的统称。本病是因肺组织内空气含量过多而致体积膨胀。肺泡性肺气肿是指肺泡内空气量增多。间质性肺气肿是气体进入间质的疏松结缔组织中使间质膨胀。

【病因】　肺气肿有原发性和继发性两种。原发性肺气肿主要是因剧烈运动、急速奔跑、长期挣扎，由于强烈的呼吸所致。老龄犬、猫因肺泡壁弹性降低较容易发生本病。继发性肺气肿常因慢性支气管炎、支气管狭窄、气胸时的持续咳嗽，因气体通过障碍而发生。

【临床症状】　患病犬、猫呼吸困难、气喘，张口呼吸，明显的缺氧症状，可视黏膜发绀，精神沉郁，易于疲劳，脉搏增数，体温一般正常。肺部听诊，肺泡音减弱，可听到碎裂性啰音及捻发音。在肺组织被压缩的部位，可听到支气管呼吸音。叩诊有过清音，叩诊界后移。

【鉴别诊断】

(1) 犬肺气肿与犬肺水肿的鉴别　二者均有呼吸困难、用力、结膜发绀等临床症状。二者的区别在于：患犬肺水肿的病例鼻流浅黄色或白色细小泡沫性鼻液。口胸部听诊，有水泡音或捻发音。X射线检查，常看不到支气管内腔。

(2) 犬肺气肿与犬肺炎的鉴别　二者均有呼吸困难、用力，有时张口呼吸，听诊有湿啰音等临床症状。二者的区别在于：患犬肺炎的病例不论大叶性肺炎还是小叶性肺炎，体温均在40℃以上。小叶性肺炎有咳嗽症状，大叶性肺炎流铁锈色鼻液症状。

(3) 犬肺气肿与犬气胸的鉴别　二者均有呼吸困难、结膜发绀、胸廓扩大、胸部叩诊有鼓音等临床症状。二者的区别在于：患犬气胸的病例肋间隙增宽，肺的音界不扩大。X射线检查见背侧胸腔有囊状气集块，胸壁与肺间距扩大，心脏和气管移向健侧。用针穿刺可排出气体。

> 【提示】　患病犬、猫突发呼吸困难，呼吸用力，肺音界扩大。叩诊有过清音。X射线检查见肺部视野透明，膈肌后移。

【治疗措施】　治疗原则为积极治疗原发病，改善肺的通气和换气功能，控制心力衰竭。

① 四环素，犬按1.5～20毫克/千克体重，口服，每天3次；猫按10毫克/千克体重，口服，每天3次。

② 头孢噻肟钠，犬按 20～40 毫克/千克体重，肌内注射、皮下注射或静脉滴注，每天 3～4 次。

③ 复方甘草合剂，镇咳化痰，犬按 5～10 毫升/次，口服，每天 3 次。

④ 供氧。对于呼吸困难、严重缺氧的患病宠物，应予以吸氧。

⑤ 喷雾疗法。1% 异丙肾上腺素 0.6 毫升、庆大霉素 100 毫克，卡那霉素 500 毫克，多黏菌素 60 毫升及生理盐水 5 毫升，溶解后经口腔喷雾，每天 3 次，每次 20 分钟。

三十 胸膜炎

胸膜炎是胸膜发生炎性渗出和纤维蛋白沉积的炎症过程。犬的胸腔由于纵隔不完整，左右两侧互相联系，因此，胸膜炎多为两则性。正常情况下，由壁层胸膜产生的浆液，其水分及电解质由肺胸膜的毛细血管及淋巴管吸收，蛋白由壁层及纵隔胸膜的淋巴管吸收，使胸腔内保留有 25～30 毫升浆液，当胸腔吸收减少而使液体增加时，就要造成胸腔内积聚渗出液。但胸膜炎积聚的渗出液，不是吸收减少，而是产生增加的结果。

【病因】 继发性胸膜炎多发生支气管肺炎、胸部食管穿孔、结核病、犬传染性肝炎、钩端螺旋体病、猫传染性腹膜炎、猫传染性鼻气管炎等。原发性胸膜炎多由胸壁严重挫伤、胸膜腔肿瘤及寒冷刺激或过劳使机体防御机降低，病原菌乘虚侵入而致病。

【临床症状】 患病犬、猫取站立或犬坐姿势，体温升高 40℃ 以上，呼吸浅表，呈断续性呼吸和明显的腹式呼吸。多数患病犬、猫烦躁不安，疼痛性咳嗽，拒绝胸部检查。如胸膜腔有渗出液，胸部叩诊有水平浊音。

【鉴别诊断】

（1）犬胸膜炎与犬肺胸腔积水的鉴别 二者均有呼吸困难、肘关节外展、胸部叩诊有水平浊音等临床症状。二者的区别在于：患犬胸腔积水的病例体温不高。胸部听诊无摩擦音；叩诊无疼痛反应。

（2）犬胸膜炎与犬肺炎的鉴别 二者均有体温升高（40℃ 以上）、呼吸困难、有痛咳、胸壁有压痛等临床症状。二者的区别在于：患犬肺炎的病例，小叶性肺炎初期听诊呼吸音粗糙，有湿啰音和捻发音；大叶性肺炎听诊有浊音区呼吸音减弱或消失，其他部位可同时听到干啰音、湿啰音。小叶性肺炎叩诊仅局部（肺尖叶和心叶）有浊音；大叶性肺炎有浊音、半浊音，不出现水平浊音。

➡ 【提示】 患病犬、猫体温升高（40℃以上），呼吸困难，腹式呼吸，犬坐，痛咳，两肘外展。胸部听诊有摩擦音。叩诊有疼痛和水平浊音。有渗出，胸腔穿刺，流出黄色或黄红色液体。X射线检查，可见胸液阴影。

【治疗措施】 治疗原则为消除病因，消炎止痛，制止渗出。

① 氨苄西林，犬按20～30毫克/千克体重，皮下注射、肌内注射或静脉滴注，每天2～3次。

② 速诺（阿莫西林克拉维酸钾混悬剂），犬、猫按0.1毫升/千克体重，皮下注射或肌内注射，每天1次。

③ 头孢唑林钠，犬按15～30毫克/千克体重，肌内注射或静脉滴注，每天3～4次。

④ 林可霉素，犬按15毫克/千克体重，口服，每天3次，连用21天。

⑤ 复方氨基比林，小型犬按1～2毫升/次，大型犬按5～10毫升/次，皮下注射或肌内注射。

⑥ 阿尼利定解热镇痛，小型犬按0.3～0.5毫升/次，大型犬按5～10毫升/次，皮下注射或肌内注射，每天2次，连用2天。

⑦ 10%葡萄糖酸钙10～20毫升/次，地塞米松5～10毫克/次，维生素C 0.1～0.5克/次，静脉滴注，每天1次（制止炎性渗出）。

三十一 胸腔积水

本病是炎性或非炎性的浆液性液体在胸腔内积聚，以呼吸困难为特征。

【病因】 主要是胸水产生过多、吸收不全或某种机制使液体向胸腔内漏入，如心功能不全、心内膜炎、低蛋白血症、恶病质、肿瘤、中毒、胸腔内淋巴管扩张等，均可引起本病。

【临床症状】 患病犬、猫初期呼吸急促和呼吸困难。发生于运动或兴奋后。听诊肺泡音减弱。胸壁叩诊两侧有水平浊音，而且随体位变化而异，胸部背侧叩诊有鼓音，腹侧消失。严重呼吸困难时，患病犬、猫仰头伸颈，两侧肘关节外展，呈犬坐姿势。

【鉴别诊断】

(1) 犬胸腔积水与犬胸膜炎的鉴别 二者均有呼吸困难，两肘外展，胸部叩诊有水平浊音等临床症状。二者的区别在于：患犬胸膜炎的病例体温高（40℃以上），多数烦躁不安。有痛咳，胸部听诊有摩擦音；叩诊，显痛。

（2）犬胸腔积水与犬大叶性肺炎的鉴别　二者均有呼吸困难，胸部听诊有浊音或半浊音等临床症状。二者的区别在于：患犬大叶性肺炎的病例体温高（40℃以上），流铁锈色鼻液。胸部听诊有于湿啰音和捻发音。胸部叩诊不出现水平浊音。

（3）犬胸腔积水与犬气胸的鉴别　二者均有体温不高、呼吸困难、胸部叩诊有鼓音等临床症状。二者的区别在于：患犬气胸的病例肋骨间隙增宽，肺的音界不扩大。X射线检查，背侧胸腔有囊状空气集块，胸壁与肺的间距扩大，心脏与气管移向健侧。用针穿刺胸壁，有气体排出。

> ➡ **【提示】** 体温无变化，呼吸困难。胸部听诊，肺泡音减弱。叩诊有水平浊音，浊音水平线并随体躯变更位置而变更。胸部穿刺，流出液体。X射线检查可见胸部腹侧均匀的浊度增加，心脏阴影不明显，肺叶间裂沟明显增宽，胸膜腔呈密密的带状。心脏和横膈膜形成的角度部分或全部消失。背侧像肋骨和横膈膜的角度变大，立位侧可见积聚的液体与胸腔内空间形成的水平线。

【治疗措施】　治疗原则为消除病因，减少积液，防止继发感染。

① 胸腔穿刺排出积水，用0.1%雷夫诺尔冲洗胸腔，然后注入醋酸可的松35～300毫克。

② 双氢克尿噻，犬按2～4毫克/千克体重，口服，每天1～2次。

③ 呋塞米，犬按2～4毫克/千克体重，口服、肌内注射或静脉滴注，每4～12小时1次；猫按0.5～2毫克/千克体重，静脉滴注，每天3次。

④ 普萘洛尔，犬按0.01～0.1毫克/千克体重，静脉滴注，或按0.2～1毫克/千克体重，口服，每天2～3次，最大剂量7毫克/（千克·天）。

⑤ 氨苄西林，犬按20～30毫克/千克体重，口服，每天2～3次，或按10～20毫克/千克体重，皮下注射、肌内注射或静脉滴注，每天2～3次。

三十二　气胸

气胸是胸膜腔内积聚气体，抑制肺的扩张运动而产生呼吸困难的病理状态。

【病因】　主要由外伤和原发性原因所致。犬之间咬架、枪伤及交通事故等造成胸壁穿透性损伤，肺组织、呼吸道及食道损伤等，使空气进入胸膜腔。原发性气胸多由肺气肿、肺结核等引起。本病通常呈单侧性病变。气胸分为开放性气胸、闭合性气胸和张力性气胸。

【临床症状】 患病犬、猫表现呼吸急促、腹式呼吸、间或疼痛性呼吸困难，可视黏膜发绀。患病犬、猫移动体位或运动时，症状加重。患侧胸廓运动性差，肋间隙扩大，胸廓扩大。叩诊有鼓音，心尖偏于健康侧。

【鉴别诊断】

（1）犬气胸与犬肺气肿的鉴别 二者均有体温无变化、呼吸困难、结膜发绀、胸廓扩大、胸部叩诊有鼓音等临床症状。二者的区别在于：患犬肺气肿的病例突发呼吸困难，肺的音界扩大。X射线检查见肺部视野透明，膈肌后移。

（2）气胸与犬胸腔积水的鉴别 二者均有体温不高、呼吸困难、胸部（背侧）叩诊有鼓音等临床症状。二者的区别在于：患犬胸腔积水的病例，胸部叩诊有水平浊音，这种水平浊音的水平线随体位变动而变更。胸部穿刺，流出大量液体。

> 【提示】 患病犬、猫呼吸急促、困难，可视黏膜发绀，胸廓扩大，叩诊有鼓音。X射线检查，背侧胸腔有囊状气集块，胸壁与肺间距扩大，心脏和气管移向健侧。用针穿刺，有气体排出。

【治疗措施】 本病的治疗原则是对症治疗，防止继发感染。

1）开放性气胸，修复胸部创口，抽出胸部空气。

2）闭合性气胸，情况较轻者，可自愈；严重者，可抽出胸部空气，治疗数日无效者，可探查性切开胸壁。

3）抑菌消炎。

① 氨苄西林，犬按20~30毫克/千克体重，口服，每天2~3次，或按10~20毫克/千克体重，皮下注射、肌内注射或静脉滴注，每天2~3次。

② 速诺（阿莫西林克拉维酸钾混悬剂），犬、猫按0.1毫升/千克体重，皮下注射或肌内注射，每天1次。

③ 头孢拉定，犬按25~50毫克/千克体重，静脉滴注，每天2次。

4）输血、补液、给氧等。

三十三 心力衰竭

心力衰竭是心肌收缩力减弱，使心脏排血量减少、静脉回流受阻、动脉系统供血不足而呈现的全身血液循环障碍的一系列症状和体征的综合征。

【病因】

（1）心脏负荷加重 后负荷（收缩期负荷）加重的原因为主动脉瓣、肺动脉瓣狭窄或体循环、肺循环动脉高压；前负荷（舒张期负荷）加重常见于心脏瓣膜闭锁不全及先天性心脏畸形等。

（2）心肌发生病变 病变见于心肌炎、严重贫血、甲状腺功能亢进及维生素 B_1 缺乏等症。

（3）继发于某些疾病 当继发急性传染性（犬瘟热、细小病毒病、弓形虫病、寄生虫病等）、中毒性疾病、慢性肾炎及慢性肺泡水肿等，可引发心力衰竭。

（4）其他 在治疗疾病过程中，过快或过量的输液以及不常剧烈运动的犬突然运动量过大等，可引发心力衰竭。

【临床症状】 急性心力衰竭的犬、猫表现为高度呼吸困难，精神极度沉郁，脉搏细数而微弱。可视黏膜发绀，体表静脉怒张。神志不清，突然倒地痉挛，体温降低，并发肺水肿，胸部听诊可见广泛性湿啰音，两侧鼻孔流出泡沫样鼻汁；慢性心力衰竭的犬、猫，病程发展缓慢，精神沉郁，不愿活动，易疲劳，呼吸困难，黏膜发绀。四肢末端发生水肿，运动后水肿会减轻或消失。听诊心音减弱，出现机械性杂音和心律不齐。心脏叩诊有浊音区扩大。左心衰竭时，主要呈现肺循环瘀血，由于肺脏毛细血管内压急剧升高，可迅速发生肺水肿，表现为呼吸加快和呼吸困难，听诊有各种性质的啰音，并发咳嗽等。右心衰竭时，主要呈现体循环瘀血和心脏性水肿，由于肾脏血液量不足，肾小球的滤过功能减低，使尿的生成量减少。同时由于有效循环血液量不足，引起钠和水在组织内积聚，进一步加重了心脏性水肿，引起脑、胃肠、肝脏、肾脏等实质脏器的瘀血，并表现出各实质脏器功能障碍的一系列症状。

【鉴别诊断】 犬心力衰竭与犬心肌炎的鉴别，二者均有精神沉郁，可视黏膜发绀，静脉怒张，四肢末端发生水肿等临床症状。二者的区别在于：患犬心肌炎的病例脉搏疾速而充实，心悸亢进，心音高亢，稍做运动，心跳加快，停止运动，仍持续较长时间，呼吸困难，下颌水肿，体温升高。

> ➤ 【提示】 对急性心力衰竭，主要根据发病原因、临床症状（全身血液循环障碍和心音、脉搏的变化）综合分析而确定诊断。临床上有诱发急性心力衰竭的原因或原发病存在，并突然呈现心搏动亢进，第二心音减弱，心动过速或心动过缓及期前收缩等心律失常，脉细数，静脉怒张，呼吸困难，黏膜发绀，很快发生肺水肿以及心性晕厥，都是急性心力衰竭的特征。X 射线检查可见心影扩大。当以肺部症状为主时，为左心衰竭；循环静脉血回流障碍时，为右心衰竭。

【治疗措施】 急性心力衰竭的治疗，应采取胸部按压心脏、输氧、心脏内注射肾上腺素、10% 氯化钙或葡萄糖酸钙，把舌拉出口腔外以利于呼吸，必要时进行气管插管。慢性心力衰竭的治疗原则是减轻心脏负担，提高心肌收缩力。使用强心剂、利尿剂和血管扩张剂，辅之以对症治疗。

① 地西泮（镇静），犬按 0.2~0.6 毫克/千克体重，静脉滴注，猫按 0.1~0.2 毫克/千克体重，静脉滴注。

② 洋地黄毒苷（心房纤颤），犬按 0.006~0.012 毫克/千克体重，全效量，静脉滴注，维持量为全效量的 1/10，或按 0.11 毫克/千克体重，口服，每天 2 次，全效量，维持量为全效量的 1/10，每天 1 次。

③ 毛花丙苷（充血性心力衰竭），犬按 0.3~0.5 毫克/次，静脉滴注，混于 10~20 倍 5% 葡萄糖溶液 4~6 小时，重复半量给药。

④ 双氢克尿噻，犬按 2~4 毫克/千克体重，口服，每天 1~2 次。

⑤ 呋塞米，犬按 2~4 毫克/千克体重，口服、肌内注射或静脉滴注，每 4~12 小时 1 次；猫按 0.5~2 毫克/千克体重，静脉滴注，每天 3 次。

⑥ 补液、供氧。

三十四 心肌炎

心肌炎是以伴发心肌兴奋性增加和心肌收缩功能减弱为特征的心肌炎症。多为其他疾病继发或并发，单独发生较少。按其炎症的性质可分为化脓性和非化脓性；按其侵害的组织可分为实质性和间质性；按其炎症的病程可分为急性和慢性。临床上常见急性非化脓性心肌炎。

【病因】 心肌炎主要并发于某些传染病，如犬瘟热、钩端螺旋体病、结核病等，均可并发急性心肌炎。犬细小病毒病能引起犬心肌的慢性变性，寄生虫病、脓毒败血症、毒物中毒的经过中及严重贫血，也可发生心肌的炎症和变性。

【临床症状】 急性心肌炎以心肌兴奋的症状开始，脉搏快速而充实，心悸亢进，心音高亢。运动后心率次数和力量仍维持一个时期而后降低。冠状循环障碍和心肌变性时，脉搏增强，第二心音减弱，伴发收缩期杂音，常出现期前收缩和心律不齐。重症心肌炎可见全身衰竭，震颤，昏迷，突然死亡。慢性心肌炎呈周期性心脏衰竭，体表浮肿，病犬剧烈运动后，出现呼吸困难，黏膜发绀，脉搏加快，节律不齐。

【鉴别诊断】 犬心肌炎与犬的心力衰竭鉴别，二者均有精神沉郁，可视黏膜发绀，静脉怒张，四肢末端发生水肿等临床症状。二者的区别在于：患犬心肌炎的病例，病情严重者突然倒地，痉挛，体温下降；慢性时，易疲劳，无热无痛，触诊呈粉状，心脏听诊心音弱，有杂音，心律不齐。

> ➡ 【提示】 心机能试验是诊断心肌炎的一个指标。方法是：让病犬在安静状态下，测定心跳次数，然后当犬运动5分钟后停止运动，再测心跳次数。当有心肌炎时，停止运动2~3分钟后，心跳次数仍继续加快，须较长时间后才能恢复原来的心跳次数。心电图检查，T波减低或倒置，S-T间缩短。X线检查见心脏阴影扩大。

【治疗措施】 治疗原则是消除病因，减轻心脏负担，增加心肌营养，抗感染和对症治疗。

① 乙酰丙嗪，犬按0.025~0.2毫克/千克体重，静脉滴注，最大剂量2.5毫克，或按0.1~0.25毫克/千克体重口服，皮下注射或肌内注射；猫按0.025~0.1毫克/千克体重，静脉滴注，最大剂量1毫克。

② 供氧，解决呼吸困难。

③ 补液，加入维生素C、维生素B_1、ATP、辅酶A，改善心肌代谢，修复损伤心肌。

④ 普萘洛尔（室性心律失常），犬按0.15~1.0毫克/千克体重，口服，每天3次，或按0.01~0.1毫克/千克体重，静脉滴注5~10分钟以上；猫按2.5~5毫克，口服，每天2~3次。

⑤ 氨苄西林0.5~1.6克，地塞米松1.5~12毫克，注射用水4毫升，肌内注射，每天2次，连用3~4天。

⑥ 速诺（阿莫西林克拉维酸钾混悬剂），犬、猫按 0.1 毫升/千克体重，皮下注射或肌内注射，每天 1 次。

三十五 白血病

白血病可引发造血系统的恶性肿瘤，其特征是骨髓中有广泛的幼稚白细胞（白血病细胞）增生，并进入血液浸润破坏其他组织。本病根据增生的细胞不同，可分为骨髓性白血病（粒细胞性白血病）和淋巴性白血病（淋巴细胞性白血病）；根据病程不同可分为急性白血病和慢性白血病；根据血液中白细胞数量的多少分为白血性白血病（白细胞数量明显增多）和非白血性白血病（白细胞数量减少）。

【病因】 本病的病因与发病机理尚未完全明确。通常认为引发本病的因素有病毒感染、致癌物质及遗传三方面的原因。犬的粒细胞性白血病、淋巴性白血病、肥大细胞性白血病是由病毒感染引起的。

【临床症状】

（1）粒细胞性白血病 此型白血病多见于 1~3 岁的犬，但发病率很低。表现为食欲不振或废绝，体温升高，严重贫血，有的犬呕吐，腹泻，饮欲增加，多尿，肝脏、脾脏、淋巴结肿大，贫血。临床症状超过 1 个月的犬，多预后不良。血象检查，白细胞数量逐渐增高，最高可达 4 万以上，个别病例有白细胞数量减少的，但白细胞比例变化明显，粒细胞可达 70%~90%，主要为中性粒细胞。淋巴细胞的比例急剧降低，而单核细胞数量有所增加。髓象检查，幼稚粒细胞和各种未成熟的粒细胞显著增加，涂片上可见大量的不成熟和不正常的中性粒细胞，骨髓中的其他成分（如幼红细胞系和单核细胞系）均被这种异常原始细胞所取代。

（2）淋巴性白血病 此型白血病多见于 4 岁以下的青年犬。病犬表现为精神沉郁，食欲不振，消瘦，呼吸急促或轻度呼吸困难，体表淋巴结（如下颌淋巴结、咽部淋巴结、浅颈淋巴结、膝窝淋巴结、腋窝淋巴结、腹股沟淋巴结等）肿大，并出现跛行，呕吐，腹泻，皮下组织形成多发性小结节，腹水增多等症状。腹部触诊为脾脏肿大。剖检见肠系膜淋巴结有肿瘤块。血象检查为红细胞数量减少，呈轻度低色素性贫血血，多染性红细胞和幼稚红细胞数量增加。白细胞总数高达 3 万~6 万/毫升，个别犬白细胞数量正常或减少。在白细胞分类上，淋巴细胞绝对增加，出现分化型和未分化型淋巴细胞。骨髓象检查，多数病犬出现异型和大量幼稚淋巴细胞。

（3）单核细胞性白血病　表现为精神沉郁，食欲废绝，可视黏膜苍白，发热，咳嗽，体表淋巴结和脾脏肿大。血象检查见红细胞数量轻度减少，白细胞数量高度增加，最高达8万/毫升。单核细胞数量增加。骨髓象检查可见未分化和分化型的细胞增生。

（4）肥大细胞性白血病　多见于老龄犬，表现为食欲不振，体温稍升高，烦渴，呕吐，腹泻，呼吸急促。特征变化为皮肤出现结节。结节直径多为3厘米以下，多发于躯干，再向四肢和头颈部蔓延，有时可并发脓性炎症及溃疡性变化。血象检查见红细胞数量稍降低，白细胞肥大且细胞数量明显增多。骨髓象检查可见肥大细胞数量增高可达70%。

【鉴别诊断】

（1）犬白血病与犬钩端螺旋体病的鉴别　二者均有体温升高（40℃），精神沉郁，厌食，呕吐，呼吸促迫，体表淋巴肿大，脾脏肿大等临床症状。二者的区别在于：犬钩端螺旋体病的病原是钩端螺旋体，具有流行性，急性有黄疸，慢性有血便，眼结膜充血，肌肉触痛。血检可见"C""O""S""Y"状的纤细菌体。

（2）犬白血病与犬钩虫病的鉴别　二者均有食欲不振或废绝、呕吐、腹泻、贫血等临床症状。二者的区别在于：犬钩虫病的病原是犬钩虫，具有流行性，常排血便或带由腐臭味的黑色粪便。如有皮肤感染，趾间肿胀、奇痒，破溃后脱毛。粪检有虫卵。

（3）犬白血病与犬沙门氏病（肠胃型）的鉴别　二者均有体温升高（40~41℃）、精神萎靡、厌食、呕吐、腹泻贫血、呼吸困难等临床症状。二者的区别在于：犬沙门氏病有传染性。病初排水样粪便，随后为黏液性，严重时带血。此时黏膜苍白，体质虚弱，出现黄疸和休克，即死亡。有的呼吸困难，有肺炎症状。取粪便或脾脏、肝脏、肠系膜淋巴结病样做细菌学检查，易获得沙门氏菌的纯培养物，用荧光抗体检测可获得准确结果。

> 【提示】病犬食欲不振或废绝，呼吸加快，体温升高，贫血，体表淋巴结肿大，呕吐，腹泻。血检见白细胞数量每立方毫米增达46万~50万个。

【治疗措施】治疗原则为抗肿瘤，支持疗法和对症治疗。

① 阿糖胞苷，犬按2.5毫克/（千克·天），静脉滴注，连用4天，或

按 7.5 毫克/千克体重，皮下注射，每天 2 次，连用 2 天。

② 甲氨蝶呤，犬按 0.5 毫克/千克体重，口服，每天 1 次，或按 0.6 ~ 0.8 毫克/千克体重，静脉滴注，每 3 周 1 次；猫按 8 毫克/千克体重，口服或静脉滴注，每 4 周 1 次。

③ 长春新碱，犬按 0.02 毫克/千克体重，静脉滴注，间隔 7 ~ 10 天。

④ 环磷酰胺，犬按 2 毫克/千克体重，口服，每天 1 次，连用 4 天/周，或隔天 1 次，连用 3 ~ 4 周。

⑤ 干扰素，按 10 万 ~ 20 万单位/次，皮下注射或肌内注射，隔 2 天注射 1 次。

三十六 肾炎

肾炎是指肾小球、肾小管或肾间质组织的炎症。临床上分为急性肾小球肾炎、慢性肾小球肾炎、间质性肾炎。多见于中年犬、猫，犬的发病率高，其中雌犬更为常见。

【病因】 目前认为肾炎的发生与感染、中毒、变态反应等因素有关。

(1) 感染因素 多继发于某些病毒（犬瘟热病毒、犬传染性肝炎病毒、猫传染性腹膜炎病毒、猫白血病病毒）、细菌（溶血性链球菌、葡萄球菌、肺炎链球菌/球菌、犬钩端螺旋体、结核杆菌）、寄生虫（犬恶丝虫、弓形虫）等感染。病毒、细菌及其毒素作用于肾脏所引起，或是由于病愈后的变态反应所致。

(2) 中毒因素

1) 内源性毒物中毒。胃肠道炎症、皮肤疾病、代谢障碍性疾病、皮肤大面积烧伤或烫伤时所产生的毒素、代谢产物或组织分解产物等而引发本病。

2) 外源性毒物。应用有强烈刺激性的药物（松节油、苯酚、水杨酸等），误食有毒植物及被砷、汞、铅、磷等毒物污染的食物而引发本病。

(3) 邻近器官的炎症 膀胱炎、子宫内膜炎、阴道炎及乳腺炎等蔓延而引发本病。

(4) 机械因素 因撞击、踢打等外力造成肾脏损伤而引发本病。

(5) 受寒感冒 由于机体遭受寒冷的刺激，引起全身血管发生反射性收缩（尤其是肾小球毛细血管的痉挛性收缩），导致肾血液循环及营养发生障碍，肾脏防御机能降低，病原微生物侵入，促使肾炎发生。

【临床症状】

(1) 急性肾小球肾炎 患病初期病太精神沉郁，体温升高，食欲减退。由于肾区敏感，犬、猫不愿活动。站立时背腰拱起，强迫行走时步态强拘，小步前进。肾区轻轻压迫表现不安，躲避或抗拒检查。频频排尿，但每次尿量较少，有的甚至无尿，尿的相对密度增高，并有血尿现象。出现肾性高血压、主动脉口第二心音增强。尿液检查发现尿中蛋白质含量增高，出现肾上皮细胞，并见有透明及颗粒管型、红细胞管型、上皮细胞管型、白细胞、病原菌等。血液生化检验呈现低蛋白血症。

严重病例由于大量含氮物质蓄积，使血中非蛋白氮含量增高，不同程度肾功能障碍，内生肌酐清除率或尿素清除率均显著降低，呈现尿毒症症状（如机体衰弱无力，昏迷，全身肌肉呈发作性痉挛，严重腹泻，呼吸困难等）。

(2) 慢性肾小球肾炎 多由急性肾炎发展而来。初期表现全身衰弱，无力，食欲不定。继而出现食欲减退，消化机能障碍，间歇性呕吐和腹泻，逐渐消瘦。后期可见眼睑、胸腹下或四肢末端出现水肿，严重时发生肺水肿和体腔积水。早期多饮多尿，尿量为正常时 2 倍左右，相对密度降低；后期尿少，相对密度增高。尿液中有大量肾上皮细胞、管型及少量红细胞和白细胞。晚期尿蛋白反而减少。严重病例由于血中非蛋白氮大量蓄积，引起慢性氮质潴留性尿毒症。同时，心血管系统发生机能障碍。

(3) 间质性肾炎 主要表现为初期尿量增多，后期减少。尿沉渣中也见有少量红细胞、白细胞及肾上皮，一般无蛋白尿。压迫肾区时宠物无疼痛表现。血压升高，心脏肥大，皮下水肿（心性水肿），最后可因肾功能障碍导致尿毒症而死亡。

【鉴别诊断】

(1) 犬肾炎与犬尿道炎的鉴别 二者均有尿频，血尿等临床症状。二者的区别在于：患犬尿道炎的病例肾区不疼痛，仅在尿初有血。尿检无肾上皮细胞。

(2) 犬肾炎与犬膀胱炎的鉴别 二者均有体温稍高，减食，尿频，尿血等临床症状。二者的区别在于：患犬膀胱炎的病例排尿的末尾才见血。按捏膀胱有壁肥厚，敏感、疼痛。尿检有膀胱上皮细胞。

(3) 犬肾炎与犬肾结石的鉴别 二者均有肾区疼痛，血尿，尿检有红细胞、白细胞、脓细胞、肾上皮细胞等临床症状。二者的区别在于：患

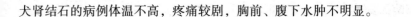

犬肾结石的病例体温不高，疼痛较剧，胸前、腹下水肿不明显。

> 【提示】　主要根据病史，典型临床症状，尿液化验结果进行诊断。
>
> 　　1）急性肾炎。体温在40℃或以上，间或呕吐、腹泻。触诊，肾区疼痛，弓腰。步态强拘，尿少色黄。
>
> 　　2）慢性肾炎。多饮多尿，后期尿少，齿龈及口腔有溃疡。体温正常或偏低，间歇呕吐，腹水。触诊，肾萎缩、变硬，表面凹凸不平，贫血，瘙痒。

【治疗措施】　治疗原则为加强护理，抗菌消炎，利尿消肿，抑制免疫反应，防止尿毒症。

① 呋塞米，犬按2~毫克/千克体重，静脉注射，每天3次，或按0.1~1.0毫克/（千克·小时），静脉注射每天3次。

② 氢氯噻嗪，犬按2~4毫克/千克体重，口服，每天1~2次。

③ 环孢霉素A，犬按15毫克/千克体重，口服，每天1次。

④ 环磷酰胺，犬按2.2毫克/千克体重，口服，每天1次，连用4天/周。

⑤ 氨苄西林，犬按10~20毫克/千克体重，肌内注射或静脉注射，每天2~3次。

⑥ 恩诺沙星，犬、猫按2.5~5毫克/千克体重，皮下注射或静脉注射，每天2次。

三十七　膀胱炎

膀胱炎是指膀胱黏膜和黏膜下层的炎症。临床上以疼痛性尿频、尿沉渣中有大量膀胱上皮、脓细胞、红细胞为特征，常见于雌性犬、猫和老年犬、猫。

【病因】　主要由于病原微生物感染、邻近组织器官炎症的蔓延和膀胱黏膜的机械性刺激或损伤等因素所引起。

（1）病原微生物感染　常见病原菌有化脓杆菌、葡萄球菌、大肠杆菌、变形杆菌、绿脓杆菌等，通过血液循环或经尿道侵入膀胱引起感染。此外，膀胱穿刺或导尿时，因消毒不严易造成感染。

（2）邻近组织器官的炎症蔓延　如肾炎、输尿管炎、尿道炎、阴道炎、子宫炎等，都可蔓延至膀胱而引发膀胱炎。

（3）机械性损伤　当膀胱结石或新生物刺激膀胱黏膜，以及导尿管

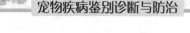

损伤膀胱黏膜等，都可引发炎症。

【临床症状】 患病犬、猫频频排尿或做排尿姿势，排尿时表现疼痛不安，排出的尿量少，或呈点滴状流出。尿液混浊，有强烈的氨臭味，并混有大量黏液、血液或血凝块和大量的白细胞等。触诊膀胱疼痛，多呈空虚状态。一般无明显全身症状，当炎症波及深部组织，或同时伴有肾炎、输尿管炎时，出现有体温升高，精神沉郁，食欲不振等全身症状。

【鉴别诊断】

（1）犬膀胱炎与犬尿道炎的鉴别 二者均有排尿困难，尿频、尿血等临床症状。二者的区别在于：患犬尿道炎的病例，在整泡尿的开始见血。阴茎触诊在有炎症处疼痛。

（2）犬膀胱炎与犬肾炎的鉴别 二者均有尿频、尿血，体温稍升高，减食等临床症状。二者的区别在于：患犬肾炎的病例肾区按压有疼痛，尿血时整泡尿自始至终均有血色。尿检可见肾上皮细胞。

（3）犬膀胱炎与犬尿结石的鉴别 二者均有尿频、尿血，膀胱增大等临床症状。二者的区别在于：患犬尿结石的病例，如果膀胱结石如在膀胱颈处，或在尿道，均可导致尿闭和膀胱破裂。未完全阻塞时滴尿。

（4）犬膀胱炎与犬膀胱弛缓的鉴别 二者均有尿频或尿闭、膀胱增大、减食、行走强拘等临床症状。二者的区别在于：患犬膀胱弛缓的病例膀胱壁没有增厚感，按压无疼痛，而能排出尿液。

> ➡ 【提示】 病犬频尿或每次出现排尿姿势时，尿液仅点滴流出，浑浊，含有血液或凝血块，凝血块多在尿的尾段出现，或稠如豆油，有氨臭味。触诊膀胱疼痛，膀胱壁肥厚。尿检混有大量白细胞（多嗜中性粒细胞，呈脓尿）。X射线检查可见尿结石、肿瘤、尿道异常和膀胱壁肥厚（慢性）。

【治疗措施】 治疗原则为改善饲养管理，抗菌消炎和对症治疗。

① 用雷夫诺尔溶液或0.1%高锰酸钾溶液消毒，冲洗膀胱。

② 用2%明矾溶液或鞣酸溶液收敛，冲洗膀胱。

③ 直接注入青霉素溶液40万~80万单位（溶于5~10毫升注射用水）。

④ 恩诺沙星，按 2.5~8 毫克/千克体重，皮下注射或静脉注射，每天 2 次。

⑤ 酚磺乙胺，按 5~15 毫克/千克体重，肌内注射，每天 2 次。

⑥ 卡巴克洛，按 0.1~0.3 毫克/千克，肌内注射，每天 2 次。

三十八 膀胱弛缓

膀胱弛缓是指膀胱紧张度降低和收缩力丧失而致膀胱积尿不能排出，临床以不能随意排尿，膀胱充盈而无疼痛为特征。

【病因】

1）受寒冷刺激，膀胱颈痉挛，致膀胱积尿不能排出。

2）当犬、猫精神不振时，久卧而懒于起立，失去多次排尿时机，致膀胱胀满而无力排出。

【临床症状】 犬、猫常去习惯排尿处，有排尿姿势而不排尿。表现后躯软弱，后肢走路不稳，好卧，体温无变化，减食或废食，在腹部触摸膀胱膨大，按捏无疼感，有尿经尿道排出。

【鉴别诊断】

（1）犬膀胱弛缓与犬膀胱炎的鉴别 二者均有频尿或尿闭、膀胱膨大、减食、行走强拘等临床症状。二者的区别在于：患犬膀胱炎的病例膀胱壁肥厚，有压痛。

（2）犬膀胱弛缓与犬尿结石的鉴别 二者均有尿闭、膀胱膨大、减食或废食等临床症状。二者的区别在于：患犬尿结石的病例有尿道结石和膀胱结石（在膀胱颈时），常出现努责的排尿姿势而不排尿，表现痛苦，按压膨大膀胱不能排尿随后膀胱破裂。

> ➡ 【提示】 病犬排尿不成泡，若膀胱括约肌麻痹，经常点滴排尿，膀胱不膨大。如膀胱肌麻痹，则膀胱膨大，按压时尿可大量排出。如久不排尿而膀胱又不膨大，腹部膨大，触诊有波动，则是膀胱破裂之征。

【治疗措施】 治疗原则为消除病因，对症治疗。

① 导尿或按压排尿，每天定时进行，缓解膀胱压力。

② 1% 硝酸士的宁，按 0.5~1.0 毫克，皮下注射，每天 1 次或隔日 1 次。

③ 恩诺沙星，按2.5～8毫克/千克体重，皮下注射或静脉注射，每天2次。

三十九 尿道感染

尿道黏膜的细菌感染称为尿道感染，因主要表现为尿道黏膜的炎症变化，故又称尿道炎。临床上以排尿困难，插入导尿管疼痛，排出尿液混浊（混有黏液和脓液）等为特征。本病多发生于雄性犬、猫。

【病因】 主要由于尿道黏膜受到机械性、化学性致病因素的刺激，引起尿道损伤后继发感染所致。也可由邻近器官的炎症蔓延所引起，如包皮炎、膀胱炎、阴道炎、子宫内膜炎等。

【临床症状】 患病犬、猫频频排尿，但排尿困难，排尿时痛苦不安，尿液呈线状、点滴状排出。因尿液中混有炎性分泌物，所以尿液混浊，严重者混有脓液或血液，有时排出脱落的黏膜。触诊患部敏感，探诊时导尿管插入困难，患病犬、猫表现疼痛不安，一般全身症状不明显。尿道口肿胀，流出脓性分泌物。

【鉴别诊断】

(1) 犬尿道感染与犬肾炎的鉴别 二者均有尿频，血尿等临床症状。二者的区别在于：患犬肾炎的病例肾区疼痛，尿的全程均有血。尿检有肾上皮细胞。

(2) 犬尿道感染与犬膀胱炎的鉴别 二者均有排尿困难，尿频，血尿等临床症状。二者的区别在于：患犬膀胱炎的病例腹部可摸到膀胱膨大，膀胱壁增厚。触诊敏感，尿最后段有血液；尿检有膀胱上皮细胞。

(3) 犬尿道感染与犬尿结石的鉴别 二者均有排尿困难，尿频、尿血等临床症状。二者的区别在于：患犬尿结石的病例，肾结石肾区疼痛，尿检有肾上皮细胞；输尿管结石，有剧痛并呕吐；膀胱结石，膀胱充满尿液，尿检有膀胱上皮细胞；尿道结石，滴尿或闭尿，膀胱膨大。

> ➡ 【提示】 犬尿道感染，尿道口肿胀，排尿困难，尿时先见血，后续尿少血或无血，捏压阴茎炎症局部有疼痛。尿检见尿沉渣出现大量扁平上皮细胞。

【治疗措施】 治疗原则为消除病因，控制感染。

① 用1%雷夫诺尔或1%洗必泰（氯己定）冲洗尿道。

② 乌洛托品，犬按 0.5～2 克/次，口服或静脉滴注。

③ 氨苄西林，按 10～20 毫克/千克体重，肌内注射或静脉注射，每天 2～3 次。

④ 速诺（阿莫西林克拉维酸钾混悬剂），犬、猫按 0.1 毫升/千克体重，皮下注射或肌内注射，每天 1 次。

⑤ 拜有利，犬按 5～15 毫克/千克体重，口服或皮下注射，每天 2 次。

⑥ 尿道有阻塞时应进行手术，必要时进行膀胱插管。

四十 尿结石

尿结石是由尿中的无机盐类析出形成结石，引起尿路黏膜发炎、出血和尿路阻塞的疾病，又称尿石症。临床上以排尿困难、阻塞部位疼痛和血尿为特征。根据尿结石形成和阻塞部位不同，可分为肾盂结石，输尿管结石、膀胱结石和尿道结石。

尿结石是在某些核心物质（如黏液、凝血块、脱落的上皮细胞、坏死组织片和异物等）的外周由矿物质盐类（如磷酸盐、碳酸盐、草酸盐、尿酸盐等）和保护性胶体物质（如黏蛋白、胱氨酸、核酸、黏多糖）环绕凝结而形成。临床以磷酸盐结石最为多见（约占犬结石病的 60%）。尿结石的形状很不相同，有的呈球形、椭圆形或多边形，有的呈细颗粒或沙石状，其大小也不一样。

本病多发生于老龄犬、猫。雄性犬、猫以尿道结石多见；雌性犬、猫以膀胱结石多见。

【病因】 目前病因及机理尚不完全清楚。一般认为尿结石的形成乃是多因素综合作用的结果，但主要与机体矿物质代谢障碍、泌尿器官疾病尤其是肾脏的机能活动密切相关。所以尿石症并非是一种单纯的泌尿器官疾病，也非某些矿物质的简单堆积，而是一种伴有泌尿器官病理状态的全身矿物质代谢紊乱的结果。促使尿结石形成的因素主要有：

1）饮水不足引起尿液浓缩，致使盐类浓度过高。

2）食物不当（饲喂高蛋白、高镁饲料，易促进磷酸铵镁结石的形成）或食物、饮水中矿物质含量过高（长期饲喂富含钙质高的食物或饮水）。

3）维生素 A 缺乏或雌激素过剩（肾及尿路上皮不全角化及脱落，使尿结石的核心物增多）。

4）肾脏及尿路感染（尿中细菌和炎性产物积聚，可成为盐类晶体沉淀的核心）及尿液潴留（尿素分解而生成氨，使尿呈碱性，碱化的尿液有利于盐类结晶的沉淀）。

5）其他疾病，如甲状旁腺机能亢进（甲状旁腺激素分泌过多，血钙升高，致使肾脏排出的钙盐增多，尿液晶体浓度增高），磺胺类药物及某些重金属（如铅）中毒等，也可促进尿结石的形成。

【临床症状】 当尿结石的体积细小而数量较少时，一般不显任何症状。当结石体积较大或阻塞尿路时，则出现明显的临床症状。

(1) 肾结石 结石位于肾盂时，称为肾结石。多呈现肾炎、肾盂炎症状，并有血尿、脓尿及肾区敏感现象。当结石移动时，引起短时间的急性疼痛，此时犬、猫拱背缩腹，拉弓伸腰，运步强拘、步态紧张，大声悲叫，同时患病宠物常作排尿姿势。触摸肾区发现肾肿大并有疼痛感。

(2) 输尿管结石 临床不常见，呈现剧烈持续性腹痛。当输尿管部分阻塞时，可见尿频尿痛、血尿、蛋白尿，若两侧输尿管阻塞，出现尿闭现象，腹部触诊发现膀胱空虚。

(3) 膀胱结石 临床最常见，结石位于膀胱腔时，有时并不出现任何症状，但多有频尿、血尿，膀胱敏感性增高，有类似膀胱炎的症状。当结石位于膀胱颈部时，可出现明显的疼痛和排尿障碍，宠物频频做排尿姿势，强力努责，但尿量很少或无尿，腹部触诊膀胱轮廓十分明显，压迫不见尿液排出。腹壁触诊可摸到膀胱内结石。

(4) 尿道结石 犬的尿道结石多发生于阴茎骨的后端。当尿道不完全阻塞时，宠物排尿疼痛且排尿时间延长，尿液呈断续状或点滴状流出，多排出血尿。当尿道完全阻塞时，则出现尿闭或肾性腹痛现象。拱背缩腹，屡做排尿姿势而无尿液排出。尿道探诊时，可触及结石部位，尿道外部触诊有疼痛感。腹壁触诊膀胱时，感到膀胱膨满，体积增大，按压也不能使尿液排出。当长期尿闭时，可引起尿毒症或发生膀胱破裂。

【鉴别诊断】

(1) 犬尿结石与犬尿道炎的鉴别 二者均有排尿困难、疼痛、尿频、尿血等临床症状。二者的区别在于：患犬尿道炎的病例捏压阴茎炎症处有疼感，但无结石形成的疙瘩，经常尿血。

(2) 犬尿结石与犬膀胱炎的鉴别 二者均有尿频、尿血，膀胱较大等临床症状。二者的区别在于：患犬膀胱炎的病例体温稍高。触诊，膀胱壁增厚，敏感且有疼感；尿检有膀胱上皮细胞。

【提示】

① 肾结石，不排血尿，肾区有压痛，行走强拘。

② 输尿管结石，血尿，排尿有痛，捏压腹部发现结石。

③ 膀胱结石，频尿，血尿。不完全阻塞可触及膀胱结石；完全阻塞膀胱膨大，腹部也膨大。

④ 尿道结石，不完全阻塞，排尿时间延长，滴尿，尿初有血尿；完全阻塞，作排尿姿势而无尿，膀胱膨大，腹部也膨大。几天不排尿，腹围大而摸捏不到膀胱，说明膀胱已破裂。

【治疗措施】 治疗原则为加强护理，及时排除结石，控制感染。

① 饮食药物治疗，可用于不完全阻塞或病情较轻的病例，如给予处方食品，促进结石的溶解。

② 醋羟胺酸、乙酰氧肟酸，阻止尿结石的形成，按12.5毫克/千克体重，口服，每天2次。

③ D-青霉胺，阻止胱氨酸盐结石的形成，按15毫克/千克体重，口服，每天2次。

④ 外科手术治疗，对体积较大的结石，必须及时施行膀胱切开术取出结石。

四十一 肾功能衰竭

肾功能衰竭是指肾组织发生的急、慢性肾功能不全、肾衰竭或肾单位绝对数减少所致的临床综合征。可分为急性肾功能衰竭和慢性肾功能衰竭。

1. 急性肾功能衰竭

急性肾功能衰竭又称急性肾功能不全，是指由多种原因造成的急性肾实质性损害而导致的肾功能抑制。临床上以发病急，少尿或无尿，代谢紊乱和尿毒症等为主要特征。

【病因】 多由外伤或手术造成的大出血、急性左心衰竭、严重脱水（因呕吐和腹泻失去大量水分）等因素引起的肾脏严重缺血和由于某些化学毒物（如氯仿和磺胺类药物等）、生物毒素（如蛇毒和生鱼胆）等因素引起的肾脏中毒所致。

【临床症状】 临床症状可分为少（无）尿期、多尿期和恢复期。

(1) 少（无）尿期 多数病例此期可持续15天左右。患病犬、猫在原发病症状的基础上，排尿明显减少或无尿。由于水、盐及代谢产物排泄障碍，而出现水肿、心力衰竭、高钾血症、低钠血症、代谢性酸中毒、氮血症，且易发生感染等。

（2）多尿期　若能度过少尿期，则尿量开始增加。但水及氮质代谢产物潴留依然显著，由于钾排出过快而发生低钾血症，有些犬、猫出现心力衰竭，后肢瘫痪等症状。患病犬、猫多死于该期，也称危险期。耐过者，水肿开始消退，症状逐渐好转。

（3）恢复期　经过多尿期后，尿量逐渐恢复正常。但由于患病犬、猫体力消耗严重，表现肌肉无力、萎缩等。恢复期的长短，取决于肾实质病变的程度。重症者，肾小球滤过功能长期不能恢复，可转变为慢性肾衰。

> ● **【提示】** 根据发病史、临床症状结合实验室检验结果可做出诊断。

【治疗措施】　治疗原则为防止休克和脱水，及时补液，纠正酸中毒和减缓氮质血症。

（1）少尿期治疗　治疗原发病并纠正高血钾和水钠潴留。

1）饮食疗法。补充高能量、维生素食物，限制蛋白质的摄入量。

2）补液、纠正高血钾及氮血症。根据红细胞压积容量和临床症状确定脱水程度及补液量。若伴有酸中毒，可根据二氧化碳结合力，静脉注射碳酸氢钠。对有肾小管坏死的危险病例，纠正脱水后可用渗透性利尿剂。

3）对症疗法。为防止发生败血症，可肌内注射氨苄西林。为防止休克，可肌内注射地塞米松。解除痉挛，可肌内注射氯丙嗪。

（2）多尿期治疗　多尿期开始时，为尿毒症高峰，仍需按少尿期治疗，随尿量渐多，水肿消退，转入多尿期治疗。随排尿量的增加，电解质大量流失量，应注意补充电解质，尤其是钾的补充，避免低血钾的出现。

（3）恢复期　血尿素氮为20毫克/100毫升，可作为恢复期开始的指标，此期应注意营养，加强护理并适当锻炼，使之早日康复。

2. 慢性肾功能衰竭

慢性肾功能衰竭是由于功能性肾组织长期或严重丧失，承担肾功能的肾单位绝对数减少，不能维持机体环境的相对平衡所致。临床上以出现各种代谢紊乱为主要特征。

【病因】　慢性肾功能衰竭多由急性肾功能衰竭转化而来。各种疾病引起的肾小球滤过率下降，约有 75% 肾单位进行性破坏是慢性肾衰产生的原因。由于肾脏排泄和调节机能失常，蛋白分解产物积聚于血中导致氮血症，若无其他症状，称为肾功能不全期。随血浆非蛋白氮积聚（高达 1 毫克/毫升）并出现酸碱平衡紊乱，即为尿毒症期，继而发生全身性疾病。

【临床症状及病理变化】　本病根据临床发展过程，可分四期，见表 7-2。

表 7-2　慢性肾功能不全分期及有关指标

病期		I 期	II 期	III 期	IV 期
		贮备能减少期	代偿期	非代偿期	尿毒症期
肾小球滤过率		>50%	30%~50%	5%~30%	<5%
	尿量	正常	多尿	少尿	尿闭
	Na^+	正常	有时降低	多降低	降低
电解质	K^+	正常	正常	有时降低	升高
	Ca^{2+}	正常	正常	降低	降低
	PO_4^{3-}	正常	正常	升高	升高
酸碱平衡		正常	正常	代谢性酸中毒	代谢性酸中毒
其他		血清缺酐和血液尿素氮轻度升高	轻度贫血，脱水，心力衰竭等	中度至重度贫血，血液尿素氮可高达1.3毫克/毫升以上	出现尿毒症临床症状，尤以神经症状和尿素氮升高明显，尿素氮可高达 2.0~2.5 毫克/毫升

【鉴别诊断】

（1）**犬肾功能衰竭与犬肾炎的鉴别**　二者均有体温升高、排尿困难等临床症状。二者的区别在于：患犬肾炎的病例触诊肾区疼痛，少尿且呈黄色，有时血尿，步态强拘，后期胸腹下水肿，急性时尿比重升高。

（2）**犬肾功能衰竭与犬尿道炎的鉴别**　二者均有排尿困难、尿量少等临床症状。二者的区别在于：患犬尿道炎的病例捏压阴茎炎症处有疼感，经常尿血。

（3）**犬肾功能衰竭与犬尿毒症的鉴别**　二者均有排尿困难、尿量少、呕吐、腹泻等临床症状。二者的区别在于：患犬尿毒症的病例精神高度沉郁，意识障碍，昏睡，排血便，周期性呼吸困难，口腔溃疡，血液尿素氮高于40毫克/100毫升，肌苷酸高于4毫克/100毫升。

> ◯ 【提示】 对患病犬、猫，应密切注意肾功能变化，监测每日饮水量、排尿量、尿液与血液中尿素氮（或肌酐）之比（低于30∶1时应引起警惕）。

【治疗措施】 治疗原则为消除病因，防止脱水和休克，纠正高血钾和酸中毒，缓解氮血症。

① 呋塞米，按2~6毫克/千克体重，静脉注射，每天3次，或按0.1~1毫克/（千克·小时），静脉滴注，每天3次。

② 碳酸氢钠，纠正酸中毒。酸中毒时，按1~2克/千克体重静脉注射。

③ 生理盐水或乳酸林格液，高钾血症时使用，按10~20毫升/千克体重，静脉注射。

④ 25%葡萄糖溶液，高氮血症时使用，按1~3毫升/千克体重，静脉注射。

⑤ 氨苄西林，按10~20毫克/千克体重，肌内注射或静脉注射，每天2~3次。

⑥ 速诺（阿莫西林克拉维酸钾混悬剂），犬、猫按0.1毫升/千克体重，皮下注射或肌内注射，每天1次。

⑦ 地塞米松，按0.3~0.6毫克/千克体重，肌内注射，每天1次。

⑧ 根据症状进行其他对症治疗。

⑨ 恢复期补充营养，给予高蛋白、高碳水化合物和维生素丰富的饮食。

四十二 脑炎

脑炎是指由于传染性或中毒性因素的侵害，引起脑膜与脑实质的炎症。根据病灶的性质分为化脓性脑炎和非化脓性脑炎。

【病因】 化脓性脑炎是由头部创伤、临近部位化脓灶波及、败血症及脓毒血症经血道转移所致。非化脓性脑炎多由传染病和细菌毒素中毒引起，偶有寄生虫（线虫的幼虫）进入脑内引起脑炎的。

【临床症状】 根据炎症部位和程度以及犬、猫的神经类型而异，主要表现不定型的神经症状。病初高度兴奋，行为异常，触摸体表，发出嚎叫，对人有攻击性。少数患病犬、猫，瞳孔缩小，结膜充血，目光敏锐，步态不稳，视力逐渐减弱、失明。可见癫痫样发作及转圈运动。末期晕厥，陷入昏睡状态。

化脓性脑炎伴有高热或微热，单纯性脑炎通常不发热。犬瘟热性脑炎主要表现抽搐和运动障碍（后躯麻痹）。

【鉴别诊断】

（1）犬脑炎与犬氟乙酰胺中毒的鉴别　二者均有嚎叫、盲目奔跑、视力减退、体温升高等临床症状。二者的区别在于：犬氟乙酰胺中毒的病例因误食混有氟乙酰胺的食物而中毒，病犬突发狂奔，嚎叫，几分钟或几十分钟后即钻卧至阴暗处。

（2）犬脑炎与犬食骨类异物的鉴别　二者均有嚎叫、四肢挣扎、盲目奔跑、体温升高等临床症状。二者的区别在于：犬食骨类异物的病例因吃碎骨太多而引发病症，呕吐后症状减轻，如幼犬吃骨太多，发病不久（有的不到1小时）即死亡。

> ➡ **【提示】** 除根据一般脑症状和灶性症状诊断外，可进行血液和脑脊液检验。血液检验主要是嗜中性粒细胞增多，核左移。脑脊液检验有重要意义，穿刺时由于颅内压升高，容易流出混浊的脑脊液，其中蛋白质和细胞数量增多；若是化脓性脑炎，脑脊液中除嗜中性粒细胞增多外，还有病原微生物。

【治疗措施】　治疗原则为加强护理、降低颅内压、抗菌消炎、对症治疗。

① 病犬应置于阴凉通风处，犬舍保持安静，光线要暗，给予牛奶、鸡蛋、肉汤等易消化的营养丰富的食物。

② 甘露醇，犬按0.5～1克/千克体重，缓慢静脉滴注，每天3～4次。

③ 山梨醇，犬按1～2克/千克体重，缓慢静脉滴注，每天3～4次。

④ 头孢噻肟钠，犬按2～4毫克/千克体重，皮下注射、肌内注射或静脉滴注，每天3～4次。

⑤ 氨苄西林，犬按10～20毫克/千克体重，肌内注射或静脉注射，每天2～3次。

⑥ 速诺（阿莫西林克拉维酸钾混悬剂），犬、猫按0.1毫升/千克体

重，皮下注射或肌内注射，每天1次。

⑦ 苯巴比妥，犬按1～2.5毫克/千克体重，口服，每天2次；猫按2.5毫克/千克体重，口服，每天4次。

⑧ 氯丙嗪，犬按3毫克/千克体重，口服，每天2次，或按1～2毫克/千克体重，肌内注射，每天1次，或按5～10毫克/千克，静脉滴注，每天1次。

四十三 癫痫

癫痫是脑神经机能的突发性一过性障碍，表现为骤然发生，突然停止，以短时间的阵发性意识障碍（晕厥）和反复出现间歇性强直性痉挛为主要症候群。癫痫分为原发性和继发性两种。犬的发病率比猫高。

【病因】

（1）原发性癫痫　原发性癫痫可能由于脑组织代谢障碍，大脑皮层下中枢受到过度的刺激，以致兴奋与抑制过程中，相互间关系扰乱而引起。

（2）继发癫痫　其痉挛和肌紧张的特点与原发性癫痫类似，主要见于多种脑部疾病和引起脑组织代谢障碍的一些全身性疾病过程中，因此也称假性癫痫。如小型犬于产褥期血钙浓度降低、原因不明的脑缺血、心肺功能降低造成的低氧血症、剧烈运动后功能性低血糖或因胰腺肿瘤所致的高胰岛素血症、犬瘟热病毒感染、寄生虫感染、一氧化碳中毒、有机磷中毒以及过敏反应等，均可表现癫痫症状。

【临床症状】　临床症状依大脑皮层机能障碍程度而异。

原发性癫痫多见于德国牧羊犬、圣比纳救护犬。表现突然倒地、惊厥，发生强直性或阵发性痉挛，全身僵硬，四肢伸展，意识丧失，牙关紧闭。有的大小便失禁，口吐白沫，瞬膜凸出，瞳孔散大。反复发作间隔短，持续时间长。意识丧失的发作和恢复快，数分钟病犬即呈现沉郁状态，对周围刺激淡漠，逐渐自动起立。极少数病犬狂奔或咬人。

继发性癫痫根据病因而表现不同症状，但痉挛和肌紧张与原发性癫痫类似。由低钙血症和维生素缺乏所致的犬，在数分钟内重复间歇性痉挛。脑缺血及低血糖性痉挛以意识丧失为主。

【鉴别诊断】

（1）犬癫痫与犬产后急病的鉴别　二者均有口吐白沫，倒地抽搐，嘴角扇动，在发作后的间歇期恢复正常等临床症状。二者的区别在于：患犬产后急痫的病例由分娩前后发病，步态不稳，后躯僵硬，并逐渐加重，惊厥，痉挛，发病2~4天常死亡。

（2）犬癫痫与犬脑震荡或脑挫伤的鉴别　二者均有突发意识丧失、口吐白沫、倒地抽搐、嘴角抽动、发作间歇期恢复正常等临床症状。二者的区别在于：患犬脑震荡或脑挫伤的病例多因坠跌，头部受到震碰而发病，严重时发生挫伤，昏迷，大小便失禁。轻度震荡时，如一侧受震，还出现转圈运动。

（3）犬癫痫与犬腐败性食物中毒的鉴别　二者均有突然倒地、口吐白沫、四肢抽搐等临床症状。二者的区别在于：患犬腐败性食物中毒的病例因吃腐败食物而发病，表现出的神经症状维持时间15~30分钟，不能恢复正常状况。

> ➡ **【提示】**　根据晕厥症状和间歇性痉挛的临床表现进行诊断，但要注意与脑肿瘤、脑外伤、脑积水、脑炎等疾病相区别。脑肿瘤可通过脑电图和X射线、CT和核磁共振检查而确诊。脑损伤有颅骨损伤的病史，还可做X射线和超声波检查。脑积水通过脑电图和X射线检查较易确诊。脑炎通过脑脊液检查进行鉴别。

【治疗措施】　治疗原则为去除原发病，镇静，抗癫。

① 加强管理，防止犬、猫过度惊吓和剧烈运动，给予易消化的食物。

② 溴化钾，抗癫，犬按20~30毫克/千克体重，口服，每天1次，或将其拌入食物，每天2次。

③ 苯妥英钠，癫痫大发作时使用，犬按100~200毫克/次，口服，每天1~2次，或按5~10毫克/千克体重静脉滴注。

④ 地西泮，抗癫，犬按0.2~0.5毫克/（千克·小时），加0.9%氯化钠，静脉滴注；猫按0.3毫克/（千克·小时）加0.9%氯化钠，静脉滴注。

⑤ 扑痫酮，癫痫大发作时使用，犬按55毫克/千克体重，口服，每天1次；猫按20毫克/千克体重，口服，每天2次。

⑥ 丙戊酸钠，癫痫小发作时使用，犬按60毫克/千克体重，口服，每天3次。

⑦ 苯巴比妥，癫痫大发作时使用，犬按1~2.5毫克/千克体重，口服，每天2次；猫按2.5毫克/千克体重，口服，每天1次。

四十四 日射病及热射病

热射病是在高温潮湿环境下，机体产热和散热平衡失调，积热过多则引起中枢神经机能紊乱的现象。而日射病是在高温季节头部受阳光直射，引起脑膜充血和脑实质的急性病变，导致中枢神经系统机能严重障碍的现象。犬多发生，而猫对热抵抗力强，较少发生。

【病因】 多发生于关在通风、换气不良的高温环境中的犬，如阳光直射的密闭汽车内、水泥地面的铁皮小屋、通风不良的饲养场所等；热性疾病、心血管系统及泌尿系统疾病、过度肥胖阻碍散热；手术中长时间的气管插管也是因素之一；容易发生上呼吸道疾病的短头品种犬及经常不安、神经质的犬容易发生。

【临床症状】 通常没有前驱症状，突然出现特征性的高热（体温急剧升高到41~42℃）；呼吸浅表急促，严重者并发肺充血和肺水肿，出现呼吸困难；心跳加快，末梢静脉怒张，黏膜开始鲜红随后发绀；皮肤发热、干燥、瞳孔散大；如不治疗则站立困难、出现肌肉痉挛和抽搐。

【鉴别诊断】

(1) 犬日射病及热射病与犬脑炎的鉴别 二者均有体温高、精神沉郁、站立不稳、痉挛、眼结膜充血等临床症状。二者的区别在于：患犬脑炎的病例类似处。兴奋时嚎叫，视力减退，盲目行走，常兴奋、沉郁反复发作。

(2) 犬日射病及热射病与犬急性心力衰竭的鉴别 二者均有精神沉郁、呼吸困难、脉搏细数、静脉怒张、可视黏膜发绀、突然倒地等临床症状。二者的区别在于：患犬急性心力衰竭的病例与犬日射病及热射病的病因明显不同，缺少炎热等外部环境因素。

(3) 犬日射病及热射病与犬肺水肿的鉴别 二者均有呼吸困难、可视黏膜发绀、鼻孔喷粉红色泡沫鼻液、静脉怒张、张口呼吸等临床症状。二者的区别在于：患犬肺水肿的病例常突然发生，呈进行性呼吸困难，而缺少体温升高、倒地昏迷症状及炎热等外部环境致病因素。

➡ **【提示】** 根据发病史、热喘、高体温、脑神经症状容易诊断。血液检验PCV显著升高。蛋白尿、管型、血液尿素氮上升反映肾机能障碍。出现弥散性血管内凝血时，纤维蛋白原减少，凝血时间、凝血酶原时间延长，纤维蛋白原降解产物1，6-二磷酸果糖增加。

【治疗措施】 治疗原则为消除病因、促进降温和对症治疗。

① 将患病宠物移以至阴凉、通风处，保持安静，采用冷水冲洗身体、冰块敷头的方法促进散热。

② 氯丙嗪，按 3 毫克/千克体重，口服。每天 2 次，或按 1~2 毫克/千克体重，肌内注射，每天 1 次，或按 0.5~1 毫克/千克体重，静脉滴注，每天 1 次。

③ 5% 碳酸氢钠和林格液，静脉滴注。

④ 地塞米松，按 0.2~1 毫克千克体重，口服或肌内注射，每天 3 次。

⑤ 洋地黄毒苷，犬按 0.006~0.012 毫克/千克体重，全效量，静脉滴注，维持量为全效量的 1/10，或按 0.11 毫克/千克体重，口服，每天 2 次，全效量，维持量为全效量的 1/10，每天 1 次。

第八章
宠物营养代谢性疾病的鉴别诊断与防治

一　维生素 A 缺乏症

维生素 A 缺乏症是由于饲料内维生素 A 原或维生素 A 不足或缺乏，或因犬、猫的吸收功能障碍，导致维生素 A 缺乏所引起的一种慢性营养性疾病。临床上以生长迟缓、角膜角化、夜盲、出现皮肤疹及生殖功能低下为特征。

【病因】

（1）维生素 A 摄入不足　成年犬对维生素 A 的日需要量为 220 单位/千克体重，仔犬为 110 单位/千克体重，如果饲料中维生素 A 原（胡萝卜素）和维生素 A 不足，就会引起维生素 A 缺乏症，如采食量减少或食物中缺乏青绿蔬菜、胡萝卜、肉类等。食物中其他成分的影响，也是维生素 A 缺乏症的常见原因，如维生素 C、维生素 E 缺乏时，饲料在消化过程中维生素 A 散失过多；饲料中磷酸盐过多时，影响维生素 A 在体内储存；饲料内硝酸盐过多时，不利于胡萝卜素转变为维生素 A，均可引发本病。

（2）胃肠疾病或肝脏疾病　因为饲料中的维生素 A 原（胡萝卜素）和类胡萝卜素，需在胆汁的协助下，经酶的催化转变成维生素 A，然后与脂类一起被黏膜细胞吸收，运至肝脏储存。所以，当出现胃肠疾病时，可影响维生素 A 的吸收；当出现肝脏疾病时，则不能利用及储藏维生素 A，从而致使维生素 A 缺乏。

【临床症状】　夜盲症是维生素 A 缺乏症最早出现的症状，在傍晚或月夜中光线朦胧时，盲目前进，行动迟缓，碰撞障碍物。患眼干燥症的病犬角膜增厚、角化、形成云雾状，有时出现溃疡和穿孔，造成失明。皮肤干燥，被毛粗乱，有时也可见到皮脂溢出性皮炎。生长迟滞，逐渐消瘦。生殖功能降低，雄犬曲细精管生殖上皮变性，精子活力降低，睾丸缩小；雌犬因胎盘变性，可导致流产、死胎及出生后的胎儿衰弱或先天性缺陷；

雌犬严重缺乏维生素 A 时，所生仔犬常呈现无眼球、小眼球、眼睑闭锁、裂腭、兔唇、附耳、后肢畸形、肾位异常、心瓣膜缺损、生殖器官发育不全、脑积水和全身性水肿等。神经系统损害包括外周神经根损伤而发生的骨骼肌麻痹，颅内压增高而发生惊厥，视神经管受压而发生视盘水肿而导致失明。此外，患维生素 A 缺乏症的幼犬，机体抵抗力下降，容易发生肺炎、肠炎、中耳炎、泌尿生殖器官感染等疾病。

【鉴别诊断】

（1）犬维生素 A 缺乏症与伪狂犬病的鉴别　二者均有咳嗽，腹泻、行走困难、惊厥，妊娠犬患病出现流产、死胎、弱胎等临床症状。二者的区别在于：伪狂犬病具有传染性，病犬有轻热（39.5～40.5℃），头颈皮肤发红（不出现溢脂性皮炎），四肢僵直、震颤，不出现夜盲。雌犬流产不出现畸形胎。剖检可见各脏器多有充血、水肿、出血病变，用病料上清液接种于家兔皮下，24 小时后局部奇痒，用力自咬皮肤，最后衰竭死亡。

（2）犬维生素 A 缺乏症与犬维生素 E 缺乏症的鉴别　二者均有生长迟滞，逐渐消瘦，妊娠犬患病出现流产、产死胎、产弱胎等临床症状。二者的区别在于：犬维生素 E 缺乏症可出现心力衰竭，性功能紊乱，雄犬睾丸萎缩，雌犬不孕。

（3）犬维生素 A 缺乏症与犬维生素 B_{12} 缺乏症的鉴别　二者均有生长迟滞，逐渐消瘦，妊娠犬患病出现流产、产弱胎等临床症状。二者的区别在于：犬维生素 B_{12} 缺乏症表现恶性贫血，消化障碍，有异嗜癖，易患皮炎。

❿ **【提示】**　本病可根据临床症状、病理变化及饲料中维生素 A 含量不足做出诊断。

【治疗措施】　治疗原则为补充维生素 A，加强饲养管理。

① 维生素 A 制剂，犬按 10000 单位/（千克体重·天），口服，连用 7 天后，改为 400 单位/（千克体重·周）口服，连用 1 个月。猫按 400 单位/（千克体重·天），口服，连用 10 天为一疗程。

② 维生素 AD 注射液，犬按 0.2～2 毫升/次，肌内注射；猫按 0.5 毫升/次，肌内注射。

③ 鱼肝油（内含维生素 AD），按 5～10 毫升/次，口服。

④ 加强饲养管理，治疗胃肠道疾病，饲喂富含维生素 A 的食物，如鱼肝油、鸡蛋、肝脏等。

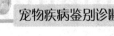

二　维生素 B_1 缺乏症

维生素 B_1 缺乏症就是因为组织中缺乏维生素 B_1 导致糖代谢障碍，能量供应减少，特别是神经组织所需的能量减少，从而引起相关病症。临床上主要表现为神经症状。

【病因】

1）维生素 B_1 摄入不足。成年犬对维生素 B_1 日需要量为每千克体重0.044毫克、幼犬为0.022毫克，如果长期饲喂维生素 B_1 含量低的食物，就会导致摄入不足而引起维生素 B_1 缺乏症。

2）妊娠、哺乳、发热、过度疲劳、甲状腺功能亢进会导致机体对维生素 B_1 的需要量增加，此时不增加维生素 B_1 的量就会引发维生素 B_1 缺乏症。

3）维生素 B_1 被破坏。长期大量饲喂生鱼和软体动物，某些药物、植物、细菌和真菌等，食物烹煮温度过高或时间过长，均会破坏维生素 B_1，引发维生素 B_1 缺乏症。

4）吸收不良。慢性腹泻、消化不良、肝胆疾病等可使机体对维生素 B_1 的吸收量减少，从而引发维生素 B_1 缺乏症。

【临床症状】

(1) 糖代谢障碍　病犬食欲不振，声音嘶哑，体重减轻、消瘦，易疲劳，严重时伴发多发性神经炎，共济失调，感觉过敏，轻度刺激就会引起抽搐。

(2) 水代谢障碍　幼犬出现水肿，表现前肢（腕部）肿胀，胃肠功能紊乱，心包积液，后期出现后肢肌肉疼痛、麻痹，有的因心力衰竭而死亡。

【鉴别诊断】

(1) 犬维生素 B_1 缺乏症与犬胃溃疡的鉴别　二者均有食欲不振，消化不良，生长缓慢，走路不稳，呕吐等临床症状。二者的区别在于：患犬胃溃疡的病例眼结膜稍苍白，粪便呈黑色，如胃已穿孔，则很快死亡，如较长时间（3天）死亡，生前体温升高，腹壁向上收，触诊敏感。死后口、鼻流血。剖检可见胃溃疡或胃破裂。如不发生运动麻痹和瘫痪，则不出现眼睑、颌下、胸腹下、股内侧水肿等症状。

(2) 犬维生素 B_1 缺乏症与犬维生素 B_2 缺乏症的鉴别　二者均有精神不振，食欲减退或废绝，被毛粗乱无光泽，生长缓慢，呕吐，腹泻等临床症状。二者的区别在于：患犬维生素 B_2 缺乏症的病例皮肤发炎、有丘疹和溃疡，腿弯曲强直，步态僵硬而不出现肢体麻痹，角膜发炎，晶状体

浑浊，体表不发生水肿，流产胎儿出现无毛畸形。

（3）犬维生素 B$_1$ 缺乏症与犬钩端螺旋体病的鉴别　二者均有精神不振，食欲减退，生长缓慢，颌下、头部、颈部甚至全身水肿等临床症状。二者的区别在于：犬钩端螺旋体病的病原是钩端螺旋体，具有传染性。病犬体温稍高，排血红蛋白尿，皮肤黏膜泛黄。用病料制成悬液镜检，可见呈细长弯曲、活泼地进行旋转及伸屈自由运动的虫体，常呈"S""C""O""J"状。

> ⟹ **【提示】**　在了解使用过的饲料及病犬生理、病理过程的基础上，结合临床症状，用药物试治，可以做出判断。

【治疗措施】　治疗原则为补充维生素 B$_1$，加强饲养管理。

① 维生素 B$_1$，犬按 10 毫克/千克，皮下注射、肌内注射或静脉滴注，每天 1 次，连用 3 ~ 4 天。症状减轻后，可改为口服，每天用量为 25 ~ 50 毫克，每天 1 次；猫按 25 ~ 50 毫克/次，皮下注射或肌内注射，每天 1 次，到症状减轻，用量减为 10 毫克/次，口服，每天 1 次，连用 21 天。严重病例，由于大脑受损，疗效较差。

② 呋喃维生素 B$_1$，犬按 10 ~ 25 毫克/次，肌内注射。

③ 加强饲养管理，治疗胃肠道疾病，给予富含维生素 B$_1$ 的食物，忌喂生鱼。

■ 三　维生素 D 缺乏症（佝偻病）

维生素 D 缺乏症（又称佝偻病）是犬、猫生长发育期，由于维生素 D 缺乏及钙、磷缺乏或比例不当，使钙、磷代谢失常，钙盐不能正常地沉着所引发的一种营养性骨骼疾病。本病以 1 岁以内的犬、猫，尤其是 2 ~ 5 月龄的幼犬多发。

【病因】

（1）食物中钙、磷不足或比例不当　食物中的钙、磷不足或比例不当是导致本病发生的重要原因。犬、猫食物中最合适的钙磷比：犬为（1.2 ~ 1.4）:1，猫为（0.9 ~ 1.1）:1，并应占食物总成分的 0.3%。生、熟肉中的钙、磷比为 1:20，所以用去骨的鱼和肉饲喂犬、猫时容易发生钙缺乏，导致钙、磷比例不当而引发本病。

（2）食物中维生素 D 不足　由于喂养不当，母乳不足或早期断乳；

幼犬、幼猫的饲料以淀粉食物为主体，缺乏矿物质、蛋白质和维生素 D。

（3）**光照不足**　幼犬、幼猫长期家养，尤其是长毛品种，舍饲犬由于运动场狭小，运动不足，缺乏阳光照射，尤其冬季出生的犬更易发病。

（4）**需要量增加**　生长迅速的犬容易缺乏维生素 D。

（5）**维生素 A 过量**　犬、猫喜食肝脏（含大量维生素 A），过量的维生素 A 因竞争性会抑制维生素 D 在肠道的吸收，影响骨骼的生长和代谢而发生骨质疏松。

（6）**先天性佝偻病**　常由于犬、妊娠雌猫营养失调或缺乏阳光照射，运动不足，饲料中缺乏矿物质、维生素 D 和蛋白质，以致胎儿发育不良。

（7）**其他因素**　慢性腹泻可影响脂溶性维生素 D 的吸收；肝肾疾病不能使维生素 D 原转化为活性维生素 D；饲料中金属离子（铁、镁、锶、锰、铝）过多影响钙、磷的吸收。

【临床症状】　患先天性佝偻病的犬、猫出生后骨质软弱，肢体有异常弯曲，出生数天仍不能站立（彩图 8-1）。后天性佝偻病往往被忽视，直至关节、肢体变形后才引起注意。病初病犬精神不振，食欲减退，消化不良，逐渐消瘦，生长缓慢；中期有异嗜癖，喜舔食泥土、石块、垃圾等，表现腹泻和便秘等消化障碍。四肢关节疼痛，运动时四肢僵硬，屈伸不灵活，出现跛行或卧地不能站立。

【鉴别诊断】

（1）**犬维生素 D 缺乏症与犬锌缺乏症的鉴别**　二者均有生长缓慢，消瘦等临床症状。二者的区别在于：犬锌缺乏症因缺锌而发病，有结膜炎、角膜炎，四肢下端皮肤发炎。

（2）**犬维生素 D 缺乏症与犬痛风的鉴别**　二者均有关节肿胀，跛行等临床症状。二者的区别在于：犬痛风因给予动物内脏及肉屑过多而发病。关节破溃时流出尿酸盐结晶，常伴发尿道结石，不排尿，膀胱膨大。

> ➡ **【提示】**　根据病史，临床上呈现以有异嗜癖为主的消化机能紊乱、运动障碍、骨关节肿胀变形、生长发育不良等典型症状，结合 X 射线检查见骨骺板增宽（为正常的 3～5 倍）、结构疏松、骨髓腔扩大、骨骼小梁稀疏，血清钙和血清磷含量降低（血清钙低于 90 毫克/升，血清磷低于 25 毫克/升），碱性磷酸酶活性显著升高而建立诊断。

【防治措施】　应重视早期治疗，发现维生素 D 缺乏症早期症状即应

治疗。

① 加强管理。经常带犬、猫进行户外活动，晒日光浴。冬季舍内以紫外线灯照射。

② 服用维生素 D 制剂。维生素 D_3 注射液，按 10 万 ~ 30 万单位/次，肌内注射，每 2 周重复注射 1 次；鱼肝油胶丸，按 5 ~ 10 丸/次，口服，每天 1 次。

③ 加强饲养管理，补充钙剂，防止钙、磷比例不当。

四 锌缺乏症

【病因】 长期饲喂含锌量低的食物，食物中有植酸，慢性肠道疾病以及滥用或过度补充钙制剂等，都会引起锌缺乏症。

【临床症状】 病犬食欲不振，生长迟缓，消瘦，骨骼变形，短粗，长骨弯曲，关节僵硬，易发生骨折或骨损伤，全身被毛脱落稀疏，皮屑性皮炎（眼、口、耳、下颌、肢端及包皮），呕吐，有结膜炎、角膜炎，睾丸发育不全、萎缩，易发生畸形，免疫功能障碍容易感染疾病等。

【鉴别诊断】

(1) 犬锌缺乏症与犬维生素 D 缺乏症的鉴别 二者均有生长缓慢，消瘦等临床症状。二者的区别在于：患犬维生素 D 缺乏症的病例有异嗜癖，前肢呈"O""X"状。严重时关节肿胀，肋骨与结合部呈串珠状。

(2) 犬锌缺乏症与犬皮炎的鉴别 二者均有四肢下端皮肤发生炎症等临床症状。二者的区别在于：犬皮炎的病程中出现红斑、丘疹、水疱（脓疱）、结节、鳞屑、痂皮、糜烂、疤痕等症状。刺激性、日光性皮炎，去除病因即可恢复。

> ➡ 【提示】 锌缺乏症一般发生在土壤缺锌（1 千克土壤中的含锌量低于 30 毫克）地区，易形成流行。若饲料中含锌量过低（1 千克饲料含锌量低于 20 毫克）也可引起锌缺乏症。患病犬、猫生长停滞，消瘦，呕吐，有结膜炎、角膜炎，腹部和四肢下部发生皮炎。

【防治措施】 在已知的缺锌地区，平时饲喂时应加硫酸锌或碳酸锌，按 50 毫克/千克体重，防止缺锌。对患病犬、猫，采取以下治疗措施：

① 食物中每千克体重加锌（氧化锌、硫酸锌、蛋白锌、葡萄糖锌）0.22 毫克。

② 皮肤炎症用 10% 氧化锌软膏洗后擦于患处。

五 痛风

痛风是嘌呤代谢障碍的一种疾病，临床上以关节肿胀、变形、肾功能不全和尿石症为特征。

【病因】

1）与常喂富含蛋白质的动物性食品（动物内脏、肉屑、鱼粉、大豆粉等）有关，给予过多的蛋白性食物，会使嘌呤代谢产生更多的尿酸盐，从而引发本病。

2）维生素 A 缺乏，使肾脏受到损伤，致尿酸排泄受阻，从而导致尿酸盐积聚。

【临床症状】

(1) 急性期　趾（指）、腕、附关节肿胀、热痛，有的体温升高，跛行。

(2) 慢性期　关节肿大、变硬、变形，有的关节周围形成痛风石，如皮肤破溃，可流出白色的尿酸盐结晶。常因伴有尿结石而出现排尿困难，膀胱膨大而排不出尿，继而引发肾衰竭。

【鉴别诊断】

(1) 犬痛风与犬维生素 D 缺乏症的鉴别　二者均有关节肿胀，跛行等临床症状。二者的区别在于：患犬维生素 D 缺乏症的病例有异嗜癖，前肢呈"O""X"状。严重时关节肿胀，肋骨与结合部呈串珠状。

(2) 犬痛风与犬风湿性关节炎的鉴别　二者均有关节肿胀，跛行等临床症状。二者的区别在于：患犬风湿性关节炎的病例行走一段时间疼痛减轻，甚至跛行消失，休息后再走又显跛行。

(3) 犬痛风与犬全身性红斑狼疮的鉴别　二者均有趾、腕关节肿胀疼痛，跛行，发热等临床症状。二者的区别在于：患犬全身性红斑狼疮的病例关节红热，咀嚼肌、四肢肌肉萎缩，半数出血性素质和巨脾。血检可见红斑狼疮细胞。

　　【提示】　犬、猫长时间的饲喂蛋白质含量过高（尿酸盐多）的食物，引发关节肿大，有跛行，破溃时可流出白色尿酸盐结晶，常可形成尿结石而致不排尿，膀胱膨大。

【防治措施】　减少蛋白日粮（动物内脏、肉屑、鱼粉），并给予富含维生素 A 的饲料或喂鱼肝油，每 3 天喂给鱼肝油 1 丸，以减少本病的发生概率。对病犬除喂低蛋白和富含维生素 A 的食物外，再给予一定的药物治疗。

1）对急性期的症状。

① 通风宁，犬按 300～600 毫克，皮下注射，每天 1 次。

② 吲哚美辛，按 2～3 毫克/千克体重，口服。

③ 保泰松，按 20 毫克/千克体重口服，每天 2 次，或按 22 毫克/千克体重，每天 3 次，静脉注射。

以上药物每天总量不超过 800 毫克。

2）对慢性期的症状，用丙磺舒、异嘌呤醇等，促使尿酸盐排泄和抑制尿酸盐生成。如有痛风石，可手术取出。

第九章
宠物中毒性疾病的鉴别诊断与防治

一 有机磷中毒

有机磷中毒是由于犬、猫接触、吸入或采食某种有机磷杀虫药或舔食被其污染的食物、器械等所致的病理过程。犬、猫对有机磷比其他动物敏感。

【病因】 有机磷杀虫药可经犬、猫的消化道、呼吸道和皮肤进入体内，并与体内胆碱酯酶结合，使其失去水解乙酰胆碱的能力，导致体内乙酰胆碱蓄积，从而导致一系列的神经生理功能紊乱。易引发本病的因素有以下3个。

1）误食撒布有机磷杀虫药的食物，误饮撒布有药物的饮水，或舔舐粘有药物的用具和被毛或灭蝇纸。

2）误用配药用具做犬、猫食盆或饮水盆。

3）滥用或误用用于杀灭犬、猫体内外寄生虫的有机磷杀虫药，或将犬、猫留放在喷有药液的房间等。

【临床症状】 有机磷杀虫药中毒，主要表现为副交感神经过度兴奋，包括以下3种类型。

(1) 毒蕈碱样中毒症状 唾液分泌增多，瞳孔缩小，呕吐，腹泻，尿频，腹痛，由于支气管收缩和分泌物增多引起呼吸困难。

(2) 烟碱样症状 肌肉无力或自发性收缩，引起肌肉震颤。

(3) 中枢神经系统症状 表现从神经质，兴奋，运动失调，惊恐，逐渐发展为惊厥或癫痫等（彩图9-1）。

中毒症状多在毒物进入机体后几小时内出现，中毒轻重受毒物量多少和进入机体途径影响。急性严重中毒，表现呼吸困难，呼吸衰竭，最后死于呼吸麻痹。

【鉴别诊断】

(1) 犬有机磷中毒与狂犬病的鉴别 二者均有流涎、共济失调、惊厥、呼吸困难等临床症状。二者的区别在于：患狂犬病的病例有传染性。初期不安，前足扒地，稍受刺激即兴奋，惊恐，瞳孔散大，吃异物（木片、石块、衣服）。发病 2 天后兴奋、沉郁交替。攻击人、畜，垂尾逃窜，遇水拐弯。后期舌伸于口外，流涎更多，后躯麻痹。衰竭死亡。在神经细胞质内出现嗜酸性包涵体（内基氏体）。

（2）犬有机磷中毒与犬污物中毒的鉴别 二者均有呕吐、流涎、腹泻、惊厥，走路不稳等临床症状。二者的区别在于：患犬污物中毒的病例因在垃圾堆吃了污物而发病，出现呼吸快，脑孔散大的症状。

> ⊙ **【提示】** 根据接触有机磷杀虫药史、临床症状、胃内容物毒物检验结果和血液胆碱酯酶活性降低即可确诊。

【治疗措施】 治疗原则为排出毒物、运用特效解毒药和对症治疗。

1）避免犬、猫再接触有机磷杀虫药。

2）若为口服中毒，未超过 2 小时，用催吐疗法。

① 催吐，用 0.2% ~ 0.5% 硫酸铜，犬按 0.1 ~ 0.5 克/次，口服；猫按 0.05 ~ 0.1 克/次，口服。

② 洗胃，用 0.1% ~ 0.2% 高锰酸钾，20 ~ 50 毫升，灌肠洗胃。

③ 活性炭（吸附有机磷杀虫药使之从粪便中排出），按 3 ~ 6 克/千克体重，口服。

3）若皮肤接触中毒，可用清洁水冲洗。

4）药物治疗。解磷定、氯磷定、双复磷与阿托品联合疗法。解磷定，按 15 ~ 30 毫克/千克体重，硫酸阿托品注射液，按 0.2 ~ 0.5 毫克/千克体重，静脉注射，每天 2 次，直至瞳孔散大恢复正常，流涎停止，呼吸正常。

5）对症治疗。

① 呕吐、腹泻严重者需静脉输液治疗。

② 加强肝脏解毒功能，使用保肝药，适量静脉滴注葡萄糖液、维生素 C、葡醛内酯等。

③ 发生肺水肿时，静脉滴注高渗葡萄糖液。

④ 出现呼吸衰竭时，将犬、猫移置于通风处，给予吸氧治疗。

二 有机氟中毒

有机氟中毒是犬误食氟乙酰胺等有机氟杀鼠药引起的中毒，临床上以发生呼吸困难，口吐白沫，兴奋不安为特征。

【病因】

1）犬、猫误食了有机氟杀鼠药。

2）犬、猫采食了有机氟杀鼠药杀死的老鼠，发生二次性中毒。

【临床症状】 氟乙酰胺进入机体30分钟后就可中毒发病，主要侵害犬、猫的中枢系统和心脏。急性中毒表现为精神沉郁，呕吐，喘息，大小便失禁。严重中毒时，主要表现为兴奋，嚎叫，痉挛，突然倒地，全身震颤，四肢划动，抽搐，角弓反张，呼吸加快，黏膜发绀，心跳快而弱、心律失常，安静片刻后又重复发作，如此3~4次后，往往休克死亡，整个病程只有十几分钟至数小时。

【鉴别诊断】

（1）犬有机氟中毒与狂犬病的鉴别 二者均有盲目奔跑，鸣叫，呼吸迫促，不兴奋时即躲于暗处等临床症状。二者的区别在于：患狂犬病的病例有传染性。流涎很多，攻击人、畜，不吃正常食物而咬食木片、石块、衣服等。精神沉郁，静卧时不抽搐，在外奔跑时遇水即拐弯。剖检可见神经细胞质内出现嗜酸性包涵体（内基氏小体）。

（2）犬有机氟中毒与犬脑炎的鉴别 二者均有体温高（40℃左右），嚎叫，有时盲目奔跑，视觉减退，卧时四肢做游泳动作等临床症状。二者的区别在于：患犬脑炎的病例眼充血，眼球震颤，兴奋与沉郁常交替发生，沉郁后又再兴奋。

（3）犬有机氟中毒与犬铅中毒的鉴别 二者均有突然兴奋不安、狂叫奔走、痉挛、意识不清等临床症状。二者的区别在于：犬铅中毒的病例因采食了含铅油漆、染料而发病。出现呕吐，腹痛，腹泻或便秘，眼球凹陷，瞬膜凸出，麻痹昏睡，慢性贫血的症状。

（4）犬有机氟中毒与犬污物中毒的鉴别 二者均有卧地、四肢抽搐、角弓反张等临床症状。二者的区别在于：患犬污物中毒的病例因在垃圾堆采食了腐败食物或变质的主食而发病。没有狂叫奔走，眼球凹陷，瞬膜凸出的症状。

> ● 【提示】 根据病史，临床症状，实验室检验结果和尸体剖检结果等做出中毒诊断。

【治疗措施】

① 避免犬、猫再接触有机氟杀鼠药物及有机氟杀鼠药杀死的老鼠。

② 用 0.02% 高锰酸钾溶液，洗胃，然后口服蛋清以保护胃肠黏膜，最后用盐类泻药导泻。

③ 乙酰胺注射液，犬按 50 ~ 100 毫克/千克体重，猫按 30 ~ 50 毫克/千克体重，肌内注射，每天 2 次，连续 5 ~ 7 天。

④ 20% 硫代硫酸钠注射射液，犬按 1 ~ 2 克/次，肌内注射或静脉注射。

⑤ 氯丙嗪注射液，犬、猫按 1 ~ 2 毫克/千克体重，肌内注射，每天 1 次，或按 0.5 ~ 1 毫克/千克体重，静脉注射，每天 1 次。

三 丙酮苄羟香豆素中毒

丙酮苄羟香豆素是常用灭鼠药钠盐和杀鼠灵的主要成分，犬误食后引起中毒。临床特征为肝脏坏死，多处出血。

【病因】

1）犬、猫误食灭鼠灵而中毒，误食 50 ~ 100 毫克/千克体重即中毒。

2）因吃被灭鼠灵中毒而死亡的老鼠或其他动物尸体而中毒。

【临床症状】

(1) 急性　常无前驱症状即死亡。

(2) 亚急性　可视黏膜苍白，呼吸困难，鼻出血，尿血，便血。皮下出血，针刺流血不止。当巩膜、结膜、眼内出现严重出血时，已十分虚弱，心搏减弱、节律不齐，关节肿胀。病久有黄疸。如脑脊髓出血，则出现麻痹、共济失调、痉挛并迅速死亡。

【病理变化】　病理变化以大量出血为特征。胸膜、纵隔、心内外膜、皮下组织、脑膜下、脊髓、胃肠、腹膜均出血，心肌松软，肝小叶中心坏死。病程长，血液自溶，出现黄疸。

【鉴别诊断】　临床症状表现为鼻、眼出血，尿血、便血。剖检见胸膜、纵隔、心内外膜、皮下、腹膜、脑膜下、胃肠均出血，易与其他病相区别。

> ➡ 【提示】　根据接触抗凝血杀鼠药史，广泛性出血症状，可做初步诊断。确诊需检验血液的凝血时间、凝血酶原及丙酮苄羟香豆素含量。

【治疗措施】　治疗原则为排出毒物、运用特效解毒药和对症治疗。

① 促进毒物排出（催吐、洗胃和导泻）。导泻可用盐类泻剂硫酸镁，其作用是排出肠道毒物，犬按 10~20 克/次，6%~8% 溶液，口服；猫按 2~5 克/次，6%~8% 溶液，口服。

② 运用特效解毒药维生素 K_1，按 0.5~1.5 毫克/千克体重剂量加入葡萄糖或生理盐水静脉注射，每 12 小时注射 1 次，或每天 2~3 次，连用 1 周左右。可同时肌内注射维生素 K_1，2~4 毫克/次，每天 2 次，连用 1 周左右。

③ 输血治疗。对出血过多贫血严重的犬、猫，需进行输血治疗，输血按 10~20 毫升/千克体重，开始输入时速度可快些，输入一半后，速度要放慢。

四 铅中毒

铅中毒是犬、猫直接或间接食入含铅的化合物，引起的以流涎，腹痛，兴奋不安和贫血为主要临床特征的一种疾病。

【病因】 在人类和宠物周围的环境中，铅和含铅物质普遍存在。汽油中的铅经燃烧散布于空气和土壤，城市中的铅含量远高于农村。其他含铅物有油画颜料、漆布、铅玩具、油漆、玻璃油泥、铅锤、焊锡、油毡、电池、润滑油，以及铅厂烟灰及污物等。铅和含铅物经消化道、呼吸道和皮肤进入宠物机体，引起中毒。犬、猫铅中毒量为 10~20 毫克/千克体重。

【临床症状】 急性中毒表现为厌食，流涎，贫血，腹痛，呕吐，腹泻，神经过敏，意识不清，发抖，痉挛，狂叫，咬牙，狂奔乱跑，运动失调等。慢性铅中毒表现为贫血，多动，好斗，易激怒，呼吸道及泌尿系统损伤等。铅中毒以慢性中毒多见。

【鉴别诊断】

（1）犬铅中毒与犬有机氟中毒的鉴别 二者均有兴奋不安，狂吠，奔走，痉挛，意识不清等临床症状。二者的区别在于：犬有机氟中毒的病例因误食有机氟（氟乙酰胺）拌的毒饵或死鼠而发病，还出现角弓反张，四肢抽搐或游泳动作，体温可达 40~41℃ 或更高，约 10 分钟即钻入隐蔽处，衰竭、死亡，病程约 30 分钟。用碘化钾，碘化汞可测定氟乙酰胺。

（2）犬铅中毒与犬有机磷中毒的鉴别 二者均有呕吐、腹泻、肌肉震颤、共济失调、瞳孔缩小等临床症状。二者的区别在于：犬有机磷中毒的病例因误食了被有机磷污染的饲料和中毒动物的尸体，或用有机磷涂擦皮肤驱虫而发病、流涎、流泪。不狂吠、奔走，胃内部有韭菜、大蒜、胡椒气味，用胆碱酯酶可测定。

> 【提示】 根据有接触铅或含铅物的病史，临床症状，血液和尿液检验，以及用依地酸钙钠治疗有效，治疗 24 小时后尿中排铅增多（可达治疗前的 6 倍），做出诊断。

【治疗措施】 治疗原则为清除胃肠道的铅，防止进一步吸收；从血液和机体组织中尽快排出铅；积极治疗铅中毒的神经症状。

① 排出毒物。如果发现较早时，可采用催吐、洗胃和导泻等措施，以促进毒物从机体内排出。

② 解毒。经过治疗仍不能控制神经症状，预后不良。用依地酸钙钠治疗的同时，配合应用青霉胺效果更好。用量为每天 100 毫克/千克体重，分 4 次口服，连用 1~2 周。如果出现呕吐、不安和厌食时，可空腹口服，或服药前半小时口服苯海明按 2~4 毫克/千克体重。

③ 镇静。戊巴比妥钠，按 20~30 毫克/千克体重，或盐酸氯丙嗪，按 0.5~1 毫克/千克体重，静脉滴注。

④ 支持疗法。包括输液，补充电解质，调节酸碱平衡等。

五 洋葱和大葱中毒

洋葱和大葱都属百合科，葱属。犬、猫采食后易引起中毒，主要表现为排红色或红棕色尿液。犬发病较多，猫较少见。

【病因】 犬、猫采食了含有洋葱或大葱的食物后可引起中毒。研究证明，洋葱或大葱中含有具有辛香味挥发油 N-丙基二硫化合物或硫化丙烯，可降低红细胞内葡萄糖-6-磷酸脱氢酶的活性，从而使红细胞更易氧化变性溶解。红细胞溶解后，从尿中排出血红蛋白，使尿液变红，严重溶血时，尿液呈红棕色。

【临床症状】 犬、猫采食洋葱或大葱中毒 1~2 天后，特征性表现为排红色或红棕色尿液。中毒轻者，症状不明显，有时精神欠佳，食欲差，排浅红色尿液。中毒较严重犬，表现精神沉郁，食欲减退或废绝，走路蹒跚，不愿活动，喜卧，眼结膜或口腔黏膜发黄，心搏加快，喘气，虚弱，排深红色或红棕色尿液，体温正常或降低，严重中毒可导致死亡。

【鉴别诊断】

(1) 犬洋葱和大葱中毒与犬巴贝斯虫病的鉴别 二者均有减食、贫血、排血红蛋白尿等临床症状。二者的区别在于：犬巴贝斯虫病是由蜱传播的原虫病，病犬体温高（39~41℃或更高），呕吐，腹泻，常见化脓性结膜炎，末梢血管采血涂片，用姬姆萨染色，可在红细胞内见到巴贝斯虫。

(2) 犬洋葱和大葱中毒与犬丙酮苄羟香豆素中毒的鉴别 二者均有沉郁、减食、血尿、贫血、黄疸等临床症状。二者的区别在于：犬丙酮苄羟香豆素中毒的病例主要因吃了灭鼠药后发病，皮下、黏膜下出血，直肠、鼻孔出血，排含血稀便，关节出血，跛行，严重时还显水肿，呼吸困难。

> ⊙ 【提示】 根据有采食洋葱或大葱食物史；尿液呈红色或红棕色，内含大量血红蛋白；红细胞内或边缘上有海恩茨氏小体等可确诊。引起血红蛋白尿有多种原因，注意鉴别。

【治疗措施】

① 立即停止饲喂洋葱或大葱性食物。

② 用林格氏液 200~500 毫升、50% 葡萄糖 10~40 毫升、樟脑磺酸钠 2~4 毫升（或 10% 安钠咖 1~2 毫升）、26% 维生素 C 2~4 毫升，静脉注射。

③ 呋塞米，1 毫升/千克体重，肌内注射。

④ 如贫血严重，可进行输血。

六 污物（变质食物）中毒

污物中毒是指食物变质腐败及食物虽好而被污染物沾污，带有细菌毒素而引起中毒。以呕吐、腹泻、昏迷为特征。

【病因】

1）臭肉、臭鱼、酸奶，生肾等内脏放冰箱太久有气味，因含有组织胺、葡萄球菌毒素、肠毒素或肉毒素，被犬、猫吃后易引起中毒。

2）用已变质的饭菜饲喂犬、猫。

【临床症状】 犬、猫采食变质食物后，一般 1~3 小时就发生呕吐，采食量少，呕吐完变质食物后便康复。严重中毒者，出现腹泻，便中带血，腹壁紧张，触压疼痛。随后肠蠕动变弱，肠内充气，肚腹臌胀，更有利于革兰阴性菌生长繁殖，释放内毒素，使病情进一步恶化，甚至发生内毒素性休克。

内毒素中毒，体温常在采食后 2 ~ 24 小时升高，同时发生呕吐，腹泻排水样便。腹部膨大，腹壁紧张，触压疼痛。走路不稳，卧地，四肢抽搐。心跳增速，呼吸加快，瞳孔稍有散大。有的惊厥，角弓反张，最后昏迷死亡。

【鉴别诊断】

(1) 犬污物中毒与犬氟乙酰胺中毒的鉴别 二者均有卧地、四肢抽搐、角弓反张、心跳增速、呼吸加快等临床症状。二者的区别在于：犬氟乙酰胺中毒的病例病初即奔跑，狂叫。用剩余食物或呕吐物经系列处理后取上清液观察，如在 2 分钟内逐渐由淡黄色、黄色变为亮黄色，由混浊生成橘红色沉淀。

(2) 犬污物中毒与犬丙酮苄羟香豆素中毒的鉴别 二者均有精神沉郁、心衰、呼吸困难、痉挛等临床症状。二者的区别在于：犬丙酮苄羟香豆素中毒的病例皮下黏膜下、直肠、鼻孔、关节腔出血。排含血稀便和血尿。

(3) 犬污物中毒与犬铅中毒的鉴别 二者均有呕吐、腹痛、昏睡、痉挛等临床症状。二者的区别在于：犬铅中毒的病例吃了含铅的颜料等食物而发病，神经过敏，眼球内陷，瞬膜凸出，兴奋不安，持续狂叫奔跑。取待检液少量置试管中，加 10% 铬酸钾溶液数滴，如有铅离子存在，即出现黄色沉淀。

(4) 犬污物中毒与犬有机磷中毒的鉴别 二者均有呕吐、流涎、腹泻、惊厥，走路不稳等临床症状。二者的区别在于：犬有机磷中毒的病例因吃有机磷农药污染的东西而发病，瞳孔缩小，流泪，眼结膜发绀。取可疑农药 5 ~ 10 滴，加水 4 毫升，振荡乳化后，加 10% 氢氧化钠 1 毫升，如变为金黄色，为对硫磷（农药 1605）；如不变色，再加 1% 硝酸银 2 ~ 3 滴，出现灰黑色为敌敌畏，出现棕色为乐果，出现白色为敌百虫。

> ➡ 【提示】 根据病史和临床症状，可做出初步诊断，确诊必须对食物进行实验室检验。

【治疗措施】 变质食物中毒尚无特效药物治疗，一般治疗如下：

① 一般解毒措施。发病初期，呕吐有利于排出食入的变质食物，等呕吐完后，才可应用止吐药物。应用止吐药物同时，还应使用吸附剂。

② 止泻。腹泻初期，不要止泻，在肠内容物基本排空后，再用止泻药物。

③ 抗菌消炎。为了防止肠道内细菌继续生长繁殖，产生毒素，可应用广谱抗生素。

④ 维持水、电解质和酸碱平衡。静脉输液，补充水分和电解质，调节酸碱平衡。

⑤ 防止休克。应用皮质类固醇，如静脉注射或肌内注射地塞米松，或应用泼尼松。

⑥ 不用腐败变质食物饲喂犬、猫，不要让犬、猫采食过量的鱼及肉食品。

七　黄曲霉毒素中毒

黄曲霉毒素是黄曲霉菌的代谢产物，广泛存在于各种发霉变质的饲料中，对犬、猫等动物具有毒害作用。在高温多雨季节，花生、玉米、小麦、大麦、黑麦、燕麦、高粱、甘薯、稻谷、芝麻、棉籽、豆类和鱼粉等容易产生黄曲霉。犬口服黄曲霉毒素的致死量为 0.5～1 毫克/千克体重，黄曲霉毒素有 B1、B2、G1、G2、和 M1、M2，其中 B2、G2、B1 毒性最强，致癌性强。如果犬、猫摄入了大量黄曲霉毒素，可造成中毒。

【病因】

1）犬、猫吃了被黄曲霉污染的食物，常可发生中毒。

2）犬、猫吃了因黄曲霉毒素中毒的动物肝脏（须 280～300℃才能破坏毒素）。

【临床症状及病理变化】　初期，食欲减退，沉郁，不愿活动。体重减轻，消化障碍。以后，黄疸，尿呈橙黄色。肝脏肿大，腹水。剖检见胆管增生，胆汁色素在肝门区积累，中央静脉和门静脉周围出现多血管腔，肝硬化。病样经提取、浓缩、薄层分离后，在紫外光下有很强的荧光。黄曲霉毒素 B1、B2 呈紫色或蓝紫色荧光，G1、G2 呈黄绿色荧光。

【鉴别诊断】

(1) 犬黄曲霉毒素中毒与犬肝硬化的鉴别　二者均有精神沉郁、食欲不振、肝脏肿大、腹水等临床症状。二者的区别在于：犬肝硬化的病例，活动型体温升高，初期有压痛，以后肝脏萎缩，变硬、变小，最后因肝昏迷而死亡。血清胶质反应强阳性，血氨升高达 500 微克/分升。

（2）**犬黄曲霉毒素中毒与犬腹膜炎的鉴别**　二者均有精神沉郁、食欲不振、腹水等临床症状。二者的区别在于：患犬腹膜炎的病例腹壁温热有压痛，穿刺腹壁，流出液体有絮状物和红、白细胞。有反射性呕吐和胸式呼吸症状。

（3）**犬黄曲霉毒素中毒与犬肝炎的鉴别**　二者均有食欲不振、黄染、肝脏肿大等临床症状。二者的区别在于：患犬肝炎的病例，急性体温稍升高（慢性不升高），肝区有触痛感，粪便色浅，有恶臭。全身无力，消瘦，血氨升高。

根据病史和临床症状，可做出初步诊断，确诊必须对食物进行实验室检验。

【防治措施】

（1）**预防**　用作饲料的玉米、花生、小麦等如发现有黄曲霉时，应用水洗去，晒干后再利用。对怀疑因黄曲霉毒素中毒而死亡的动物，不能将其肝脏、肉喂犬、猫。对发病犬、猫不要再喂原用的饲料。

（2）**治疗**　黄曲霉素中毒尚无特效解毒剂，主要在于预防，一旦出现中毒，应停止饲喂被黄曲霉毒素污染的饲料，以促进毒素排出，和对症治疗为原则。

① 促进毒素排出，口服活性炭以吸附肠内毒素，口服硫酸钠或人工盐缓泻。

② 加强肝脏的解毒机能，高渗葡萄糖和维生素 C，静脉滴注。

③ 强力宁，犬按 5~20 毫升/次，静脉滴注。

④ 肌苷（增强细胞活性、提高蛋白合成功能），犬按 25~30 毫克/次，口服或肌内注射。

⑤ 恩托尼（S-腺苷甲硫氨酸），犬按 0.1 克/5.5 千克体重，0.2 克/6~16 千克体重，口服，每天 1 次。

⑥ 卡巴克洛，1~2 毫升/次，肌内注射，每天 2 次。

⑦ 氨苄西林，犬按 20~30 毫克/千克体重，口服，每天 2~3 次，或按 10~20 毫克/千克体重，皮下注射、肌内注射或静脉滴注，每天 2~3 次。

第十章
宠物外科疾病的鉴别诊断与防治

一 创伤

创伤是指由锐性外力或强大的钝性外力作用于机体所引起的开放性损伤。除无菌手术创外，均有不同程度的污染。

【病因】

1）擦伤是皮肤表层遭受粗糙物体摩擦所致的损伤，创面有擦痕和出血。

2）刺伤是尖锐物体刺入组织而引起，创口不大，创道窄而深，易伤及深部组织和器官，不易被发现，出血少。异物易存留创内，易形成瘘管，也可造成厌氧性感染。

3）砍伤是由柴刀、斧子等劈砍组织而造成的损伤。创口裂开大，组织损伤严重，出血较多，剧烈疼痛。

4）切割伤是由锐利的刀刃、玻璃片、铁片等切割组织造成的损伤。创缘和创壁整齐，挫灭组织较少，易造成神经血管断裂，出血较多。

5）裂伤，创面皮肤发生撕裂或剥脱，创缘创面不整，创内深浅不一，创口裂开明显，有创囊或组织碎片，疼痛明显。

6）挤压创是车轮或重物挤压而发生的损伤。创形不整，挫灭组织较多，重者皮肤缺损，发生粉碎性骨折，一般出血少，污染严重，易感染化脓。

7）咬伤是宠物牙齿咬伤所致的损伤，呈管状创，组织有时缺损，因受口腔细菌感染，易继发蜂窝织炎。

【临床症状】 创伤的一般症状：创口裂开，初发时出血，有程度不同的疼痛，创围肿胀，机能障碍。新鲜创的症状：创口有不同程度污染，创内有被毛和异物，创面被细菌污染；有时会伤及附近组织和器官，可出现创伤并发症。化脓创的症状：创缘、创面肿胀、疼痛，创围皮肤增温，创内流出脓性分泌物，常为化脓性细菌的混合感染。根据脓汁的颜色、气味和黏稠度，可初步鉴别引起化脓性细菌的种类，脓汁为黄白色或微黄色，多为黏稠，且无不良气味，则是以葡萄球菌感染为主所致；脓汁呈浅红色液状，多为链球菌为主所致；脓汁呈黄绿色或灰绿色，浓稠，且有生姜味，多为绿脓杆菌所致；脓汁呈浅褐色，黏稠且有粪臭味，多为大肠杆菌所致。

新芽创的症状，化脓性炎症消退，创围炎症缓解，创内则出现红色、平整颗粒，较坚实的新生肉芽组织，肉芽组织表面附有少量灰白色、黏稠的脓性分泌物。创缘周围则生长灰白色的新生上皮。若肉芽组织不被上皮组织覆盖，则老化形成瘢痕。当肉芽组织受到机械、化学、物理等因素的经常性刺激，易形成赘生肉芽组织。赘生肉芽组织高出于创围皮肤表面，易出血，不易治愈或久治不愈。

【鉴别诊断】 本病外观症状明显，易与其他病相区别。

> ● 【提示】
>
> 　　1）先询问病史，然后检查患病宠物的体温、呼吸、脉搏、可视黏膜颜色及精神状态，检查前，宠物应镇静或全身麻醉，局部剪毛、消毒。
>
> 　　2）视诊创伤的部位、大小、形状、方向、性质，创口裂开的程度，有无出血，创围组织状态和被毛情况，有无创伤感染现象。
>
> 　　3）观察创缘及创壁是否整齐、平滑，有无肿胀及血液浸润情况，有无挫灭组织及异物。
>
> 　　4）对创围进行触诊，以确定局部温度的高低、疼痛情况、组织硬度、皮肤弹性及移动性等。
>
> 　　5）检查创壁，注意组织的受伤情况、肿胀情况、出血及污染情况。
>
> 　　6）检查创底，注意深部组织的受伤情况，有无异物、血凝块及创囊的存在。必要时可用消毒的探针、硬质胶管或用带消毒乳胶手套的手指进行创底检查，摸清创伤深部的具体情况。

【治疗措施】

（1）新鲜创的治疗 止血，采用压迫止血、钳压止血或结扎止血的方法。创围处理，用灭菌纱布将创伤覆盖，剪除被毛，用温肥皂水或消毒药液将创周围清洗干净，严防异物、药液流入创内，然后再用5%碘酊或0.1%新洁尔灭液消毒。清理创内，用生理盐水或0.1%新洁尔灭液反复清洗创内，去除异物。清理修整创缘，扩大创口，充分暴露创底，去除挫灭组织和变色组织，用消毒液清洗创内、去除组织碎片和血块。然后用药，多以磺胺类或抗生素类药物粉剂撒布创内。上药后，包扎创口，防止污染。如认为创内清理彻底，可缝合。如认为有厌氧性或腐败性感染时，可进行开放治疗。

（2）化脓创的治疗　清净创围后，用3%过氧化氢溶液或0.1%新洁尔灭液冲洗创腔，清除脓汁。清理创内，去除异物，剪除坏死组织，创口小时可扩创，使脓汁易于排出。用0.1%雷夫诺尔液冲洗创内。创内用药，可用磺胺类或抗生素类药物粉剂。

（3）肉芽创的治疗　以保护肉芽肉组织和上皮生长为原则，多采用软膏或流膏制剂。鱼肝油、凡士林，比例为1:1，碘仿、鱼肝油，比例为1:9，磺胺软膏、磺胺针剂、氧化锌软膏、青霉素软膏等涂抹创面。赘生肉芽组织可用手术刀将其切除，然后用药。

二　挫伤

挫伤是指由钝性物体的打击和冲撞下，造成软组织非开放性的损伤。

【病因】　宠物有机体局部软组织受到钝性物体的打击和冲撞。

【临床症状】　局部出现血斑、血液浸润和血肿，皮肤变色。肿胀呈坚实性，有弹性。受伤部位疼痛。挫伤发生部位不同，出现不同机能障碍。肌肉、骨及关节受到挫伤后，影响运动机能；发生于头部，则出现意识障碍；发生在胸部，影响呼吸机能；发生在腹部，形成腹壁疝、内出血，影响全身机能，腰、荐部挫伤，发生后躯瘫痪。

【鉴别诊断】　本病存在明显的致病因素，外观症状明显，易与其他病相区别。

【治疗措施】　挫伤的治疗原则是制止溢血，消炎镇痛，防止感染，加速组织修复能力。

① 局部冷敷，或涂布复方醋酸铅散等。

② 24小时后改用温热疗法、红外线疗法。

③ 普鲁卡因青霉素，按2万~5万单位/千克体重皮下注射或肌内注射，每天1次，连用2~3天。

④ 局部涂擦樟脑酒精、樟脑软膏或5%鱼石脂软膏等，镇痛减少渗出，外用，每天2~3次。

⑤ 渗出液吸收不良时，可以考虑在囊肿最低点进行切开，排出组织液。

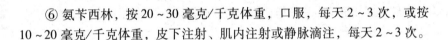

⑥ 氨苄西林，按 20 ~ 30 毫克/千克体重，口服，每天 2 ~ 3 次，或按 10 ~ 20 毫克/千克体重，皮下注射、肌内注射或静脉滴注，每天 2 ~ 3 次。

三 骨折

骨的连续性和完整性遭到破坏，称为骨折。

【病因】

1）直接暴力，车祸为最常见的病因，此外还见于枪击、打击、高空坠落等。

2）间接暴力，暴力通过骨骼或肌肉传导到远处发生骨折。多见于奔跑、跳跃、急停、急转、失足踏空、突然潜入洞穴或裂缝等。

3）骨骼疾病，宠物患骨营养不良、骨髓炎、骨软症、维生素 D 缺乏症（佝偻病）、骨肿瘤时在较小外力作用下易发生骨折。

4）应激作用，宠物前后肢最常发生疲劳性（应激因素）骨折，如猫指爪疲劳性骨折就属于这种类型。

骨折根据不同的分类方法可分成不同类型。根据骨折处皮肤、黏膜的完整性划分为开放性骨折和闭合性骨折；根据骨折断端是否完全分离划分为全骨折和不完全骨折；根据全骨折的骨折线方向分为横骨折、纵骨折、斜骨折、螺旋形骨折等；如果骨断离成两段以上，称为粉碎性骨折；不完全骨折分为青枝骨折（幼年宠物）和骨裂；根据骨折部位划分为骨干骨折（成年宠物多为骨干骨折）和骨骺骨折（幼年宠物多为骨骺骨折）；按骨折病因划分为外伤性骨折和病理性骨折；根据骨折复位后的稳定性划分为稳定性骨折和非稳定性骨折。稳定性骨折经适当固定后不易再移位，如横骨折、青枝骨折、嵌入骨折等；非稳定性骨折复位后易发生再移位，如斜骨折、粉碎性骨折、螺旋骨折等。

【临床症状】

（1）特有症状

1）骨变形。完全骨折后骨断端发生成角、旋转、伸长、重叠等移位，使患肢弯曲、扭转、伸长或缩短。

2）骨摩擦音。活动骨折断端可听到断端间摩擦音，但不全骨折或骨折端分离较远时无骨摩擦音。

3）异常活动。四肢长骨全骨折后，骨干可在骨折点异常伸屈扭转。

（2）其他症状

1）疼痛。犬、猫骨折后表现不安、痛叫，局部敏感或顽抗。直接触诊不易区别软组织痛和骨痛，间接触诊即握住骨长轴两端向中央压迫引起的疼痛表明是骨痛。

2）局部肿胀。骨折时骨膜、骨髓及周围软组织的血管破裂出血，经创口流出或在局部发生瘀血或血肿。由于软组织损伤、水肿，使局部肿胀更明显。但在四肢远端骨折，局部肿胀不甚明显。

3）机能障碍。骨折后由于构成肢体支架的骨骼断裂和疼痛，使肢体出现部分或全部功能障碍，如四肢骨折引起跛行，椎体骨折可引起瘫痪，颅骨骨折可引起意识障碍，颌骨骨折引起咀嚼障碍等。另外，骨折如伴有内出血或内脏损伤，可发生失血性休克。1~2天后血肿分解或开放性骨折继发感染可引起体温升高、食欲减退等症状。有时还可见骨折点局部组织缺血性坏死、外周神经麻痹等症状。

【鉴别诊断】 犬关节附近的骨折与关节脱位的鉴别。第一，根据犬受伤害程度进行判断，骨折一般是外力造成的，关节脱位一般均由剧烈运动造成；第二，犬关节脱位一般可以行走，但严重跛行，如果骨折，则脚不能着地；第三，用手摸捏感觉，脱白（关节脱位）的关节活动受限制，骨折一般不会在关节；第四，X射线检查，犬关节脱位，关节腔有渗出液，而骨折可见裂痕。

> ⊙ 【提示】 骨折可根据外伤史和局部症状诊断。可用下列方法做辅助检查。

1）X射线检查可以清楚地了解到骨折的形状、移位情况、骨折后的愈合情况等，也能鉴别诊断关节附近的骨折和关节脱位。拍片时一般要拍正、侧两个方位，必要时加斜位比较。

2）直肠检查用于大型宠物髋骨或腰椎骨折的辅助诊断，常有助于了解到骨折部变形或骨的局部病理变化。

> ⊙ 【提示】 骨折引发的危重病例应及时采取急救措施。包括限制宠物活动，维持呼吸畅通（必要时做气管插管）和血循环容量；防止休克、控制感染、整复胸腹透创和内脏破裂等。如开放性骨折大血管损伤，应在骨折部上端安装止血带或在创口填塞纱布止血。对骨折局部，止血消肿，保护创口，临时固定或保护患肢，然后再深入检查，以防局部软组织损伤加重或骨折加重。

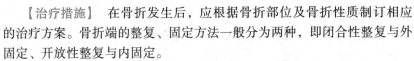

【治疗措施】 在骨折发生后，应根据骨折部位及骨折性质制订相应的治疗方案。骨折端的整复、固定方法一般分为两种，即闭合性整复与外固定、开放性整复与内固定。

（1）闭合性整复与外固定 骨骺、肘、膝关节以下的骨折经手整复易复位者，可施加一定的外固定材料进行固定。闭合性整复应尽早实施，一般在骨折后 24 小时之内，以免血肿及水肿过重而影响整复。整复前病犬、猫应全身麻醉或局部麻醉配合镇痛或镇静，确保肌肉松弛和减少疼痛。整复时，术者手持近侧骨折段，助手沿纵轴牵引远侧段，保持一定的对抗牵引力，使骨断端对合复位，有条件者，可在 X 射线监视下进行整复。整复完成后立即进行外固定，常用夹板绷带、石膏绷带、金属支架等。固定部位剪毛，衬垫棉花。固定范围一般应包括骨折部上、下两个关节。

（2）开放性整复与内固定 本方法能使骨断端达到解剖对位，促进愈合。包括开放性骨折和某些复杂的闭合性骨折，如粉碎性骨折、嵌入骨折等。根据骨折性质和骨折部位不同，常选用髓内针、骨螺钉、接骨板、金属丝等内固定材料进行内固定。为加强内固定，在内固定之后，配合外固定。新鲜开放性骨折或新鲜闭合性骨折做开放性处理时，应彻底清除创内凝血块、碎骨片。骨折断端缺损大，应进行自体骨移植，以填充缺陷，加速愈合。对陈旧开放性骨折，应按感染创处理，清除坏死组织骨片，安置外固定器以整复固定骨折，或用石膏绷带固定，保留创口开放，便于术后清洗。

（3）术后护理

① 全身应用抗生素预防或控制感染。

② 适当应用消炎止痛药，加强营养，补充维生素 A、维生素 D、鱼肝油及钙剂等。

③ 限制犬、猫活动，保持内、外固定材料牢固固定。

④ 医嘱主人适当对患肢进行功能恢复锻炼，防止肌肉萎缩、关节僵硬及骨质疏松等。

⑤ 外固定时，术后及时观察固定远端，如有肿胀、皮温下降，应解除绷带，重新包扎固定。

⑥ 定期进行 X 射线检查，掌握骨折愈合情况，适时拆除内、外固定材料。

四 关节脱位

关节脱位是指关节因受到机械外力、病理性作用引起骨间关节面失去正常的对合称为关节脱位，又称脱臼。犬、猫最常发生髋关节、髌骨脱位；肘关节、肩关节也有发生。

【病因】 关节脱位分先天性和外伤性两种。前者与遗传有关，因出生时或出生后关节发育异常而容易发生脱位，犬较常见，如髌骨脱位。后者多因强烈的外力作用，包括间接和直接作用，犬、猫多见于直接外力作用。

【临床症状】 患病犬、猫出现关节变形。由于关节错位，加之肌肉和韧带异常牵引，关节活动受到限制；关节下方发生肢势改变，如内收、外展、伸展和屈曲等；若伴有严重外伤和周围软组织受损，关节肿胀和疼痛；出现机能障碍如跛行等。犬、猫常见髋关节和髌骨脱位。

(1) 髋关节脱位 依据股骨头变位方向，有前上方、内侧和后方脱位。患肢似缩短或变长，并呈内收、外展或外旋，站立时悬提或趾尖着地，行走呈混合跛行。观察或触摸患关节可能异常突出或低下，与对侧比较容易发现异常变化。

(2) 髌骨脱位 依据髌骨变位方向，有上方、外侧和内侧脱位，多见于小型品种犬，以内方或外方脱位多见。发生内、外方脱位后，患肢膝关节高度屈曲，患肢似明显缩短，重度跛行或三脚跳跃着行进。

【鉴别诊断】 犬关节脱位与关节附近的骨折的鉴别。第一，根据犬受伤害程度进行判断。骨折一般是外力造成的，关节脱位一般均由剧烈运动造成的；第二，犬关节脱位一般是可以行走，但严重跛行，如果骨折，则脚不能着地；第三，用手摸捏感觉，脱臼（关节脱位）的关节活动受限制，骨折一般不会在关节。第四，X射线检查，犬关节脱位，关节腔有渗出液，而骨折可见裂痕。

> ➋ **【提示】** 根据临床症状可做出初步诊断，确诊需经 X 射线检查，并了解关节变位程度，有无骨折和关节畸形等。

【治疗措施】 有保守疗法和手术治疗两种，其治疗原则是整复、固定和功能锻炼等。为减少肌肉、韧带的张力和疼痛，整复时应全身麻醉。

(1) 保守疗法 不全脱位或轻度全脱位，应尽早采用保守疗法，即

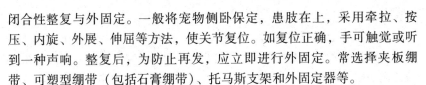

闭合性整复与外固定。一般将宠物侧卧保定，患肢在上，采用牵拉、按压、内旋、外展、伸屈等方法，使关节复位。如复位正确，手可触觉或听到一种声响。整复后，为防止再发，应立即进行外固定。常选择夹板绷带、可塑型绷带（包括石膏绷带）、托马斯支架和外固定器等。

（2）手术疗法 中度或严重的关节脱位和慢性不全脱位，多采用手术疗法，即开放性整复与内固定。根据不同的关节脱位，使用不同的手术方法。通过牵引、旋转患肢，伸展和按压关节或利用杠杆作用，使关节复位。根据脱位性质，选择髓内针、钢针和钢丝等进行内固定，有的韧带断裂，应尽可能地将其缝合固定。内固定完成后常配合外固定以加强内固定。

有些关节脱位，如先天性髌骨脱位，可通过关节矫形术，恢复关节功能。如非创伤性颞下颌关节脱位，可施部分颧弓切除术，防止颌骨被锁。

五 直肠脱垂

本症是指后段直肠黏膜层脱出肛门（脱肛）或全部翻转脱出肛门（直肠脱）。犬不分品种和年龄都发生本病，但青年犬更易发生。

【病因】 常见于胃炎，腹泻，里急后重，难产，前列腺炎，直肠便秘以及代谢产物、异物和裂伤引起的激烈努责。饲喂缺乏蛋白质、水和维生素的多纤维性饲料，严重感染蛔虫、球虫等寄生虫的青年犬易发。先天性直肠括约肌无力的波士顿小猎犬在发育期，比其他品种犬易发。

【临床症状】 仅直肠黏膜脱出（脱肛）的犬，在排便或努责时，可见瘀血的直肠黏膜露出肛门外。直肠翻转脱出（直肠脱垂）的犬，肛门凸出物呈长圆柱状，直肠黏膜红肿发亮（彩图10-1）。如果直肠持续凸出，黏膜变为暗红或黑色，严重时可继发局部性溃疡和坏死。病犬常反复努责，在地面上摩擦肛门。仅能排出少量水样便。

【鉴别诊断】 犬直肠脱垂与犬子宫脱垂的鉴别。二者均表现尾根下部脱出一截圆柱状、潮红、水肿的凸出物。二者的区别在于：犬子宫脱垂的病例圆柱状物脱出于阴户而不是肛门。

> ⟶ 【提示】 可依据临床症状做出诊断。

【治疗措施】 治疗原则以直肠整复手术为主，结合消炎，补充体液，加强护理。

（1）脱出直肠整复手术　本法适用于脱肛初期，水肿轻微，黏膜没有破损、坏死者。病犬以横卧或仰卧保定，垫高后躯。用0.1%高锰酸钾液清洗脱垂的黏膜，针刺水肿部位，并多点注射医用酒精，待水肿黏膜皱缩后，再慢慢还纳，直到完全送回为止。然后于肛门周围深部肌内注射酒精，每点3毫升。

（2）骨盆腔内壁固定术　本法适于直肠脱垂早期，无肠黏膜坏死时的治愈率达100%。其手术方法是在左侧髋结节向最后肋骨引水平线，于该连线的中点为切口起点，向下垂直切开腹壁5～7厘米，打开腹腔。将脱垂的直肠黏膜用生理盐水冲洗，用自制的圆锥形棉球涂少量甘油进行整复，还纳腹腔内。然后直肠内插入相应粗细的橡胶管（便于缝合），将犬倒提，使小肠前移，充分暴露直肠再做直肠左侧和右侧壁与骨盆侧壁结节缝合2～3针（不要穿透肠黏膜），以固定直肠。缝合后即可拔出橡胶管。为防止感染，可腹腔内注入青霉素、链霉素水溶剂。

（3）直肠切除术　适于直肠脱垂时间长、黏膜水肿严重、坏死者。其方法为对病犬做常规麻醉、保定。用2根直径2毫米、长20厘米的不锈钢针，于脱垂的直肠基部行十字交叉穿透固定，然后距插钢针处1～1.5厘米处用刀切除脱垂的全部直肠，充分止血后，先以3毫米间隔结节缝合浆膜，然后再结节缝合黏膜，将浆膜层包埋。最后拔出钢针，肠管自动回缩到肛门内。

六　肛门囊炎

肛门囊炎是肛门囊内的腺体分泌物蓄积于囊内，刺激黏膜而引起的炎症。本病常见于小型犬，大型犬很少发生。

【病因】　犬的肛门囊位于内、外肛门括约肌之间的腹侧，左右各1个，呈球形。中型犬的肛门囊直径为1毫米左右。肛门囊以2～4毫米长的管道开口于肛门黏膜与皮肤交界部。把犬尾部上举时，开口部凸出于肛门，易于看到。肛门囊内衬以腺体，分泌灰色或褐色含有小颗粒的皮脂样分泌物。当肛门囊的排泄管道被堵塞或犬为脂溢性体质时，其腺体分泌物发生蓄积，即可发生本病。此外，肥胖犬的肌肉节律性运动失调，也可使肛门囊内容物排泄受阻而发生本病。

【临床症状】　病犬肛门呈炎性肿胀，常可见甩尾、擦舔并试图啃咬肛门，排便困难，拒绝抚拍臀部。接近犬体时可闻到腥臭味。炎症严重时，肛门囊破溃（彩图 10-2），流出大量黄色稀薄的分泌液，其中混有脓汁。肛门探诊，可见肛门处形成瘘管，疼痛反应加重。

【鉴别诊断】　犬肛门囊炎与犬肛门周围炎的鉴别。二者均有甩尾，啃咬，摩擦肛门，肛周污秽等临床症状。二者的区别在于：患犬肛门周围炎的病例既疼痛又瘙痒，肛周污秽不洁。不出现局部肿胀。

⊙ 【提示】　可依据临床症状做出诊断。

【治疗措施】　治疗原则以去除病因，消炎为主。

1）去除内容物。把犬尾举起暴露肛门，用拇指和食指挤压肛门囊开口部，或将食指插入肛门与外面的拇指配合挤压，去除肛门囊的内容物。然后，向囊内注入消炎药等。0.3% 碱性品红溶液于清创后涂在肛门囊破溃处，或灌肠后用绷带卷蘸饱和品红液，塞入直肠内，2～3 次即可奏效。

2）肛门囊炎症较重并伴有全身症状的犬，应进行全身抗感染治疗。如有复发，可向囊内注入复方碘甘油，每天 3 次，连用 4～5 天。然后注入碘酊，每周 1 次直至痊愈。

3）肛门囊已溃烂或形成瘘管时，宜手术切除肛门囊。注意不要损伤肛门括约肌和提举肌。实行肛门囊切除术时，要注意以下几个方面：

①术前 24 小时禁食，灌肠使直肠完全排空。

②犬以俯卧保定，尾巴固定于背部，肛门周围剃毛、消毒。

③硫喷妥钠，按每千克体重 8.8 毫克/千克体重，硬膜外麻醉。

④术者持钝性探针插入肛门囊底部，助手用止血钳固定外侧皮肤，纵向切开皮肤，彻底切除肛门囊，清除溃烂面、脓汁及坏死组织，破坏瘘管。

⑤修整新鲜创口，撒抗生素粉剂，局部压迫止血，常规缝合。术后肌内注射青霉素 80 万单位、链霉素 100 万单位，每天 2 次。局部用过氧化氢或生理盐水清洗，碘酊消毒，涂消炎软膏，每天 1 次。

⑥术后 4 天内喂流食，减少排便，防止犬坐下及啃咬患部，每天带犬散步 2 次。

七 风湿性关节炎

风湿性关节炎包括关节、关节周围（包括关节周围的肌肉、骨、腱）

慢性疼痛性的疾病。

【病因】　发生原因尚不太清楚，一般认为与免疫反应有关。免疫球蛋白与特异抗体（又称类风湿因子）形成的免疫复合物，沉积在骨膜等组织及其他的反应所致。细菌感染、潮湿、寒风是发病的诱因。

【临床症状】　患病犬、猫关节疼痛，有的肿胀，按捏关节有疼痛。肌肉风湿时，则按捏肌肉有疼感，跛行。走路疼痛甚至跛行消失，休息后再走又显跛行。

【鉴别诊断】

（1）**犬风湿性关节炎与犬痛风的鉴别**　二者均有关节肿胀、按捏有疼痛、跛行等临床症状。二者的区别在于：患犬痛风的病例关节有热痛，慢性时，关节皮肤破溃后有白色尿酸盐流出。尿酸盐在尿道形成结石，排尿困难，膀胱膨大。

（2）**犬风湿性关节炎与犬全身性红斑狼疮的鉴别**　二者均有跗关节和腕关节肿胀、疼痛，跛行等临床症状。但二者的区别在于：犬全身性红斑狼疮是一种免疫失调性疾病。病犬局部红、热，全身发热，咀嚼肌和四肢肌肉萎缩。血检，可见红斑狼疮细胞。

➡ 【提示】　X射线检查对诊断本病很重要。早期X射线显示关节滑膜和关节囊增厚、关节腔增宽。随着病情加重，则出现关节损坏，关节周围组织稀疏，关节面不规则，有的则表现纤维性或骨性关节僵硬。关节穿刺见有变性滑液及白细胞数增多，可达（$4 \times 10^{10} \sim 2 \times 10^{11}$ 个/升），且多数为中性粒细胞，也可做穿刺细菌培养，以确定细菌感染类型，但经过抗生素治疗者，细菌培养难检出结果。

【治疗措施】　治疗原则为缓解疼痛，控制炎症，对症治疗。

① 为缓解疼痛，用阿司匹林（每片 0.3 克），犬按 100～200 毫克，口服，每天 3～4 次，或 10% 水杨酸钠，按 0.1～0.2 克，静脉注射（注时加含糖盐水 100 毫升），或保泰松，按 20 毫克/千克体重口服，每天 2 次。

② 关节或疼痛肌肉局部用 10% 樟脑酒精，每天涂擦 2 次；或用松节油搽剂（软皂 7.5 克、樟脑 5 克、松节油 65 毫升、蒸馏水 225 毫升）每天涂擦 1 次。

③ 对疼痛的关节肌肉，用红外线照射，边照射边用手按摩，每天 1 次，每次 30 分钟，连续用 7～14 天。

八 结膜炎

结膜表面或实质的炎性浸润称结膜炎。

【病因】

1）尘埃、异物、烟雾、紫外线、放射线、酸碱等刺激。

2）眼睑炎，鼻咽管阻塞可继发结膜炎。

3）一些传染病（如犬瘟热、犬传染性肝炎及支原体、衣原体、真菌、革兰氏阳性菌等）感染，也可引起结膜炎。

【临床症状】

1）急症结膜炎，结膜潮红、充血，羞明，流泪（彩图 10-3）。先流浆性液，重时流脓性液。伪膜样分泌物，结膜肿胀、疼痛，眼裂狭窄，甚至有脓性眼屎封闭眼裂。

2）慢性结膜炎，结膜表面形成乳头和滤泡，肿胀不明显，缺光泽，眼泪减少，眼睑有时痉挛。

3）化脓性结膜炎，眼睑肿胀，不能睁眼，有大量脓性分泌物，角膜混浊（彩图 10-4），不让人接触眼睛，表现不安且体温稍升高。

【鉴别诊断】

（1）犬结膜炎与犬角膜炎的鉴别 二者均有眼有分泌物、羞明、流泪、眼睛不能睁大等临床症状。二者的区别在于：患犬角膜炎的病例角膜变混浊（灰白），严重时角膜周缘有红晕。

（2）犬结膜炎与犬瘟热的鉴别 二者均有眼结膜潮红，流泪，有脓性分泌物并封闭眼睑等临床症状。二者的区别在于：患犬瘟热的病例有传染性，体温高（双相热），并有咳嗽和流鼻液的症状。

（3）犬结膜炎与犬眼睑炎的鉴别 二者均有眼结膜潮红、出血，流泪，眼睑有脓性干痂等临床症状。二者的区别在于：患犬眼睑炎的病例眼缘干痂剥去后，有脱毛溃疡面。

> ➲ 【提示】可依据临床症状做出诊断。病犬羞明，流泪，角膜混浊，由浅灰色至白色，严重时角膜周缘有血晕并波及巩膜。

【治疗措施】

① 用棉花浸 3% 硼酸液，或 0.1% 雷夫诺尔液洗眼，并用纱布或棉花浸透，对眼作冷敷（急性）或温敷（急性发作 1 天后或慢性）。

② 用抗生素眼膏或眼药水滴眼。滴眼后将上、下眼睑提起，使眼药

水能流入结膜囊。

③ 如眼分泌物太多，可用1%硫酸锌液滴眼，每天1~2次。

④ 如出现化脓性结膜炎、结膜性溃疡，用1%硝酸银液滴眼，滴后用生理盐水冲洗以免硝酸银损伤角膜，而后用10%碘配软膏涂布眼内。如疼痛严重，用青霉素40万~80万国际单位（用注射用水1毫升稀释）加普鲁卡因1毫升，作眼底封闭。

九 角膜炎

角膜炎是角膜组织发炎的总称。

【病因】

1）角膜创伤（眼睑内翻、睫毛刺激）和物理、化学刺激。

2）感染或变态反应及营养失调。

3）继发于其他眼病或犬瘟热。

【临床症状】 羞明，流泪，角膜的局部或全部混浊、不透明，呈浅灰白色，随着病情加重，整个角膜变为灰白色，角膜四周边缘有血晕，甚至边缘的巩膜也出现充血的微血管。更严重时出现溃疡。

【鉴别诊断】

（1）犬角膜炎与犬结膜炎的鉴别 二者均有羞明、流泪等临床症状。二者的区别在于：患犬结膜炎的病例角膜不发生混浊。

（2）犬角膜炎与犬角膜溃疡的鉴别 二者均有羞明、流泪，有时角膜混浊等临床症状。二者的区别在于：患犬角膜溃疡的病例角膜某一局部有缺损凹陷。

（3）犬结膜炎与犬青光眼的鉴别 二者均有角膜混浊、视力障碍等临床症状。二者的区别在于：患犬青光眼的病例眼球坚硬、凸出，瞳孔散大，光反应消失，角膜有水肿。用眼压侧定计测眼内压达4000~5200帕。

（4）犬结膜炎与犬瘟热的鉴别 二者均有羞明、流泪、角膜混浊等临床症状。二者的区别在于：患犬瘟热的病例有传染性，双相热，流鼻液，咳嗽。

> ➡ 【提示】 可依据临床症状做出诊断。病犬眼结膜潮红、充血，流浆性、脓性分泌物，严重时肿胀，眼裂狭小，甚至分泌物使上下眼睑粘连睁不开，有眼性干痂，化脓性体温稍升高。慢性时，结膜表面形成乳头和滤泡，眼泪减少。

【治疗措施】

① 用 3% 硼酸液冲洗，每天 3~4 次。冲洗后，滴眼药。

② 如酸性液浸入眼睑致病，用 3% 碳酸氢钠液冲洗。如碱性液浸入眼睑致病，用 1% 醋酸液冲洗，药液必须冲入结膜囊。冲洗后片刻 pH 试纸显中性即可。

③ 用甘汞、乳糖等量充分混合后，用细管将粉吹入眼内，闭合眼睑，轻轻按摩几下，每天 2 次。

④ 用青霉素 80 万国际单位（用注射用水 3 毫升先稀释），加利巴韦林 1 毫升（5 毫克）、2% 普鲁卡因 1.5 毫升，混合后滴眼，1~2 小时 1 次。

十 角膜溃疡

本病是角膜组织有缺损的角膜炎，也称溃疡性角膜炎。

【病因】

1）犬与犬或犬与猫在玩耍、打闹时，角膜被爪抓伤。

2）角膜炎未得到及时治疗，角膜损伤而发生溃疡。

3）维生素 A 缺乏，雌激素不足（卵巢摘除），营养不够。

【临床症状】 临床症状表现为羞明，流泪，角膜表面有不同形状的凹陷，这种凹陷随着病程的延长，溃疡面积会扩大和向深层发展，严重时角膜穿孔。穿孔后有白色（角膜内壁界板或内皮层）或黑色的（虹膜）凸出。角膜由透明逐渐变浅灰白色、半透明至乳白色不透明，甚至周缘有红晕。

【鉴别诊断】

（1）犬角膜溃疡与犬角膜炎的鉴别 二者均有角膜混浊、羞明、流泪等临床症状。二者的区别在于：患犬角膜炎的病例角膜表面不出现溃疡。

（2）犬角膜溃疡与犬结膜炎的鉴别 二者均有羞明、流泪等临床症状。二者的区别在于：患犬结膜炎的病例仅结膜发炎，潮红，肿胀，而角膜不发生混浊、溃疡。

> **【提示】** 角膜不透明或变灰白，表面显有小、形状不等的凹陷，严重时角膜穿孔，从穿孔处可见凸出物。

【治疗措施】 对本病应及时治疗，防止角膜穿孔。

1）用3%硼酸液或0.1%雷夫诺尔液冲洗患眼。

2）用青霉素80万单位（用注射用水3毫升先稀释）加利巴韦林1毫升（5毫克）、2%普鲁卡因1.5毫升，混合后滴眼，每小时1次。

3）为防止虹膜粘连，用1%阿托品点眼，每天2次。

4）用黄降汞眼药膏点眼，每天3~4次。

5）大剂量静脉注射维生素C，有良好效果。

6）为防止角膜穿孔，可行瞬膜覆盖术。手术操作如下：

① 病犬全身麻醉。

② 眼周围剪毛，消毒。

③ 先将上眼睑提起，用弯针从上眼睑外管侧穿刺，由外向里。上眼睑（防针尖刺伤眼球）拔出针头后，于线端结扎一个小塑料管（长5毫米，代替纽扣），再从瞬膜中部里侧穿透瞬膜由外侧拔出弯针，平行约距5毫米用针再由外向里将针穿过瞬膜，由内侧拔出针，再在上眼睑距原入针处约5毫米处于眼睑内侧穿透上眼睑，拔出缝针，在喷疡处撒布青霉素粉。将两根线头均匀用力将瞬膜向外侧拉，使瞬膜覆盖角膜后，将预先消毒的小塑料管（长5毫米）套于丝线上打结。

④ 在瞬膜内侧用小刀刮几下，稍有出血，这种自家血具有阻碍胶原酶的作用，并为溃疡提供血液，有利于溃疡的康复

⑤ 10~14天拆线，使瞬膜复位，如有粘连，滴麻醉药后剥离（如图10-1）。

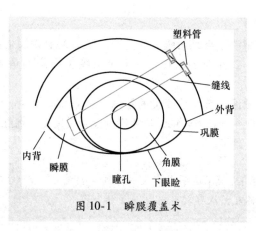

图10-1 瞬膜覆盖术

十一 白内障

白内障也称晶体混浊，分发育性白内障（分先天性、青年性、营养性）和变性白内障（分老年性、糖尿病性、外伤性、防射线性、并发性、中毒性）。

【病因】 发病原因尚不明确。

1）先天性，始于胚胎，常为两侧性。

2）青年性，与遗传有关或与代谢有关（代谢所产生的有毒分解产物可引发白内障）。

3）营养性，与维生素、氨基酸缺乏有关。

4）老年性，8 岁以上的犬、猫晶体开始混浊。

5）外伤性，晶体被破坏后，眼前房液浸透晶体可引发白内障。

6）糖尿病，血糖高，浸入晶体的葡萄糖增加，而使晶体纤维化，引发白内障。

7）各种眼病（虹膜炎、眼内肿瘤、青光眼、网膜脱落）的继发可引发白内障。

【临床症状】 瞳孔呈蓝白色或灰色。

老龄犬的白内障可以根据成熟度分为 4～6 期：初期、发育期、成熟期、隆起期、超熟期和 Morgagnian 期（也有的只分为初期、发育期、成熟期、超熟期 4 期）。

1）初期。混浊少，未完全阻碍光线进入视网膜，对视力影响不大。这个阶段的视力其实和正常视力没有太大区别，一般不易被发现。

2）发育期。比初期成熟，视力衰退但仍未完全阻碍光线进入视网膜。观察犬的眼睛，发现模糊不透光，而且视力会有明显下降。

3）成熟期。完全阻碍光线进入视网膜，可见不透明的白色。这个阶段，病犬患眼已经完全看不见东西了。

4）隆起期。晶状体纤维肿大，晶状体自身增大。眼球凸出眼眶，很难闭眼。

5）超熟期。晶状体蛋白经历溶解和吸收的过程和并发晶状体缩小。

6）Morgagnian 期。本期是超熟期的一个阶段，在这阶段整个晶状体皮质经过重吸收，晶状体核停留在晶状体囊底部（检查时可通过手电筒，观察眼球对光的感觉和透光性来判断犬是否出现白内障的症状）。

【鉴别诊断】 本病外观症状明显，易与其他病相区别。

> **【提示】** 白内障手术前应该对病犬进行详细的眼科检查，包括：泪液量的检测、眼附属器的检查、恐吓试验、直接和间接瞳孔反射以及眼压的测量。如果这些检查项目均正常，还应进行散瞳后的眼底检查。检查角膜是否存在可能会影响眼内操作的不透明区域。如果术前角膜出现水肿，说明角膜内皮可能出现了失水代偿，此时手术，术后角膜的水肿程度可能会更严重。检查虹膜有无出现过度的色素沉着、虹膜粘连和葡萄膜外翻；检查眼前房是否出现房水和角膜后沉积物。

另外，还应对患眼进行视网膜电位图的检查，这一点非常重要，因为，如果犬视网膜功能已经丧失，那么即便进行白内障手术，术后患眼也无法恢复视力，并且这一问题在临床上也并不少见。

只有所有检查项目完全正常的病犬，才能进行手术。

【治疗措施】 如晶体周缘尚透明，用1%阿托品滴眼，可以恢复一点视力。如因糖尿病而形成的白内障，控制血糖可得到改善。当完全混浊不能被吸收时，在无色素层炎和视网膜正常情况下，可选择适宜时机做晶体摘除术。

十二 青光眼

青光眼是因眼房液排泄受阻，眼内压升高致视力障碍的一种眼病，犬多发，可发生于单侧眼或双眼。

【病因】

1）先天性。房角中胚层发育异常，或残留胚胎组织，或虹膜梳状韧带宽度增加，阻止了房水排出通道。

2）原发性。眼房角结构不良或停止发育，晶体生长变厚，虹膜与晶体相贴，瞳孔放大，内皮增生使前房变浅，房角变窄，引起房水排泄受阻，眼内压升高。

3）继发性。多因眼球疾病，如前色素层炎，瞳孔闭锁，晶体移位，眼肿瘤等引起房角粘连、堵塞，改变房水循环。

【临床症状】 病初，表现溢泪，轻度眼痉挛，轻微疼痛，结膜充血，瞳孔反射，视力未受影响。以后，眼内压逐渐升高至4000～5200帕（正常2000～2266帕），眼球坚硬、凸出，瞳孔散大固定，光反射消失，角膜水肿、混浊。后期，视神经乳头萎缩、凹陷，视网膜变性，视力完全丧失。

【鉴别诊断】 犬青光眼与犬角膜炎的鉴别。二者均有角膜混浊，流泪，视力障碍等临床症状。二者的区别在于：患犬角膜炎的病例角膜周围有红晕，而眼球无坚硬、凸出，眼内压不高的症状。

> 【提示】 病犬眼内压升高，眼球坚硬、凸出，瞳孔散大固定，光反射消失。角膜水肿，混浊，用SchioTz氏眼压测定计测定眼内压，由正常的2000~2266帕增至4000~5200帕。

【治疗措施】 对本病治疗时，当药物治疗不见效果时，则用手术疗法。

① 20%甘露醇，犬按1~2克/千克体重，静脉注射；50%甘油，按1~2克/千克体重，口服。

② 双氯非那胺（双氯磺酸胺、二氯苯磺胺，每片50毫克），犬按5毫克/千克体重，分2~3次口服；乙酰唑胺（乙酰唑胺，每片0.25克），犬按20毫克/千克体重，分2次口服。

③ 为促眼房水排泄，也可用1%~2%毛果芸香碱，或1%~2%肾上腺素溶液滴眼，每天2次。

④ 当用药物治疗无效时，可用虹膜切除术、睫状体冷凝术，或虹膜嵌顿术。

第十一章
宠物产科疾病的鉴别诊断与防治

一　假妊娠

雌犬在发情期后，不论配种与否，逐渐表现出类似妊娠的症候，并有保护其他幼犬的行为，若在配种后 50～60 天后不见胎儿产出，又恢复正常状态（肚腹缩小），称为假妊娠。

【病因】　内分泌紊乱，雌犬排卵后因交配不当而未受孕或根本未交配，但卵巢黄体已形成，并分泌黄体酮。雄犬、雌犬一方生殖器官不健康，以致雌犬子宫分泌物增多，同样可使卵巢分泌黄体酮。雌犬长期拴养更易发生。

【临床症状】　在雌犬发情后 4～5 周，体重增加，脂肪沉积，腹部明显开始膨大，背毛光亮，初期食欲好坏不定，中期食欲增加，后期乳房增大，并可挤出乳汁，保持泌乳数周，但不见初乳，阴道分泌物呈牛乳样，懒散不愿动，正常妊娠 50 天时可隔腹壁摸到胎儿，而假妊娠的雌犬触不到胎儿。55 天后，也做窝，拒食，不让陌生人接近收养仔犬。并允许吸奶或将玩具、线团等收罗在身旁仔细看守，自己吮食自己的奶。有呕吐食物，并吃掉呕吐物的现象。上述产前症状一般在几天后即自然消失。

【鉴别诊断】

（1）雌犬假妊娠与雌犬妊娠的鉴别　二者均表现配种以后腹部逐渐增大，到后期乳房增大并可挤出乳汁，妊娠后 60 天左右扒窝等。二者的区别在于：若雌犬妊娠，在妊娠满 60 天之前，触摸腹部可触到胎儿，在接近分娩时可看到腹部胎动。

（2）雌犬假妊娠与雌犬腹水症的鉴别　二者均表现腹部逐渐膨大。二者的区别在于：患雌犬腹水症的病例乳房不增大，后期腹围不见缩小而且会更大，触诊有波动感。

> **【提示】** 根据病史、腹部触诊和腹部的 X 射线或超声波检查可以确诊。一般可于发情 42 天后进行 X 射线检查排除妊娠。

【治疗措施】 可给予睾酮制剂（按 1~2 毫克/千克体重）调节内分泌平衡，一般在较短的时间内即可使泌乳停止。对精神异常兴奋的犬、猫可给予镇静剂。若假妊娠反复发作，可施行卵巢子宫切除术。

二 流产

流产是指各种原因所致的妊娠中断，表现为排出死亡的胎儿、胎儿被吸收或胎儿腐败分解后从阴道排出腐败液体和分解产物。

【病因】 流产分感染性流产与非感染性流产。前者见于大肠杆菌、葡萄球菌、胎儿弯杆菌及流产布氏杆菌等感染，也可见于弓形虫、犬猫血巴尔通体感染及某些病毒（如猫细小病毒、白血病病毒）等感染。后者多见于孕激素不足，若黄体形成不足，于妊娠 2~5 周流产；黄体消退过早，于 6~7 周流产，7 周以上流产多由胎盘机能不足所致。胎盘结构或胎儿本身异常，母体营养不良或妊娠年龄过大（犬超过 6 岁，猫超过 4 岁），妊娠毒血症，外伤及某些不明原因也可造成流产。

【临床症状】 流产是在无任何先兆的情况下产出不足月胎儿，若为妊娠毒血症引起，雌性犬、猫有贫血症状；习惯性流产可见阴道血样分泌物持续 5~6 天。流产雌猫常因口渴吃掉胎儿，除注意观察外，也可经 X 射线检查，雌猫体内可见胎儿骨骼。

【鉴别诊断】

（1）雌犬流产与雌犬假妊娠的鉴别 二者均表现配种后腹部逐渐增大，预产期内胎儿消失。二者的区别在于：雌犬假妊娠病例在妊娠过程中摸不到胎儿，临产前乳房可以挤出乳汁，但不见分娩，原来膨大的腹部即缩小。

（2）雌犬流产与雌犬布氏杆菌病的鉴别 二者均表现未到预产期即流产。二者的区别在于：患雌犬布氏杆菌病的病例流产多发生在妊娠后 30~67 天，而无外来因素（剧烈运动、踢碰、打闹）而发生。胎儿胎盘部分溶解。胎儿内脏出血，肝炎、肺炎、心内膜炎。用胎儿内脏涂片，沙黄-亚甲蓝染色，布氏杆菌呈红色。

➡️ **【提示】** 主要依据临床症状建立诊断，流产的病原需经血液学及寄生虫学检验才能确定。

【防治措施】 流产一般无保胎治疗价值，但需积极预防，做到不与弓形虫阳性雄犬、猫交配。做好繁殖犬、猫布氏杆菌病的检验等。

三 难产

难产是指产程延长，胎儿娩出困难。

【病因】 难产的原因有母体与胎儿两方面。母体最常见的为硬产道即骨盆异常，如发育不全、骨折愈合等。软产道异常可见单角子宫、阴道狭窄或畸形等。母体营养不良及贫血使宫缩无力及过度肥胖或老龄子宫无力。分娩时子宫破裂或母体过于年幼均易出现难产。胎儿畸形（如脑水肿、双头或双臂等），胎儿过大或胎位不正（图 11-1、图 11-2）也是造成难产的重要因素。

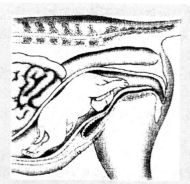
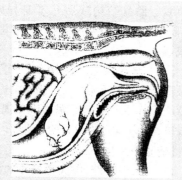

图 11-1　胎儿头部颈部向下　　　　图 11-2　胎儿尾和臀部进入
　　　弯曲的胎位不正　　　　　　　　　　产道的胎位不正

【症状及诊断】 犬一般配种后 57～62 天分娩，偶见 68 天才临产，大多数妊娠 60 天生产。临产前雌犬衔布条扒窝。产时不断努责，难产时持续努责，而不见胎儿产出，有的虽已见胞衣露出阴门，而不见胎儿排出，有时一条前（后）肢进入阴道。有时颈部或尾部顶于骨盆口。努责现象随着分娩延迟而逐渐减弱，即使胎衣（俗称"水淋子"）露出阴门很久也不见努责，说明已难产。

> ● 【提示】 可以借助 X 射线检查，确定胎儿能否通过雌犬的骨盆入口，尤其对于怀单胎所致的妊娠期延长和难产，X 射线检查更为必要。为了查明胎儿数量，以及胎儿是否存活可采用 B 超进行检查。

【防治措施】 开始分娩后 20 ~ 30 分钟尚未产出胎儿，即应密切注意，如 2 ~ 3 小时仍未见胎儿产出，乃是原发性子宫乏力。产出 1 只胎儿后，经过 4 小时而无继续分娩迹象，说明子宫收缩无力。实践证明，一般遇到难产时，不宜立即注射催产药物。因过早用缩宫药，可造成在子宫角内待产胎儿的胎盘过早因子宫收缩脱离子宫黏膜，甚至套在胎儿身上，导致胎儿窒息死亡。

一般以双手触压左右腹壁，协助雌犬努责，用手指伸入阴道抵触阴道上壁，也能促进努责，更需要根据不同难产采取不同措施。

① 产道狭窄。子宫颈相对较窄，尤其是初产雌犬，当犬努责或在帮助压迫腹部引起努责时，胎儿头部可通过骨盆正向阴门方向排出，可在肛门下方看到皮肤膨起，触摸是胎儿实体。右手在体外捏住胎儿的头或臀部，左手用大拇指与食指进入阴户，抓住胎儿的头部或臀部，右手接着扩张阴门，使胎头露出于阴户外，双手捏住胎儿向外牵引，如胎儿还活着，不要捏咽喉部（防止窒息）。边扩张产道边向外拉。如头先向外，肩尚未出，用左食指伸入产道，将两前肢分别抠出，便于拉出胎儿。

助产拉出的活胎儿，应迅即将胎膜扯破，使胎儿呼吸空气，一手握住胎儿（头低些），一手用卫生纸擦拭鼻孔流出的胎水和气泡，注意随时擦拭，避免水和气泡阻塞鼻孔而窒息。随即剥离胎盘，钳住脐带，剪断脐带并涂擦碘酊。同时用卫生纸擦干体表胎水后，放在温暖的犬窝里。天冷时放在雌犬的怀里，可提高胎儿成活率。

② 胎儿过大。手指伸入骨盆口摸胎头。如头比骨盆口大，用手指勾引胎儿，一手在耻骨前缘稍捏犬腹，促进雌犬努责。如胎头仍不能通过骨盆口，若胎儿已不活动，头的一部分已嵌入骨盆口，用止血钳循手指夹住胎儿头皮或嘴唇。手指向止血钳四周证明止血钳未夹产道黏膜，方能向外拉。胎儿稍移出一点或拉时未能移动，可再加 1 ~ 2 个止血钳分别夹住胎儿其他部位。一面抓住止血钳往外拉，一面用手指拨动胎儿，有助于胎儿排出。

如胎儿不能拉出，难产时间较久时，胎儿皮肤被夹一拉即掉，可将胎儿头部夹破（使头部体积变小，较易通过骨盆口）再用止血钳夹住颈部、肩部、肋部向外拉，最后戳破胎儿腹壁，先取出内脏，再拉胎儿，即可全部取出。

如胎儿头部大，不可能进入骨盆，尤其妊娠超过 68 天者，或母体太小，仅有 1 个胎儿，不论胎儿活着还是死亡，均应迅速做剖宫产，不仅可保证胎儿成活，也可避免胎儿死亡在母体腹内，导致雌犬死亡。

在行手术助产前，为保持雌犬的体力，应在腹右侧（如需行剖宫产手术时，左侧腹便于施术）皮下注射庆大霉素 8 万单位、樟脑磺酸钠 2 毫升、维生素 C 1～2 毫升，复合维生素 B 2 毫升、三磷腺苷 2 毫升、肌苷 2 毫升。尤其是体质较弱的雌犬，更不可少，以免其在助产期出现衰竭。

③ 胎儿项部抵骨盆口。手指伸进骨盆口，可摸到项额和耳，有时因持久努责致项额部水肿。用手指将唇向上拨，使嘴进入骨盆口，而后以"胎儿过大的难产"处理。

④ 头侧位。手指通过骨盆口仅摸到颈，摸不到头，头屈于颈侧。用止血钳夹住颈部稍向前推，手指将胎嘴向上抬并引进骨盆口，另一手用止血钳夹住胎唇，共同向外牵引，手指托着下颌向外勾，帮助胎头进入骨盆，再向外拉。如肩部不能顺利拉出，手指自肩从肘后勾出一前肢后，再勾另一前肢，即可顺利拉出胎儿。如助产不能成功，应立即行剖宫产。

⑤ 前肢伸入产道。一肢或两肢伸入产道，头多后仰或侧弯，用止血钳夹住前肢稍作牵引，以手指从骨盆口勾引颈部，试将头部顺至骨盆口。用另一钳夹住头部或唇部同时向外牵引。如伸入产道的前肢已被拉断，迅即夹住颈部有时也可将头连躯体一起向外拉出。如前肢拉断后仍拉不出胎体，则只能分夹胎体的一部分逐一向外拉，当头和前肢已取出后，还残留体躯部分，用止血钳夹住颈椎或脊柱即可将躯体拉出。如拉出困难、费时，则行剖宫产。

⑥ 腕关节屈曲。头已进入产道，胎儿腕关节屈曲，将胎头向外牵引，手指乘隙伸入骨盆口，顺肩至肘勾出一前肢，再勾另一肢，即可顺利拉出。

⑦ 肘关节屈曲。胎头已进入产道，胎儿肘关节屈曲，用手指勾腕关节。使爪进入骨盆，再照样取出另一肢，即可顺利拉出。

⑧ 肩关节屈曲。按上述原则，逐一将两前肢拉顺。

⑨ 跗关节屈曲。用手指勾着跗关节的曲面，稍向下勾着脸部向骨盆

拉，使该后肢下部进入骨盆，另一肢做同样处置，稍促努责，胎儿即后移，两后肢露出阴门后即可拉出。

⑩ 髋关节屈曲。胎儿不大时，用止血钳夹住尾根或臀尖，可向外拉出，若胎儿大时，难以纠正后肢进入骨盆，应迅即行剖宫产。

四 乳腺炎

乳腺炎为犬、猫一个或多个乳头的炎症过程，可分为急性、慢性及囊性乳腺炎。除急性乳腺炎外，均发生于产后较长时间。

【病因】 急性乳腺炎由幼犬、幼猫抓伤或咬伤后葡萄球菌、大肠杆菌及念珠菌等感染所致。慢性乳腺炎则为乳汁滞留刺激乳腺的结果。囊泡性乳腺炎相似于慢性乳腺炎，但乳腺增生可形成囊泡样肿物。

【临床症状与诊断】 急性乳腺炎可出现发热，精神沉郁，食欲不振等全身症状。发炎部位温热、疼痛、乳房硬肿、压迫时有少量血样或水样分泌物流出，乳汁呈絮状，若为化脓菌感染，可挤出脓液并混有血丝。血液检验见白细胞总数增多。

慢性乳腺炎全身症状不明显，一个或多个乳房变硬，强压也可挤出水样分泌物。囊泡性乳腺炎多发于老年犬、猫，触诊变硬的乳房可触及增生囊泡。

> ◆ 【提示】 根据病史、临床症状与乳汁检验，必要时通过病原培养和分离进行诊断。

【防治措施】

（1）预防 在临产前或产后，要注意雌犬身体及窝铺的清洁卫生，最好清洗乳头。分娩后注意雌犬的泌乳，如在一次哺乳后，仔犬不饱，并仍叫唤不止，表示泌乳不足。一方面用泌乳药，一方面必须调制牛奶补哺，避免仔犬因吃不到母乳而咬伤乳头。

（2）治疗 以抗菌消炎为主要治疗原则。

① 头孢拉定，犬按 25 ~ 50 毫克/千克体重，肌内注射或静脉注射，每天 2 次，连用 2 ~ 3 天。

② 地塞米松，犬按 0.2 ~ 1.0 毫克/千克体重，口服、皮下注射或静脉注射，每天 1 ~ 2 次，连用 2 ~ 3 天。

③ 林可霉素，犬按 15 毫克/千克体重，口服，每天 3 次，连用 21 天。

④ 头孢噻呋，犬按 10～30 毫克/千克体重，肌内注射或静脉滴注，每天 3～4 次。

⑤ 慢性乳腺炎，参照上述方法无效时，可考虑患病乳腺切除。

五　子宫蓄脓症

子宫蓄脓症是子宫内蓄留大量脓汁。一般老龄犬、猫多发。

【病因】　配种后不论妊娠与否，功能性长期分泌黄体或长期注射黄体激素等，可导致本病的发生。当子宫内膜囊泡状增生及血中黄体激素浓度过高时，子宫对感染抵抗力降低，易于感染、发炎、化脓。

【临床症状】　病犬精神沉郁，食欲减退或废绝，饮欲增加，持续发情出血，阴唇增厚、肿大，阴门流脓样或血样分泌物，阴门周围的毛沾染分泌物，恶臭。多饮多尿，体温 39～40℃。腹部稍膨大，触诊敏感，摸捏腹部，可摸到肥大的子宫角，有时按压，可见阴门排脓，有时可见腹部或脐周围静脉怒张，子宫颈闭锁，容易引起脓毒败血症。

白细胞数量每立方毫米增至 27000～40000 个，核左移，取阴道黏液涂片镜检，子宫颈收缩时，除大量中性粒细胞外，还有正常发情期后期出现的核上皮细胞、角化细胞及混合红细胞的非正常的阴道分泌物；子宫颈舒张时，出现较多的嗜中性粒细胞，聚集成块或在大量红细胞、黏液样物质中呈弥漫性分布。

【鉴别诊断】

（1）雌犬子宫蓄脓症与雌犬阴道炎的鉴别　二者均表现阴户流出脓性、尾根周围毛被污染而有干结物。二者的区别在于：患雌犬阴道炎的病例阴道黏膜充血、肿胀，甚至有腐烂、脓疱、结节。

（2）雌犬子宫蓄脓症与雌犬阴门炎的鉴别　二者均表现阴唇肿胀，阴门周围被毛被脓性分泌物污染形成干结物。二者的区别在于：患雌犬阴门炎的病例拱背，尿频，尿时疼痛，不排脓。

（3）雌犬子宫蓄脓症与雌犬子宫内膜炎的鉴别　二者均表现体温高（39.5℃），阴户流脓性或血样分泌物，食欲不振或废绝。二者的区别在于：患雌犬子宫内膜炎的病例分娩后发病，呈排泄物恶臭，呈红色，胎衣滞留时则呈绿色或黑色。因奶少，拒绝哺乳幼犬，幼犬不安、尖叫。

（4）雌犬子宫蓄脓症与雌犬肾虫病的鉴别　二者均表现腹痛。二者的区别在于：患雌犬肾虫病的病例尿中有虫卵，消瘦贫血，便秘或腹泻，尿频，尿中有脓、血，肾区按压疼痛，呕吐。

> **【提示】** 除依据病史、临床症状特别是腹部触诊外，结合 X 射线检查、血液学检验或超声波检查判断子宫内是否积脓。

【治疗措施】 施行卵巢子宫切除术是根除本病的最好方法。但若将病犬、猫作为种用，只能采取保守疗法，促进子宫分泌物排出和子宫复原。可以选用天然前列腺素（合成的类似物可引起休克甚至死亡），犬按 0.2 ~ 1.0 毫克/千克体重，猫按 0.22 ~ 1.0 毫克/千克体重，皮下注射或肌内注射；也可先肌内注射苯甲酸雌二醇，2 ~ 4 毫克/次，4 ~ 6 小时后肌内注射催产素 5 ~ 10 单位/次。若用药物无明显疗效，也可施行子宫穿刺排脓，但应尽量抽净，并向子宫内及腹腔内注射适量的抗生素。这种方法通常能够取得明显效果，但有复发可能。

六 阴道炎

阴道炎是指雌性犬、猫阴道和阴道前庭黏膜的炎症，主要由损伤和感染引起。本病多发于雌犬，猫一般少见。

【病因】 成年犬、猫阴道炎可由解剖异常（阴道与前庭结合处狭窄），分泌物或尿液在阴道内积聚所致；全身感染性疾病（如疱疹病毒感染等），也可引发阴道炎，也可继发于子宫炎、膀胱炎、尿道炎等。发情时间过长、交配不洁、分娩时感染也可诱发阴道炎。

【临床症状】 患病犬、猫烦躁不安，不时舔其外阴，可见阴道黏膜肿胀、充血，并有黏液性或脓性分泌物排出，散发出一种能吸引雄犬的气味，引起雄犬爬跨，常被误认为发情。

【鉴别诊断】

(1) 雌犬阴道炎与雌犬阴门炎的鉴别 二者均表现阴门肿胀，有分泌物粘于周围被毛，形成干结样物。二者的区别在于：患雌犬阴道炎的病例拱背，尿频，尿时疼痛，不排脓。

(2) 雌犬阴道炎与雌犬子宫蓄脓症的鉴别 二者均表现阴户流出脓性、血性分泌物，阴户周围的毛被脓性分泌物污染而形成干结物。二者的区别在于：患雌犬子宫蓄脓症的病例体温高（39 ~ 40℃），持续发情，出血，分泌物有特殊臭味，多饮多尿，腹部膨大、敏感，触摸腹部，可摸到肥大的子宫。白细胞数量每立方毫米达 27000 ~ 40000 个。

(3) 雌犬阴道炎与雌犬子宫内膜炎的鉴别 二者均表现体温高（39.5℃），阴户流脓性或血样分泌物，食欲不振或废绝。二者的区别在于：患雌犬子宫内膜炎的病例分娩后发病，排泄物污红、恶臭。有胎衣滞留时则呈绿色或黑色。因奶少，拒绝哺乳幼犬，幼犬不安、尖叫。

> 🔸 **【提示】** 根据临床症状结合实验室检验可做出诊断。

【治疗措施】 全身应用抗生素，药物种类可根据细菌培养、药敏试验的结果进行选择。初期，可进行阴道灌洗，以清除蓄积的分泌物及尿液，常用1%过氧化氢溶液，1：5000氯己定，5%醋酸等。阴道冲洗时，药液的体积应足以将阴道充满为宜，每天冲洗1~2次。配种前72小时不宜用药，以防杀伤精子。若为病毒性阴道炎，应将患病犬、猫与健康犬、猫分开饲养。青春前期犬、猫患病后，需坚持治疗，否则易复发。大部分犬、猫在第一情期过后，症状自行消失。若长期治疗无效，可行子宫切除手术。

七 外阴炎

外阴炎是阴门和阴道前庭部的炎症。

【病因】

1）分娩时助产的手或器械损伤阴门或阴道前庭部而感染细菌引发外阴炎。

2）交配时外阴黏膜损伤感染引发外阴炎。

3）子宫内膜炎、阴道炎能继发外阴炎。

【临床症状】 阴唇肿胀，阴道前庭排泄脓性分泌物。患病犬、猫不安，拱背，频频排尿，有时呻吟，阴门周围的被毛被分泌物污染形成干结物。皮肤如长久被干湿分泌物覆盖，可引起湿疹。

【鉴别诊断】

(1) 雌犬外阴炎与雌犬宫蓄脓症的鉴别 二者均表现阴唇肿胀，阴门周围被毛被脓性分泌物污染形成干结物。二者的区别在于：患雌犬宫蓄脓症的病例腹部膨胀，可摸到膨大的子宫，白细胞数量增多（27000~40000 个/毫米^3）。

(2) 雌犬外阴炎与雌犬阴道炎的鉴别 二者均表现阴门肿胀，有分泌物粘于周围被毛，形成干结物。二者的区别在于：患雌犬阴道炎的病例阴道流脓性或血样分泌物，阴道黏膜充血、肿胀，有的有小结节如砂布（滴虫），有的糜烂。

第十一章

（3）雌犬外阴炎与雌犬子宫内膜炎的鉴别　　二者均表现阴门有脓性分泌物，有分泌物干结块附着于周围被毛。二者的区别在于：患雌犬子宫内膜炎的病例体温高（39.5℃），分娩后发病，排泄物呈污红色、恶臭，如有胎衣滞留时则呈绿色或黑色。

【治疗措施】

① 用消毒液洗净尾根、阴门周围的干结物，并张开阴门冲洗前庭，并将尾用绷带包扎，以避免其摩擦阴门。

② 阴门和前庭用碘仿、鱼肝油（比例为 1∶10）或碘甘油涂擦，每天1～2 次。

③ 如附近皮肤引起湿疹，将局部被毛剪短，洗净擦干，涂布复方水杨酸软膏，隔天 1 次。

八　子宫肌瘤

【病因】　　子宫肌瘤多发生于青年犬、猫，其确切病因尚不清楚，可能与雌激素有关。卵巢功能、激素及代谢正常与否可影响子宫肌瘤的发生。

【临床症状】　　子宫肌瘤为良性肿瘤，多见于肌层间，个别见于浆膜下或黏膜下，呈球形，表面光滑，在一侧子宫角或两侧子宫角内个数不等，有的呈球状。随着肿瘤的逐渐增大，病犬腹围膨大，食欲减退，体重减轻，消瘦。个别出现腹水，有的阴道分泌物带血，触诊腹部可摸到肿块。

【鉴别诊断】　　鉴别诊断方法见表 11-1。

表 11-1　子宫蓄脓、子宫内膜炎、阴道炎、外阴炎、子宫肌瘤鉴别诊断

病　　名	鉴　别　诊　断
子宫蓄脓症	饮欲增加，有时体温升高，腹部膨大，触诊腹部可摸到膨大的呈袋状的子宫角，阴门肿大，排恶臭脓汁，尾根外阴部有脓痂附着
子宫肌瘤	腹围膨大，消瘦，腹水，阴道分泌物带血，触诊腹部可摸到肿块
子宫内膜炎	体温升高，从阴门流出灰色、粉红色、污红色、黑绿色浆液性或脓性黏液，恶臭，努责，精神沉郁
阴道炎	犬常舔外阴部，从阴门流出黏液性、脓性带血分泌物，阴道黏膜充血、肿胀、疼痛。雄犬常跟随雌犬
外阴炎	阴唇充血、肿胀，排脓性分泌物。不安，弓背，尿频，有时呻吟

➡️ 【提示】 依据病史、临床症状特别是腹部触诊，结合 X 射线检查或超声波检查判断子宫内是否存在肌瘤。

【治疗措施】 手术摘除肿瘤或同子宫、卵巢一起切除。

九 子宫内膜炎

子宫内膜炎是指子宫黏膜及黏膜下层的急性或慢性炎症。

【病因】 在发情期、配种、分娩、难产的助产、流产、胎衣不下，以及人工授精时，由于细菌（链球菌、葡萄球菌、大肠杆菌、变形杆菌或棒状杆菌等）的感染所致。子宫黏膜的损伤和机体抵抗力降低是促使本病发生的重要因素。此外，阴道炎、子宫脱垂、产死胎等，都可继发子宫内膜炎。

【临床症状】

（1）急性子宫内膜炎 体温升高，精神沉郁，食欲减少、烦渴贪饮，有时呕吐和腹泻，有时努责和有排尿姿势。从阴道排出灰白色混浊含有絮状的分泌物或脓性分泌物，特别在卧下时排出较多。子宫颈外口充血、肿胀和稍张开。通过腹壁触诊时，有子宫角增大和疼痛反应，如面团样硬度，有时有波动感。

（2）慢性子宫内膜炎 多无明显全身症状。患病犬、猫发情不正常或不发情、屡配不孕、妊娠后易发生流产，有时从阴道排出混浊带有絮状物的黏液或脓性分泌物。子宫颈外口充血、肿胀。通过腹壁触诊时可触知子宫角粗大。有的由于子宫颈肿胀和增生，使腔道变狭窄，脓性分泌物蓄积于子宫内，子宫角明显增大，触诊时子宫壁紧张有波动，有疼痛反应。

【鉴别诊断】 鉴别诊断方法同子宫肌瘤。

➡️ 【提示】 依据病史、临床症状并结合血液学检验。在发情期从子宫颈采取黏液或收集子宫内容物进行细菌培养确定诊断，对疑有死胎残留者可用 X 射线检查。

【治疗措施】 本病治疗不宜拖延，若转为慢性则影响生育，或继发败血症。

① 用 10% 磺胺嘧啶（按 22 毫克/千克体重）、海达（2.5% 恩诺沙星，每 10 千克体重 0.2 毫克）分别皮下注射，12 小时 1 次，连用 3～5 天。

② 犬可使用 0.1% 雷夫诺尔液或 0.1% 新洁尔灭液冲洗子宫，冲洗液排净后用青霉素 8 万国际单位（5 毫升馏水稀释）加 2% 普鲁卡因 3 毫升，注入子宫。

③ 如子宫蓄积脓液较多，除冲洗子宫时通过按捏腹部以促其排泄外，还可用催产素（犬按 1~2 国际单位）皮下注射，或麦角新碱（每次 0.3 克），每天 3 次，连用 2~3 天，以促子宫收缩。

✚ 产后急痫

产后急痫是以低血钙为特征的急性代谢病，以产后 2~4 周内发生最多，也有在分娩前或分娩过程中发生的病例。

【病因】

1）雌犬低血钙，6~7 毫克/100 毫升（正常雌犬血钙含量为 9~12 毫克/100 毫升），可引发本病。

2）分娩前后肠道对钙的吸收量减少可引发本病。

3）饲养管理不良，矿物质不足，或过于肥胖可引发本病。

4）妊娠后期吃食盐过多，能间接引起本病。

【临床症状】 患病犬、猫开始表现不安，乱跑，恐惧，运步蹒跚，后躯僵硬，倒地抽搐，呼吸迫促，出汗，眼球上翻，嘴角扇动，口角有白沫。有间歇性抽搐，并逐渐加重，惊厥，发作间期似正常，痉挛，发作 2~4 天常死亡。

【鉴别诊断】

（1）雌犬产后急痫与雌犬癫痫的鉴别 二者均表现口吐白沫、倒地抽搐、嘴唇不断嚼动。二者的区别在于：雌犬癫痫不在分娩前后发生，突然倒地，丧失意识，角弓反张，瞳孔散大，大小便失禁，仅发作几分钟即恢复。

（2）雌犬产后急痫与雌犬脑震荡的鉴别 二者均表现口吐白沫，倒地抽搐，嘴角扇动，发作间歇期如正常情况。二者的区别在于：患雌犬脑震荡的病例因头部受打击或碰撞而发病，左脑受撞向右转圈，右脑受展则出现向左转圈。

> ➡ 【提示】 根据临床症状结合血钙水平降低、补钙后迅速收到疗效即可确诊。

【治疗措施】 对患病雌犬应抓紧治疗，一旦延迟治疗，会使病情加重甚至造成死亡。

① 犬使用10%葡萄糖酸钙20~30毫升，静脉注射2天，并同时每天口服糖钙片10~15片，鱼肝油1~2丸。

② 镇静，犬使用戊巴比妥钠（按20~35毫克/千克体重），静脉滴注。

第十二章
宠物皮肤病的鉴别诊断与防治

一 脓皮症

脓皮症是指皮肤感染由化脓性细菌而引起的化脓性皮肤病。本病以犬多发，猫少见。

【病因】 常见的化脓性细菌有金黄色葡萄球菌、表皮葡萄球菌、链球菌（溶血性和非溶血性）、棒状杆菌、假单胞菌和变形杆菌等。代谢性疾病、免疫缺陷、内分泌失调或各种变态反应也可引发脓皮病。皮肤干燥、裂伤、创伤、烧伤或皮炎等均易引发本病。

【临床症状】

1）全身脓皮症。额下发生丘疹、脓疱疹（皮脂腺易发炎），额下、肘、膝发生毛囊炎，或波及周围组织形成蜂窝织炎。严重时，鼻梁、黏膜与皮肤交界处及腹部，也出现浅在或深在脓疱，多无痒感。

2）摩擦部脓皮症。摩擦部脓皮症见于口唇、鼻、尾、臀部、雌犬外阴及爪周围等，皮肤皲裂间发生化脓性炎症，有的肛门周围也发生。

3）幼年性脓皮症。幼年性脓皮症见于2~5月龄仔犬的面部、四肢或全身发生脓疱。

4）胖胝性脓皮症。胖胝性脓皮症见于大型犬肘、膝及前胸厚皮处，毛囊炎或蜂窝织炎。

5）干燥性脓皮病。干燥性脓皮症由角化异常或脂溢而感染发生的化脓性炎症（彩图12-1）。

6）趾间脓皮症。单趾或四肢的趾间都可能发生脓疱（彩图12-2），趾间湿润、疼痛，因犬频繁舔病部而使愈合较难。

【鉴别诊断】

(1) 犬脓皮症（趾间脓皮症）**与犬口蹄疫的鉴别** 二者均有趾间皮肤出现水疱、化脓等临床症状。二者的区别在于：犬口蹄疫的病原为口蹄疫病毒。病犬口、鼻也有水疱、糜烂，体温高。

（2）犬脓皮症与犬蠕形螨病的鉴别　二者均有皮肤增厚，形成皱褶，有绿豆至豌豆大的结节，破溃后流出恶臭脓液和黏稠皮脂等临床症状。二者的区别在于：犬蠕形螨病的病原为蠕形螨。在病犬不同处挤出的脓或病部皮肤刮取物镜检，可见蠕形螨虫体和虫卵。

（3）犬脓皮症与犬皮炎的鉴别　二者均有皮肤有丘疹、渗出、溃疡，皮肤增厚，脓疱（螨虫性皮炎）等临床症状。二者的区别在于：患犬皮炎的病例多在毛囊发生脓疱，一般有剧痒。刺激性因素或阳光可引起的皮炎，去除病因即愈，大多不化脓。螨虫性皮炎可在病部毛囊内见到幼虫。

【治疗措施】

① 用1%雷夫诺尔或1%新洁而灭液清洗皮肤。

② 切开脓疱，排出脓汁，清洗后再涂庆大霉素软膏。

③ 根据脓汁的药敏试验，用有效的抗生素肌内注射，12小时1次，以防止细菌产生抗药性。

④ 犬可使用樟脑磺酸钠2～4毫升、维生素C 2～4毫升、复合维生素B 2～4毫升，皮下注射，每天1次，以增强机体抵抗力。

⑤ 日光照射发生的皮炎，用对氨基苯甲酸软膏或甘油软膏涂布。如已感染细菌，则用消毒液洗后再涂抗生素软膏。

二　皮肤真菌病（皮肤霉菌病）

寄生于犬、猫等多种动物被毛、表皮、趾爪角质蛋白组织中的真菌所引起的各种皮肤疾病统称为皮肤真菌病。其特征是在皮肤上出现界线明显的脱毛圆斑，潜在性皮肤损伤，具有渗出液、鳞屑或痂，发痒等。本病为人、畜共患病，人类医生称为"癣"。

【流行特点】　引起犬、猫皮肤真菌病的真菌包括犬小孢子菌、石膏样小孢子菌和须毛癣菌。其流行和发病率受季节、气候、年龄、性成熟和营养状况等因素影响较大，炎热潮湿季节发病率比寒冷干燥季节高。犬小孢子菌能使猫全年感染发病。

感染猫大多不表现临床症状，但成为重要传染源。年老、弱小及营养差的犬、猫比成年、体强及营养好的动物易受感染。皮肤真菌主要是通过直接接触，或接触被污染的刷子、梳子、剪刀、铺垫物等媒介物而传染。犬、猫与人、其他动物能互相传染。皮肤真菌生命力极强，能存活5～7

年。石膏样小孢子菌不但能在土壤中长期存活，而且还能繁殖。因而宠物和人，尤其是幼犬、猫和儿童易被感染发病。

皮肤真菌病愈后的宠物，对同种和他种病原性真菌再感染具有抵抗力，通常可维持几个月到一年半不会再被感染。皮肤真菌病又是一种自限性疾病，患病宠物在 1～3 个月内，由于自身因素可不加医治而自行减轻，直到自愈。

【临床症状】 患病犬、猫的面部、耳朵、四肢、趾爪和躯干等部位皮肤常有典型病变。表现为被毛脱落，呈圆形、椭圆形、无规则的或弥漫状迅速向四周扩展（直径 1～4 厘米），皮肤出现鳞屑（彩图 12-3）。

通常急性感染病程为 2～4 周，若不及时治疗可转为慢性，往往可持续数月甚至数年。

【病理变化】 感染皮肤表面伴有鳞屑或呈红斑状隆起；有的形成痂，有痂下继发细菌感染而化脓的，称为脓癣。痂下的圆形皮损呈蜂巢状，并有许多小的渗出孔。石膏样小孢子菌和须毛癣菌的慢性感染，有时会出现大面积皮肤损伤。

【鉴别诊断】

(1) 犬皮肤真菌病与犬毛囊病（蠕形螨病）**的鉴别** 二者均有眼四周有局限性潮红、鳞屑，有渗出液及脓液等临床症状。二者的区别在于：犬毛囊病（蠕形螨病）的病原是蠕形螨，由蠕形螨侵害而发病。全程分四期，即干斑期（界线不明显，无瘙痒的脱毛扩大为斑状）、鳞屑期（皮肤增厚，覆有糠皮状鳞屑）、脓疱型期（湿疹样有渗出，患部瘘管排脓）、普遍型期（全身感染，减食，消瘦，体温升高，出现脓毒症，死亡）。患部刮取物镜检，可见蠕形螨虫卵、幼虫、蠕虫。

(2) 犬皮肤真菌病与犬疥螨病的鉴别 二者均有头、耳、尾根干性丘疹、痂皮、脱毛、感染后化脓等临床症状。二者的区别在于：犬疥螨病的病原为疥螨。病犬感染时全身瘙痒。在感染部刮取痂皮，加氢氧化钾溶液煮沸后取沉渣镜检，可见虫体和虫卵。

(3) 犬皮肤真菌病与犬黑热病（利什曼原虫病）**的鉴别** 二者均有病变皮肤脱毛，出现皮屑、结痂等临床症状。二者的区别在于：犬黑热病的病原寄生于淋巴细胞（巨噬细胞）。早期病变为皮肤脱毛，油脂溢出或皮屑、结节、结血样痂。晚期，消瘦，贫血，萎靡，体温升高，叫声嘶哑。取骨髓淋巴结涂片，做瑞氏染色，虫体细胞质呈浅蓝色，胞核呈红色，圆形，常偏于一侧。

（4）犬皮肤真菌病与犬蚤感染症的鉴别　二者均有颈部、尾部皮肤表面有丘疹、脱毛等临床症状。二者的区别在于：犬蚤感染症的病原是跳蚤。病犬瘙痒，经常啃咬，爪抓，拨开被毛可见跳蚤。

（5）犬皮肤真菌病与犬皮炎的鉴别　二者均有皮肤有丘疹、皮屑、水疱、脱毛等临床症状。二者的区别在于：刺激物性、日光性引起的皮炎，去除病因，即易痊愈。过敏性皮炎，用抗过敏药物即愈。而杆虫引起的皮炎，毛囊内有幼虫，有剧痒。

> ⮕ **【提示】**　根据病史、流行病学、临诊症状、病理变化等可做出初步诊断。确诊需进行实验室检验和真菌培养鉴定等。

【防治措施】

（1）预防

① 加强营养。饲喂全价宠物食品，增强宠物机体的抵抗力。

② 发现犬、猫患有皮肤真菌病，立即隔离，对用具应用氯己定、次氯酸钠等溶液进行严格消毒杀菌。

③ 定期检疫，凡是阳性者，应隔离治疗。新引进的动物隔离观察30天，确为阴性后，方能混群饲养。

④ 兽医院平时应注意卫生，防止器械、用具污染，从而控制病原性真菌的传染。

⑤ 兽医确诊犬、猫患皮肤真菌病后，要让主人了解此病对公共卫生的危害性并采取相应的防制措施。

⑥ 接触患病动物的人，要特别注意防护。患有皮肤真菌病的人，应及时治疗，以免散播并传染给犬、猫等动物。

（2）治疗

① 外用药物。每天涂擦1～2次皮康霜、克霉唑、硫黄等软膏或癣净直至痊愈。用前将患部及其周围剪毛，洗去皮屑和结痂等污物后，再涂软膏，也可用0.5%氯己定每周冲洗2次。

② 内服药物。内服药物有灰黄霉素和酮康唑等。灰黄霉素，犬按40～120毫克/（千克体重·天），猫按20～50毫克/（千克体重·天），将药碾碎，一次或分几次拌食饲喂，连用几周，直到治愈。服药期间增饲脂肪性食物，可促进药物的吸收。灰黄霉素会引起胎儿畸形，妊娠宠物禁止口服；酮康唑，按10～30毫克/（千克体重·天），分3次口服，连用2～8

周。该药在酸性环境较易吸收，故用药期间不宜喝牛奶和饲喂碱性食物。其副作用是厌食、消瘦、呕吐、腹泻和妊娠宠物产死胎等。对慢性和重剧的皮肤真菌病，必须内服药物治疗或内服和外用药物同时治疗。

三 皮炎

皮炎是指皮肤真皮和表皮的炎症。临床上以红斑、水疱、湿润、结痂、瘙痒等为特征。

【病因】 皮炎的病因多种多样。外伤性皮炎是由于皮肤受到机械性的刺激，如犬脖圈摩擦，经常搔痒抓伤引起；化学性皮炎是皮肤接触化学物质引起的，如给犬涂擦刺激性药物，洗澡用的洗涤剂、肥皂、洗衣粉等；物理性皮炎多因热伤、冻伤、日光及射线的损伤引起。某些细菌、真菌、寄生虫以及变态反应等也可引起皮炎。

【临床症状】 皮炎的特点是先在接触部位发生病变。皮损的性质、疹形、范围和严重程度取决于机体的反应性、接触物的性质、浓度、接触方法和接触时间长短。皮肤损伤轻者局部出现红斑、丘疹并有时肿胀，重则发生水疱、糜烂和坏死等（彩图12-4）。早期皮损与接触物的部位较一致，呈局限性潮红、轻度肿胀、增温、发痒和疼痛等。由于搔抓、摩擦，皮肤可继发感染，使病情加重。

【鉴别诊断】

（1）犬皮炎与犬皮肤真菌病的鉴别 二者均有皮肤出现丘疹、皮屑、水疱、脱毛等临床症状。二者的区别在于：患犬皮肤真菌病的病例一般多在耳、颜面出现圆形金钱癣，刮取局部被毛、痂皮放在玻片上，滴加10%氢氧化钾液20分钟角质溶解后，低倍镜下可见毛上有分节孢子群，脱屑中也有菌丝和分节孢子。

（2）犬皮炎与犬黑热病（利什曼原虫病）**的鉴别** 二者均有皮肤有脱毛、鳞屑、结节、溃疡等临床症状。二者的区别在于：患犬黑热病的病例因原虫感染发病，晚期体温升高，拒食，消瘦；有角膜炎、结膜炎，叫声嘶哑，吠叫困难；取淋巴结、骨髓涂片，用瑞氏染色，可见虫体细胞质呈浅蓝色；核呈红色、圆形，偏于一端。

（3）犬皮炎与犬疥螨病的鉴别 二者均有皮肤出现红斑、丘疹，剧痒，结痂，脱毛，增厚等临床症状。二者的区别在于：犬疥螨病的病原为疥螨。在感染部刮取痂皮，加氢氧化钾液煮沸后取沉渣镜检，可见虫体和虫卵。

（4）犬皮炎与犬蠕形螨病的鉴别　二者均有皮肤潮红、鳞屑、脱毛、结节溃疡等临床症状。二者的区别在于：犬蠕形螨病的病原为蠕形螨。病犬初病时发现患部与周围健康皮肤界线明显的圆形秃毛斑，白色银屑。重症时患部出现绿豆至豌豆大的蓝红色结节，能挤出脓液或黏稠的皮脂，涂片镜检，可见半透明乳白色的犬蠕形螨。

（5）犬皮炎与犬蚤感染症的鉴别　二者均有皮肤红斑、丘疹，剧痒等临床症状。二者的区别在于：犬蚤感染症的病原为跳蚤。拨、翻病犬被毛，可见跳蚤。

（6）犬皮炎与犬锌缺乏症的鉴别　二者均表现四肢下端皮肤发生炎症。二者的区别在于：患犬锌缺乏症的病例表现生长停滞，消瘦，呕吐，有结膜炎、角膜炎。

（7）犬皮炎与犬脓皮症的鉴别　二者均有肤有丘疹、溃疡、渗出，皮肤增厚，脓疱（螨虫性皮炎）等临床症状。二者的区别在于：患犬脓皮症的病例皮肤毛囊发生脓疱，有疼痛，无剧痒。

> ◐ **【提示】**　详细了解病史和结合临床症状有助于诊断，对怀疑过敏药物引起的皮炎应进一步做斑贴试验。

【防制措施】　注意清洁卫生和驱虫，不让犬接近刺激性物质和在阳光下暴晒，以免发生皮炎。对因过敏性病犬，应迅速排除致敏物质不再持续。在治疗时应根据不同病因，采取不同的措施。

① 用 0.1 雷夫诺耳或 0.1% 新洁尔灭液，洗净有病变的皮肤，每天 1 次。

② 发炎皮肤干燥时，用复方水杨酸酒精（水杨酸 10 克、碘片 1 克、苯酚 2 克、95% 酒精 100 毫升），每天涂擦 1 次。

③ 发炎皮肤湿润时，在创面洗净擦干后，涂擦复方水杨酸软膏（水杨酸 10 克、氧化锌 10 克、硫酸锌 1 克、凡士林 100 克），每天 1 次。

④ 螨虫性皮炎，在创面洗净后，用 1% 凡士林涂擦，连涂 3 次，每次间隔 10 ~ 14 天。

⑤ 肢端舔触性皮炎，因犬舔已成恶癖，用编织的口罩在犬食后戴上以阻止其舔皮肤。如溃疡面不易愈合，可用硝酸银涂布。当皮肤增厚，用上述药无效时，可用手术切除增厚的皮肤，使其重生新皮愈合。

⑥ 过敏性皮炎，犬可用苯海拉明，按 0.2 ~ 2 毫克/千克体重，口服

或皮下注射，每天2次，或用10%葡萄糖酸钙10~20毫升，缓慢静脉注射，每天或隔天1次。

⑦溢脂性皮炎，犬可用泼尼松（按0.2~2毫克/千克体重），或地塞米松（按0.15~0.25毫克/千克体重），皮下注射，并涂擦复方水杨酸酒精。

四 湿疹

湿疹是皮肤的表皮细胞对致敏物质所引起的一种炎症反应。其特点是患部皮肤出现红斑、血疹、水疱、糜烂、结痂和鳞屑等损害，伴有热、痛、痒等症状，春、夏两季多发。

【病因】 引起湿疹的病因较多，也较复杂，至今仍未十分清楚，常有以下因素。

1）外界因素。因皮肤不洁，污垢蓄积在被毛，使皮肤受到直接的刺激。犬舍、猫舍过于潮湿，各种化学物质的刺激，强烈的日光照射，昆虫的叮咬，长期被脓性分泌物浸渍等都可导致湿疹的发生。

2）内在因素。因消化道疾病，肠道腐败分解的产物被机体吸收、食入致敏食物、某些抗原等均可引起机体的变态反应，也有因潮湿、日光、药物等引起的变态反应。营养失调、维生素缺乏、代谢紊乱等是诱发湿疹的主要因素。

【临床症状】 按病程和皮肤损伤可分为急性湿疹和慢性湿疹。

1）急性湿疹。多开始于耳下、颈部、背脊、腹外侧和肩部。病初在患部有较小的圆形疹面，经1~2天变成手掌大或更大的疹面。疹面界线明显，呈橙黄色或红色，边缘有新鲜血疹和小水疱，外侧为一较暗的红色圈。在疹面中央有一层黄绿色的薄痂，分泌浆液性至脓性渗出物。宠物表现疼痛和极痒，由于搔、擦、舔、爪的机械刺激，炎症向真皮深部、皮下蔓延。皮肤肿胀，如不及时正确地处理，极易发生脓疮或脓肿。

2）慢性湿疹。常发生背部、鼻、颊、眼眶等部位，犬尤易发生鼻梁湿疹。慢性湿疹表现被毛稀，皮肤出现不一致增厚而皱起、剧痒，病程较长。发生在鼻镜时，在鼻镜一侧或两侧出现无毛、无燥、呈灰色颗粒状。腕部和踵部的慢性疱疹主要表现痒感和形成鳞屑。阴囊、包皮或阴门湿疹可出现水疱、发痒。趾间湿疹开始形成水疱，以后流水、疼痛，病程较长。也有在耳郭和外耳道发生湿疹。

【鉴别诊断】

（1）犬皮肤湿疹与犬皮肤真菌病的鉴别　二者均有皮肤有丘疹、脱毛等临床症状。二者的区别在于：患犬皮肤真菌病的病例一般多在耳、颜面出现圆形金钱癣，刮取局部被毛、痂皮放在玻片上，滴加10%氢氧化钾液20分钟角质溶解后，低倍镜下可见毛上有分节孢子群，脱屑中也有菌丝和分节孢子。

（2）犬皮肤湿疹与犬疥螨病的鉴别　二者均有皮肤发生红斑、丘疹、瘙痒等临床症状。二者的区别在于：犬疥螨病的病原为疥螨。在感染部刮取痂皮，加氢氧化钾液煮沸后，取沉渣镜检可见虫体和虫卵。

（3）犬皮肤湿疹与犬蠕形螨病的鉴别　二者均有皮肤潮红、结节等临床症状。二者的区别在于：犬蠕形螨病的病原为蠕形螨。病犬初病时发现患部与周围健康皮肤界线明显的圆形秃毛斑，白色银屑。重症时患部出现绿豆至豌豆大的蓝红色结节，能挤出脓液或黏稠的皮脂，涂片镜检，可见半透明乳白色的犬蠕形螨。

（4）犬皮肤湿疹与犬脓皮症的鉴别　二者均有肤有丘疹、渗出，皮肤增厚等临床症状。二者的区别在于：患犬脓皮症的病例皮肤毛囊发生脓疱，有疼痛，无剧痒。

（5）犬皮肤湿疹与犬皮炎的鉴别　二者有相似乃至相同的原发疹与继发疹，急性、亚急性期的皮炎与湿疹更为接近。但是两者还存在许多区别：

①　皮炎部位为暴露处，即接触过敏原处；湿疹则较少发生。

②　皮炎病程短，复发少；湿疹病期长，难愈。

③　急性皮炎的炎症程度重于急性湿疹，红斑、水肿更重，水疱更多，常有大疱；湿疹的炎症程度轻于皮炎，极少见到大疱，有特征性点状糜烂。

④　同一皮损内，皮炎的疹型较单一，例如基本上是红斑、水肿、水疱等；湿疹则较复杂多变，同一处损害有几种皮疹，如外层为红斑、丘疹，中层为水疱，内层有糜烂、渗液和结痂。

⑤　皮炎损害集中，界线清楚；湿疹皮疹分散，疹片、疹群常无明晰的界线。

【治疗措施】　治疗原则是去除病因、脱敏止痒、消炎等。

①　去除病因。保持皮肤清洁和干净。宠物舍内通风良好、阳光充足、空气清洁和干燥。经常运动，及时治疗发生的疾病。

② 脱敏止痒。口服或注射盐酸异丙嗪（按 0.2 ~ 1 毫克/千克体重），或盐酸苯海拉明（按 2 ~ 4 毫克/千克体重，口服，或按 5 ~ 50 毫克/千克体重，皮下注射）。

③ 消除炎症。根据湿疹的不同时期，采用不同的治疗方法。急性期无渗出时，剪去被毛，用炉甘石洗剂（炉甘石 15 克、氧化锌 5 克、甘油 5 克，水加至 100 毫升），或用麻油和石灰水等量混合涂于患部。有糜烂渗出时，小面积者可用皮质类固醇软膏，也可选用生理盐水、3% 硼酸液冷湿敷。当渗液减少后，可外用氧化锌、滑石粉（比例为 1:1），碘仿、鞣酸粉（比例为 1:9），或 20% ~ 40% 性湿疹油等。慢性湿疹者，一般选用焦油类药物较好，如煤焦油软膏、5% 糖馏油等，也可用含有抗生素皮质类固醇软膏。

五　脱毛症

脱毛症指皮肤在无明显可见病变的情况下发生的局部或全身被毛脱落，许多炎性皮肤疾病也可引起脱毛。

【病因】

1）外界因素。皮肤不洁、机械性、物理性、化学性、生物性等因素刺激而引起，如 X 射线、摩擦、涂脱毛剂等。

2）继发于全身性疾病。

① 营养失调，如碘、维生素、脂肪酸等物质的缺乏可引发脱毛症。

② 神经性、内分泌疾病，如甲状腺、垂体和性机能失调等可引发脱毛症。

③ 热性疾病，如肺炎、某些传染病（某些细菌、真菌）可引发脱毛症。

④ 慢性病，如寄生虫病，慢性消化器官的疾病可引发脱毛症。

⑤ 慢性中毒病，如碘、汞、铊、甲醛中毒等可引发脱毛症。

⑥ 其他，如恶病质等可引发脱毛症。

【临床症状】　一般从局部开始脱毛，逐渐扩大，然后几个局部互相融合，变成较大面积的脱毛，常伴有皮屑脱落。如果神经性、内分泌性疾病引起的脱毛，多呈对称性，其痒程度不一。

（1）犬脱毛症与犬疥螨病的鉴别　二者均有皮肤脱毛的症状。二者的区别在于：犬疥螨病多发于病犬面部腹侧、腹下、四肢下端，有奇痒。在病、健交界处刮取皮肤至微出血为止，将刮取物放入试管，加 10% 氢氧化钾液，使毛、痂皮团体溶解一部分后，取沉渣滴于玻片上镜检，可见各发育阶段的虫体和虫卵。

（2）犬脱毛症与犬蠕形螨病的鉴别 二者均有皮肤脱毛的症状。二者的区别在于：患犬蠕形螨病的病例初多在口、鼻、眼周围呈圆斑脱毛，皮肤发红，有黏性皮屑。皮肤出现绿豆至豌豆大的结节，挤压可流出血脓，一般不痒或仅微痒。自溃时流出恶臭脓液，挤出的脓或病部皮肤刮取物镜检，可见狭长的蠕形螨。

（3）犬脱毛症与犬皮肤真菌病的鉴别 二者均有皮肤脱毛的症状。二者的区别在于：患犬皮肤真菌病的病例一般多在耳、颜面出现圆形金钱癣，取病变的毛痂、皮屑加10%氢氧化钾液镜检可见分节孢子群、菌丝和分节孢子。

（4）犬脱毛症与犬蚤感染病的鉴别 二者均有皮肤脱毛的症状。二者的区别在于：患犬蚤感染病的病例皮肤不形成皱褶和继发化脓，拨开被毛可见跳蚤。

（5）犬脱毛症与犬皮炎的鉴别 二者均有皮肤脱毛的症状。二者的区别在于：患犬皮炎的病例多有水疱（或脓疱）。刺激性因素或阳光引起的皮炎，去除病因即愈。过敏性及寄生虫性皮炎，稍痒。螨虫性犬疥螨病可在病部毛囊内见到幼虫。

【治疗措施】 查明病因，根据致病原因消除病因和对症治疗。

① 营养性。加强营养，补充某些缺乏的物质。注意其卫生，特别是皮肤的卫生。

② 内分泌紊乱。如甲状腺机能减退，可服甲状腺制剂；性机能失调可应用性激素药物。

③ 局部治疗。用无刺激的并能迅速干燥的洗剂进行涂擦，常用间苯二酚5毫升、蓖麻油5毫升、乙醇200毫升混合而成；也可用水杨酸5毫升、橄榄油50毫升、秘鲁香脂3毫升混合涂擦患部；或用水杨酸18毫升、鞣酸18毫升、乙醇600毫升混合后涂擦患部。

六 黑热病（利什曼原虫病）

黑热病（又称利什曼原虫病）是由杜氏利什曼原虫寄生于内脏引起的人、畜共患的慢性寄生虫病，白蛉为其传播媒介。根据传染源不同，我国黑热病分为三种类型：人源型、犬源型和野生动物型。

【虫体特征及其生活史】 犬体内的虫体称无鞭毛体（利杜体）呈圆形，大小为2.4微米×5.2微米，有的呈椭圆形，大小为（2.9～5.7）微米×（1.8～4）微米。虫体在传播媒介的白蛉体内，称前鞭毛体，呈细而长的纺锤体，长 12～16 微米，前端有一根与体同长的鞭毛。当白蛉吸病（人）畜血时，成熟的前鞭毛体即进入健康犬（人）体内，而后失去鞭毛成为无鞭毛体，被巨噬细胞吞食后，随血流到达全身各部，多数无鞭毛体在巨噬细胞内进行二分裂繁殖，在骨髓、肝脏、脾脏、淋巴结中最易繁殖。犬是杜氏利什曼原虫的重要保虫宿主，人及狼、狐狸和其他鼠类也易感染。

【临床症状】　犬发生本病后，潜伏期从数周、数月到 1 年以上不等，多数犬感染后呈隐性带虫状态，一般无明显症状。少数犬出现皮肤损害症状，被毛粗糙失去光泽甚至脱落。脱毛处有皮脂外溢或糠麸样鳞屑或因皮肤增厚形成结节，结节破溃后形成溃疡。皮肤病变多见于头部，尤其是耳、鼻及眼周围最为明显，其他部位也可出现。病的晚期，病犬出现食欲不振，甚至拒食，逐渐消瘦，贫血，精神萎靡，眼部的皮肤损害可引起眼缘发炎，有的还出现体温中度升高、眼角炎和结膜炎，有的出现足关节肿胀和强直。随着病情进一步发展，病犬吠叫声变得嘶哑甚至困难，最后因恶病质而死亡。

【鉴别诊断】

（1）犬黑热病与犬皮肤真菌病的鉴别　二者均有皮肤脱毛、皮屑或结痂等临床症状。二者的区别在于：患犬皮肤真菌病的病例一般多在耳、颜面出现圆形金钱癣，即使晚期也不会出现全身消瘦、贫血、体温高等症状。

（2）犬黑热病与犬疥螨病的鉴别　二者均有皮肤结节、脱毛、痂皮、增厚，减食等临床症状。二者的区别在于：患犬疥螨病的病例有奇痒，啃咬患处，摩擦痒处。在皮肤健、病交界处刮至稍微出血，刮取的病料放入试管，加氢氧化钾液使毛、痂皮固体溶解一部分后，取沉渣滴于玻片上镜检，可见各发育阶段的虫体和虫卵。

（3）犬黑热病与犬蠕形螨病的鉴别　二者均有颜面、趾部脱毛，有糠皮样鳞屑，皮肤增厚，有结节破溃，后期精神沉郁，发热，消瘦等临床症状。二者的区别在于：患犬蠕形螨病的病例初脱毛，皮肤发红，后呈蓝红色至古铜色，有绿豆或豌豆大的结节，挤捏可流出脓液（用以涂片镜检可见蠕形螨）。自溃时流出恶臭脓液，发热，减食，取病部皮肤刮取物镜检，可见虫体或虫卵。

（4）犬黑热病与犬甲状腺功能减退的鉴别　二者均有被毛易脱落，

脱屑，皮肤溢脂等临床症状。二者的区别在于：患犬甲状腺功能减退的病例脱毛处皮肤光滑，有冷感，精神沉郁，嗜睡，畏寒，对称性脱毛，无瘙痒，运动易疲劳。严重时头颈皮肤成皱纹，有黏液性水肿。身体肥胖，体重增加。血液 T3、T4 含量均低于正常。

（5）**犬黑热病与犬皮炎的鉴别** 二者均有皮肤脱毛、鳞屑、结节、溃疡等临床症状。二者的区别在于：患犬皮炎的病例多有丘疹，水疱（或脓疱）。因刺激性因素或阳光引起的皮炎，去除病因即愈。肢端舔触性糜烂，难愈合，转为慢性，皮肤呈结节增厚，中心有溃疡。过敏性及寄生虫性皮炎均有剧痒。螨虫性可在病部毛囊内见到幼虫。

> ➡ **【提示】** 实验室检查，取皮肤病变组织、骨髓或体表淋巴结穿刺液制成涂片，用瑞氏染色镜检，可见虫体。

【防制措施】

（1）**预防** 消灭白蛉滋生地，应用菊酸类等杀虫药，定期喷洒犬舍和犬体。在流行区，组织人力定期检查，对有皮肤病的病例重点检查。发现病犬，特别珍贵的犬，应隔离治疗；对价值不大的犬，以捕杀为宜。

（2）**治疗**

① 用葡萄糖酸锑钠，犬按 150 毫克/千克体重，总量不超过 5 克，把总量分成 6 份，配成 10% 注射液，皮下注射或肌内注射，每天 1 次。

如 1 个疗程未能治愈，可继续进行第 2 个疗程。

第 2 个疗程的总剂量按第 1 个疗程的剂量增加 1/6。用药后病犬常见发热，呕吐，咳嗽，腹泻等反应，不需处置会自行消失。

② 可用二脒替、羟脒替和戊脘脒等芳香双脒类药物。

七 疥螨病

【虫体特征及其生活史】 犬疥螨呈圆形，微黄白色，背面稍隆起，腹面扁平，雌螨大小为（0.33~0.45）毫米×（0.25~0.35）毫米，雄螨大小为（0.2~0.23）毫米×（0.14~0.19）毫米。口器为假头，假头后方有一对粗短的垂直刚毛；胸腹部有 4 对足，粗而短；第 1、2 对足凸出体缘，雄螨第 1、2、4 对足的末端有吸盘，第 3 对足的末端为刚毛；雌螨第 1、2 对足的末端有吸盘，第 3、4 对足的末端为刚毛，吸盘有柄。虫体背面有细横纹、锥突、鳞片和刚毛。虫卵呈椭圆形，大小为 150 微米 × 100 微米（图 12-1）。

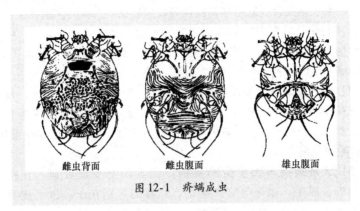

| 雌虫背面 | 雌虫腹面 | 雄虫腹面 |

图 12-1　疥螨成虫

疥螨的发育过程包括卵、幼虫、若虫和成虫四个阶段。雌雄虫交配后，雄虫死亡，雌虫在宿主表皮内挖隧道，在隧道内产卵，卵经 3 ~ 8 天孵化为幼虫，幼虫移至皮肤表面，在毛间的皮肤上开凿小穴，在里面经 3 ~ 4 天蜕化变为若虫。若虫再钻入皮肤形成浅穴道，并在里面经 3 ~ 4 天蜕化变为成虫。整个发育过程为 2 ~ 3 周，雌虫产卵后 3 ~ 5 周死亡。

【临床症状】　由于螨采食时的直接刺激和分泌有毒物质的刺激，使皮肤出现剧痒和炎症。幼犬症状严重，病变先起始于头部、口、鼻、眼及耳部和胸部，后遍及全身。病变部发红，有小丘疹和水疱或脓疱，或水疱、脓疱破溃后形成的黄色痂皮（彩图 12-5）。有剧烈痒感，常因摩擦而使患部严重脱毛。

【鉴别诊断】

（1）犬疥螨病与犬蠕形螨病的鉴别　二者均有皮肤脱毛、增厚、皱褶、丘疹，有时湿疹等临床症状。二者的区别在于：患犬蠕形螨病的病例初期多在口、鼻、眼周围呈圆斑脱毛，皮肤发红，有黏性皮屑。皮肤有绿豆至豌豆大的结节，挤捏可流出血脓，一般不痒或仅微痒。自溃时流出恶臭脓液，取挤出的脓或病部皮肤刮取物镜检，可见狭长的蠕形螨。

（2）犬疥螨病与犬皮肤真菌病的鉴别　二者均有颜面、耳、颈、尾部有丘疹、皮屑、痂皮，发痒等临床症状。二者的区别在于：患犬皮肤真菌病病例一般多在耳、颜面出现圆形金钱癣，病变的毛痂、皮屑加 10%

氢氧化钾液镜检，可见分节孢子群、菌丝和分节孢子。

（3）犬疥螨病与犬黑热病（利什曼原虫病）**的鉴别**　二者均有皮肤结节、脱毛、痂皮，皮肤增厚，减食等临床症状。二者的区别在于：患犬黑热病（利什曼原虫病）的病例脱毛处皮脂外溢或糠麸样鳞屑，结节破溃成溃疡。晚期体温高，叫声嘶哑。取骨髓、淋巴结涂片，用瑞氏染色，虫体细胞质呈浅蓝色，核呈红色，圆形，偏于一侧。

（4）犬疥螨病与犬蚤感染病的鉴别　二者均有头部、颈部、尾部皮肤表面有丘疹，脱毛，瘙痒，啃咬患处，爪抓患处，烦躁不安等临床症状。二者的区别在于：患犬蚤感染病的病例皮肤不形成皱褶和继发化脓，拨开被毛可见跳蚤。

（5）犬疥螨病与犬皮炎的鉴别　二者均有皮肤红斑、丘疹，剧痒，结痂，脱毛，增厚等临床症状。二者的区别在于：患犬皮炎的病例多有水疱（或脓疱）。因刺激性因素或阳光引起的皮炎，去除病因即愈。过敏性及寄生虫性皮炎，稍痒。螨虫性皮炎可在病部毛囊内见到幼虫。

> ◉ **【提示】** 根据临床症状结合皮肤刮取物检查发现螨虫即可确诊。

皮肤刮取物检查法：在病变皮肤和健康皮肤交界处，剪去被毛，用消过毒的外科手术刀的刀刃垂直刮取皮肤病料，一直刮到轻微出血为止，将病料置于玻片上，滴加50%甘油水溶液，加盖另一块载玻片，用手搓压玻片，使病料散开，置于显微镜下检查可见活螨。

【防治措施】

（1）预防　保持饲养场光照充足，通风良好，干燥。对患病犬、猫及早隔离治疗。对同群的犬、猫进行预防性杀螨，被污染的场所及用具应用杀螨剂处理。

（2）治疗　治疗螨虫的药物很多，在施用药物治疗前，应先用温肥皂水刷洗患部，去除污垢和痂皮，后应用以下药物。

①伊维菌素，犬、猫按0.2毫克/千克体重，一次皮下注射。间隔10天，再注射1次。

②5%溴氰菊酯，配成0.005%～0.008%溶液，局部涂擦，间隔7～10天，再用1次。

③10%硫黄软膏，涂于患部，1次/天，连用多次。

八 蠕形螨病

犬蠕形虫螨寄生于犬的毛囊和淋巴结内，偶尔也能引起猫发病。

【虫体特征及其生活史】 虫体细长，呈蠕虫状。体长 0.25 ~ 0.3 毫米，宽约 0.04 毫米，分为前、中、后 3 部分。口器位于前部，中部有 4 对很短的足，后部细长，上有横纹密布。雄虫的生殖孔开口于背面，雌虫的生殖孔在腹面（图 12-2）。

犬蠕形虫的发育过程包括卵、幼虫、若虫和成虫阶段，全部在犬体上进行。雌虫在毛囊或皮脂腺内产卵，卵孵出幼虫，幼虫蜕化变为前若虫，再蜕化变为若虫，最后蜕化变为成虫。全部发育期为 25 ~ 30 天。

【临床症状】 本病多发生于 5 ~ 6 月龄的幼犬。当犬的身体瘦弱，缺乏营养或某种维生素时，发病的可能性较大。常寄生于面部与耳部，严重时可蔓延到全身。病部脱毛，皮肤增厚，发红并有糠麸状鳞屑，随后皮肤变浅蓝色或红铜色，如化脓菌感染，则产生小脓疱，流出脓汁和淋巴液，干涸后成为痂皮（彩图 12-6），重者因贫血及中毒而死亡。

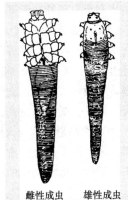

雌性成虫　　雄性成虫

图 12-2　蠕形螨成虫

【鉴别诊断】

（1）犬蠕形螨病与犬皮肤真菌病的鉴别 二者均有皮肤脱毛、有鳞屑，局部有渗出液等临床症状。二者的区别在于：患犬蠕形螨病的病例不出现结节，可挤出脓液。病部刮取物镜检，可见菌丝和分节孢子，用伍氏灯照毛、鳞屑、痂皮，能发出苹果绿色的荧光。

（2）犬蠕形螨病与犬黑热病（利什曼原虫病）**的鉴别** 二者均有颜面、趾部毛脱落，有糠麸鳞屑，皮肤增厚，有结节等临床症状。二者的区别在于：患犬黑热病（利什曼原虫病）的病例结节破溃成溃疡，有血痂。晚期，眼毛脱落，有眼角膜炎和结膜炎，叫声嘶哑或吠叫困难，关节肿胀或强直。取骨髓、淋巴结涂片，用瑞氏染色，虫体细胞质呈浅蓝色，核呈红色，圆形，偏于一侧。

（3）犬蠕形螨病与犬疥螨病的鉴别 二者均有面部皮肤脱毛增厚，皱褶，丘疹，有时有湿疹等临床症状。二者的区别在于：犬疥螨病多发于患犬面部、腹侧、腹下、四肢下端，有奇痒。在病、健交界处刮取皮肤至微出血为止，将刮取物放入试管，加10%氢氧化钾液，使毛、痂皮团体溶解一部分后，取沉渣滴于玻片上镜检，可见各发育阶段的虫体和虫卵。

（4）犬蠕形螨病与犬蚤感染病的鉴别　二者均有皮肤轻度潮红，脱毛等临床症状。二者的区别在于：犬蚤感染病的病例皮肤痛痒，皮肤不形成皱褶和流分泌物，拨开被毛，可见跳蚤。

（5）犬蠕形螨病与犬皮炎的鉴别　二者均有皮肤发生潮红，鳞屑，皮肤结节、脱毛，溃疡等临床症状。二者的区别在于：患犬皮炎的病例一般经过红斑、丘疹、水疱（或脓疱）、结节、鳞屑、痂皮、皲裂、糜烂、疤痕。刺激性因素或阳光引起的皮炎，去除病因即愈。过敏性及寄生虫性皮炎，稍痒。螨虫性皮炎，可在病部毛囊内见到幼虫。

（6）犬蠕形螨病与犬脓皮症的鉴别　二者均有皮肤增厚，形成皱褶，有绿豆大的结节，破溃流脓液或皮脂等临床症状。二者的区别在于：患犬脓皮症的病例毛囊挤出的脓液无虫体。

> ➲ **【提示】**　根据症状及镜检皮肤结节或脓疱内容物发现虫体即可确诊。

【防治措施】

（1）预防　患病犬隔离治疗，饲养场地用双甲脒、二嗪农等药物做喷洒处理。

（2）治疗

① 5%碘酊，外用，每天6~8次。

② 苯甲酸苄酯33毫升、软肥皂16克、95%酒精51毫升，混合涂擦，每天1次，连用3天。

③ 伊维菌素，犬、猫按0.2毫克/千克体重皮下注射，间隔10天，再注射1次。

④ 对重症病犬除局部应用杀虫剂外，还应全身应用抗生素，防止细菌继发感染。

九　蚤感染病

犬、猫常见的蚤有犬栉首蚤、猫栉首蚤。犬栉首蚤（图12-3）只寄生于犬及野生犬科动物身上；猫栉首蚤主要寄生于犬、猫，有时也寄生于其他多种温血动物。寄生时，常引起犬、猫皮炎。犬蚤也是犬绦虫的传播者。

【虫体特征及其生活史】 虫体呈深褐色，雄虫长不足 1 毫米，雌虫长可超过 2.5 毫米。

栉首蚤的发育包括卵、幼虫、蛹、成虫四个阶段。雌蚤在宿主被毛上产卵，卵从毛上掉落，在适宜条件下经 2~4 天孵化为幼虫，大约 2 周后化为蛹，再经 3~4 天变为成蚤。整个发育期需 18~21 天或更长时间。成蚤在低温、高湿条件下，不吃食也能存活一年或更长时间，但在高温、低湿条件下，几天后死亡。

图 12-3 犬栉首蚤

【临床症状】 由于蚤寄生时刺激皮肤，引起瘙痒，犬、猫不停地蹭痒引发皮肤炎症，出现脱毛、皮肤破溃，被毛上有蚤的黑色排出物，下腹部和脊柱部位有粟粒大小的结痂。

【鉴别诊断】

(1) 犬蚤感染病与犬皮肤真菌病的鉴别 二者均有颈部、尾部皮肤表面出现丘疹，脱毛等临床症状。二者的区别在于：患犬皮肤真菌病的病例有皮屑、水疱、结痂，一般不痒，当继发感染时才发痒脱毛。刮取痂皮或毛皮屑置玻片上，加氢氧化钠液后镜检，可见分节孢子群。

(2) 犬蚤感染病与犬疥螨病的鉴别 二者均有头部、尾根腹下有丘疹、红斑，脱毛，瘙痒，啃咬患处，爪抓患处，烦躁不安等临床症状。二者的区别在于：患犬疥螨病的病例皮肤形成皱褶，易继发化脓。将病、健皮肤刮取物放入试管，加 10% 氢氧化钾液，使毛、痂皮固体溶解一部分后，取沉渣滴于玻片上镜检，可见各发育阶段的虫体和虫卵。

(3) 犬蚤感染病与犬蠕形螨病的鉴别 二者均有皮肤轻度潮红，脱毛等临床症状。二者的区别在于：患犬蠕形螨病的病例症状多发生在口唇、眼眶周围、肘部、脚趾和躯干，轻症时皮肤有白色糠麸状皮屑，重症时呈湿疹样，有大量渗出液，皮肤增厚，皱褶呈蓝红色，有绿豆或豌豆大小的结节，挤压可流出微红色脓液或黏稠皮脂，涂片检查可见虫体和虫卵。

（4）犬蚤感染病与犬皮炎的鉴别　二者均有皮肤发生红斑、丘疹、剧痒，造成皮损等临床症状。二者的区别在于：患犬皮炎的病例一般经过红斑、丘疹、水疱（或脓疱）、结节、磷屑、痂皮、皲裂、糜烂、疤痕。刺激性因素或阳光引起的皮炎，去除病因即愈。螨虫性皮炎，可在病部毛囊内见到幼虫。

> ⊙**【提示】**　根据临床症状，犬、猫体表上有跳蚤和黑色排泄物即可建立诊断。

【防治措施】

（1）预防　及时清扫犬、猫饲养场所，保持干净、干燥；对周围环境用杀虫剂喷雾除虫；对患犬、猫进行驱虫治疗。

（2）治疗　临床上许多有机磷酸盐类制剂、氨基甲酸酯类制剂对去除蚤类都非常有效，但都具有一定的毒性，用时一定要谨慎，特别是猫很敏感更要小心。

除虫菊酯类毒性较小，可用于幼犬、幼猫。伊维菌素和阿维菌素类药物毒性较小，是目前较好的杀蚤药。

✚ 虱感染病

虱病是由虱虫寄生于犬、猫体表引起的以瘙痒和过敏性皮炎为主要特征的寄生虫病。

【虫体特征及其生活史】　虱虫寄生有严格宿主特性，寄生于犬体是犬毛虱和犬长颚虱；寄生于猫体的是腹嘴猫虱。

虫体背腹扁平，无翅，体长一般为1～3毫米，呈灰白色或灰黑色，足粗短（图12-4）。卵呈卵圆形，灰白色，半透明，产出后粘在被毛上。

雌虱交配后产卵于犬被毛基部，1～2周后孵化，幼虫蜕3次皮，经2周发育为成虱，成熟的雌虱可以活30天左右，它以组织碎片为食，离开犬身体后3天左右即死亡。

图12-4　犬虱

犬、猫虱子感染多发生于秋冬季节和圈舍拥挤、饲养管理与卫生条件较差的犬、猫群。

【临床症状】 因为犬毛虱以毛和表皮鳞屑为食，故造成犬瘙痒和不安，犬啃咬瘙痒处而自我损伤，引起脱毛，继发湿疹、丘疹、水疱、脓疱等；严重时食欲差，影响睡眠，造成营养不良，可见被毛粗乱，消瘦和皮肤损伤。犬长颚虱吸血时分泌有毒的液体，刺激犬的神经末梢，产生痒感。患病犬、猫表现为烦躁不安，大量感染时引起化脓性皮炎，可见脱毛或掉毛。病犬精神沉郁，体弱，因慢性失血而贫血，对其他疾病的抵抗力差。

【鉴别诊断】

(1) 犬虱感染病与犬感觉过敏的鉴别 二者均有体表瘙痒，因擦伤皮肤损伤，被毛脱落等临床症状。二者的区别在于：犬感觉过敏是因吃荞麦或其他致敏饲料而发病。皮肤上出现疹块和水肿，重时疹块成脓疱，破溃结痂。白天有阳光时症状加重，夜里症状减轻，体表无虱。

(2) 犬虱感染病与犬皮肤真菌病（皮肤霉菌病）**的鉴别** 二者均有皮肤瘙痒等临床症状。二者的区别在于：患犬皮肤真菌病（皮肤霉菌病）的病例皮肤中度潮红，不脱毛，有小水疱，有痂皮覆盖。取患部毛或搔脱物加 10% 氢氧化钾液镜检，可见菌丝和孢子，体表无虱。

(3) 犬虱感染病与犬锌缺乏症的鉴别 二者均有消瘦，皮肤瘙痒，擦痒皮肤损伤等临床症状。二者的区别在于：犬锌缺乏症是因缺锌而发病。病犬皮肤有小红点，经 2~3 天后破溃结痂，严重时连片。皮肤粗糙呈网状干裂，同时一蹄或数蹄出现纵裂或横裂，蹄壁无光泽。血清锌含量由正常 0.98 微克/毫升降到 0.22 微克/毫升。体表无虱。

(4) 犬虱感染病与犬疥螨病的鉴别 二者均有皮肤瘙痒，不安，消瘦，擦痒等临床症状。二者的区别在于：犬疥螨病的病原是疥螨虫。病犬体表无虱，将患部刮取物放在黑纸或黑玻片上在光亮处用放大镜可见活的疥螨虫。

> ➡ 【提示】 根据症状及犬、猫体表有活虱及虱卵即可建立诊断。

【防治措施】

(1) 预防 与跳蚤感染的防治措施相似，从加强饲养管理和药物杀虫两方面着手。对虱有效的杀虫药物有：苄氯菊酯、除虫菊、鱼藤酮、甲氧菊、二嗪农、马拉硫磷和敌百虫等，也可通过给犬、猫佩戴除虱颈圈防治虱害。

（2）治疗

① 伊维菌素注射液，犬、猫按 0.2 ～ 0.3 毫克/千克体重，皮下注射，每周 1 次。

② 多拉菌素注射液，犬、猫按 0.2 ～ 0.3 毫克/千克体重，皮下注射，每周 1 次。

③ 0.5% 马拉硫磷溶液，喷洒。

十一　蜱病

蜱包括硬蜱和软蜱，寄生于许多种动物的体表。

【虫体特征及其生活史】

（1）硬蜱　硬蜱又称草爬子、狗豆子、壁虱、扁虱，是犬的一种重要外寄生虫。寄生于犬身上的硬蜱主要有血红扇头蜱、二棘血蜱、长角血蜱、草原革蜱和微小牛蜱等。下面以血红扇头蜱为例进行说明。

血红扇头蜱，雄虫长 2.7 ～ 3.3 毫米，宽 1.6 ～ 1.9 毫米。雌虫长约 2.8 毫米，宽约 1.6 毫米，呈长椭圆形，背腹扁平，由假头与躯体组成。形态特征是：假头基呈三角形，盾板无花斑，有眼，气门板呈逗点状，有肛后沟。雄蜱腹面有肛侧板（图 12-5）。

图 12-5　硬蜱

硬蜱是不完全变态的节肢动物，其发育过程包括卵、幼虫、若虫和成虫四个阶段。一般硬蜱在宠物体上进行交配，交配后，吸饱血的雌蜱离开宿主落地，爬到缝隙内或土块下静伏不动，经 4 ～ 8 天，待血液消化和卵发育后，开始产卵，经过 2 ～ 3 周或 1 个月以上，幼虫孵出。幼虫爬到宿主体上吸血，经过 2 ～ 7 天吸饱血后落到地面，蜕化变为若虫。若虫再侵袭宠物，吸饱血后再落到地面，蛰伏数十天，蜕化变为性成熟的成蜱。雌虫产卵后 1 ～ 2 周内死亡，雄虫一般能活 1 个月左右。

血红扇头蜱主要生活在农区和野地，活动季节为每年的 4 ～ 9 月份。

（2）软蜱　寄生于犬体表的软蜱主要有拉合尔钝缘蜱和乳突钝缘蜱等。软蜱呈卵圆形，显著的特征是：躯体背面无盾板，由弹性的革状外皮构成，上有乳头状、颗粒状或圆的凹陷或星形的皱褶等结构。假头隐于虫体前端下方，背面看不到，大多无眼，腹面有肛前沟、肛后沟和生殖沟（图 12-6）。

其发育过程也包括卵、幼虫、若虫和成虫四个阶段，幼虫和若虫在犬体上吸血和蜕化，若虫阶段经 1 ~ 7 期，最后一期若虫吸饱血后离开犬体表蜕化变为成虫。整个发育过程一般需要 10 ~ 12 个月，寿命可达 15 ~ 25 年。其耐饥饿能力强。

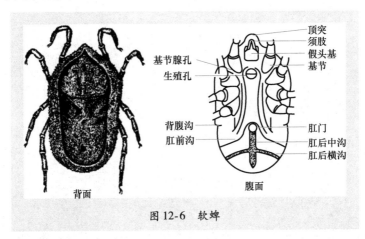

图 12-6　软蜱

【临床症状】　硬蜱、软蜱均是吸血动物，当它们寄生在宠物体表时，损伤皮肤，病犬出现痛痒，烦躁不安，经常摩擦、抓挠或啃咬皮肤，导致寄生部位出血、水肿、发炎和角质增生，或继发伤口蛆病（彩图 12-7）。

蜱大量吸食血液，可引发犬的贫血，消瘦，发育不良等，如大量寄生于犬后肢，可引起后肢麻痹，如寄生在趾间，可引起跛行。蜱在寄生过程中，还能传播病毒性、细菌性传染病和某些原虫病，如出血热、布氏杆菌病、巴贝斯虫病、埃利希氏病等，可直接或间接地造成人或动物的死亡。

【鉴别诊断】　蜱病症状明显，在皮肤病变处可发现大量蜱虫，易与其他病鉴别。

【防治措施】

① 消灭犬体上的蜱可用手捉或用煤油、凡士林等油类涂于寄生部位，使蜱窒息后用镊子去除。除蜱时，应使蜱体与犬的皮肤成垂直地往上拔，以避免蜱的口器断落在犬体内，引起局部炎症。捉到的蜱应立即

杀死。

②可用0.1%辛硫磷、1%敌百虫、0.5%马拉硫磷等药液对犬的体表进行喷洒、药浴或洗刷，均能杀灭其身体上的蜱类，但要防止犬舔食。也可用苏云金杆菌制剂，涂洒于犬的体表，杀蜱率达70%～90%。

③清灭犬舍内的蜱，可以用水泥堵塞犬舍内所有的缝隙和裂口，然后用石灰乳粉刷，或用1%敌百虫喷洒，或用敌敌畏烟剂熏杀。

附　录

附录 A　犬、猫正常生理值

项　目	参　考　值	
	犬	猫
寿命	10~20 岁	8~20 岁
性成熟	雄性 10~12 月龄 雌性 7~9 月龄	雄性 7~9 月龄 雌性 5~8 月龄
繁殖适龄期限	1~2 岁	10~12 个月
繁殖期	6 年	6 年
发情持续时间	4~13 天	3~10 天
排卵时间	发情后 2~3 天	多在交配刺激后 24 小时
妊娠期	58~63 天	8~63 天
产仔数	1~20 只	3~6 只
新生仔体重	200~500 克	90~140 克
哺乳期	50~60 天	45~60 天
体温（股内侧）	37.5~39℃	38~39℃
呼吸数	10~30 次/分	20~30 次/分
心率	70~120 次/分	120~140 次/分
脉搏数	成犬：60~80 次/分 幼犬：80~120 次/分	成猫：120~140 次/分 幼猫：160 次/分

附录 B　血液常规检验项目及正常值

血液项目和单位	参　考　值	
	犬	猫
红细胞（RBC）×10^9/毫升	5.5~8.5	5.0~10
血细胞比容（HCT）/毫升	0.37~0.55	0.24~0.45
血红蛋白（HGB）/（毫克/毫升）	120~180	80~150
平均红细胞体积（MCV）×10^{-12}/毫升	60~77	39~55
血红蛋白（MCH）×10^{15}/毫克	19.5~24.5	13~17
平均红细胞血红蛋白浓度（MCHC）/（克/分升）	32~36	30~36
白细胞（WBC）×10^9/毫升	6~17	5.5~19.5
叶状中性粒细胞（Seg neutr）（%）	60~77	35~75
杆状中性粒细胞（Band neutr）（%）	0~3	0~3
单核细胞（Mon）（%）	3~10	0~4
淋巴细胞（Lym）（%）	12~30	20~55
嗜酸性粒细胞（Eos）（%）	2~10	0~12
嗜碱性粒细胞（Bas）（%）	少见	少见
血小板（P）（%）	200~900	300~700

附录 C　犬、猫血液生化常规检验项目及正常值

生化项目和单位	参　考　值	
	犬	猫
总蛋白（TP）/（毫克/毫升）	54~78	58~78
白蛋白（ALB）/（毫克/毫升）	24~38	26~41
丙氨酸氨基转移酶（ALT）/（单位/升）	4~66	1~64
天门冬氨酸氨基转移酶（AST）/（单位/升）	8~38	0~20
碱性磷酸酶（ALP）/（单位/升）	0~80	2.2~37.8
肌酸激酶（CK）/（单位/升）	8~60	50~100
淀粉酶（AMY）/（单位/升）	185~700	502~1843

（续）

生化项目和单位	参 考 值	
	犬	猫
脂肪酶（Lipase）30℃/（单位/升）	0~258	0~143
r—谷氨酰转移酶（GGT）/（单位/升）	1.2~6.4	1.3~5.1
葡萄糖（GLU）/（毫摩尔/升）	3.3~6.7	3.9~7.5
总胆红素（T. Bili）/（毫摩尔/升）	2~15	2~10
直接胆红素（D. Bili）/（毫摩尔/升）	2~5	0~2
尿素氮（BUN）/（毫摩尔/升）	1.8~10.4	5.4~13.6
肌酐（CRE）/（微摩尔/升）	60~110	62~190
胆固醇（CHO）/（毫摩尔/升）	3.9~7.8	1.9~6.9
甘油三酯（TG）/（毫摩尔/升）	<1.35	<1.8
甲状腺素（T4）/（微克/分升）	1.208~3.476	2.582~6.842
碘甲状腺原氨酸（T3）/（微克/分升）	52.81~118.4	71.39~219.0
钙（Ca）/（毫摩尔/升）	2.57~2.97	2.09~2.74
磷（P）/（毫摩尔/升）	0.81~1.87	1.23~2.07
氯（Cl）/（毫摩尔/升）	104~116	110~123
钠（Na）/（毫摩尔/升）	138~156	147~156
钾（K）/（毫摩尔/升）	3.8~5.8	3.8~4.6
镁（Mg）/（毫摩尔/升）	0.79~1.06	0.62~1.03

参 考 文 献

[1] 胡功政. 狗猫常用药物手册［M］. 北京：中国农业科学技术出版社，1995.

[2] 侯振忠. 宠物犬疾病家庭防治指南［M］. 哈尔滨：东北林业大学出版社，2001.

[3] 何英，叶俊华. 宠物医生手册［M］. 沈阳：辽宁科学技术出版社，2003.

[4] 李雅玲，王伟利. 实用犬病防治大全［M］. 延吉：延边人民出版社，2003.

[5] 王志军，金东航. 犬病防治手册［M］. 石家庄：河北科学技术出版社，2003.

[6] 宋大鲁. 宠物养护与疾病诊疗手册［M］. 南京：江苏科学技术出版社，2004.

[7] 杨廷桂，王子轼. 犬病防治 7 日通［M］. 北京：中国农业出版社，2004.

[8] 王祥生，胡仲明，刘文森. 犬猫疾病防治方药手册［M］. 北京：中国农业出版社，2004.

[9] 胡元亮. 兽医处方手册［M］. 北京：中国农业出版社，2005.

[10] 李玉冰，刘海. 宠物疾病临床诊疗技术［M］. 北京：中国农业出版社，2007.

[11] 郭欣怡. 宠物疾病防治［M］. 杨凌：西北农林科技大学出版社，2008.

[12] 贺宋文，何德肆. 宠物疾病诊疗技术［M］. 重庆：重庆大学出版社，2008.

[13] 王春璈. 简明宠物疾病诊断与防治原色图谱［M］. 北京：化学工业出版社，2009.

[14] 张建平. 宠物猫饲养与疾病防治［M］. 上海：上海科学普及出版社，2009.

[15] 李志. 宠物疾病诊治［M］. 北京：中国农业出版社，2010.

[16] 李志. 宠物疾病诊断与防治［M］. 北京：中国农业出版社，2011.

[17] 董军. 宠物疾病诊疗与处方手册［M］. 2 版. 北京：化学工业出版社，2012.

[18] 赵远良，岳城，丑武江. 犬病鉴别诊断与防治［M］. 北京：金盾出版社，2008.

[19] 魏锁成. 犬病诊疗与护理［M］. 北京：中国农业出版社，2012.

[20] 向邦全. 宠物疾病诊治［M］. 重庆：西南师范大学出版社，2015.